U0186181

这很数学！
毕达哥拉斯的趣味谜题

[荷] 扬·吉什拉尔
[比] 保罗·勒夫里
[荷] 罗斯马赖·范霍梅里希　编

程飞越　译

C¹S 湖南科学技术出版社　博集天卷 CS-BOOKY

著作权合同登记号：图字 18-2023-019

图书在版编目（CIP）数据

这很数学！毕达哥拉斯的趣味谜题 /（荷）扬·吉什拉尔，（比）保罗·勒夫里，（荷）罗斯马赖·范霍梅里希编；程飞越译 . -- 长沙 : 湖南科学技术出版社，2024.6
　　ISBN 978-7-5710-2878-7

　　Ⅰ.①这… Ⅱ.①扬… ②保… ③罗… ④程… Ⅲ.①数学－青少年读物 Ⅳ.① O1-49

　　中国国家版本馆 CIP 数据核字（2024）第 088547 号

上架建议：数学 · 科普

ZHE HEN SHUXUE! BIDAGELASI DE QUWEI MITI

这很数学！毕达哥拉斯的趣味谜题

编　　者：［荷］扬·吉什拉尔，　［比］保罗·勒夫里，　［荷］罗斯马赖·范霍梅里希
译　　者：程飞越
出 版 人：潘晓山
责任编辑：刘　竞
监　制：秦　青
策划编辑：陈　皮
文案编辑：李宗媛
营销编辑：柯慧萍
版权支持：王媛媛　姚珊珊
版式设计：李　洁
封面设计：马睿君
出　　版：湖南科学技术出版社
　　　　　（湖南省长沙市芙蓉中路 416 号 邮编：410008）
网　　址：www.hnstp.com
印　　刷：河北尚唐印刷包装有限公司
经　　销：新华书店
开　　本：715mm×875mm　1/16
字　　数：334 千字
印　　张：19.5
版　　次：2024 年 6 月第 1 版
印　　次：2024 年 6 月第 1 次印刷
书　　号：ISBN 978-7-5710-2878-7
定　　价：68.00 元

若有质量问题，请致电质量监督电话：010-59096394
团购电话：010-59320018

序 言
60 比 50 更美妙

在面向青少年的数学杂志《毕达哥拉斯》（*Pythagoras*）创刊 60 年之际，我们精选汇编了过去多年来杂志中的拼图、谜题、思维拓展与脑筋急转弯。《毕达哥拉斯》创刊于 1961 年，由荷兰数学教育委员会倡议发起，数学教育委员会会员约翰·万辛克（Johan Wansink）和汉斯·弗罗伊登塔尔（Hans Freudenthal）担任要职。创刊之初的两位编辑是赫里特·克罗斯霍夫（Gerrit Krooshof）与汉斯·德赖克（Hans de Rijk）[笔名布鲁诺·恩斯特（Bruno Ernst），因关于埃舍尔的著作而闻名]。作为《毕达哥拉斯》的编辑、主编和多篇文章的作者，布鲁诺·恩斯特 40 年来一直是这本杂志的顶梁柱。《毕达哥拉斯》的宗旨是让青少年与数学多样性和数学之美结缘，我们为此努力至今。《毕达哥拉斯》是一本面向学生的官方杂志，但也被许多忠实的数学爱好者订阅。

为纪念创刊 50 周年，我们曾出版《毕达哥拉斯的密码》（*De Pythagoras Code*）一书，收录了《毕达哥拉斯》成立半个世纪以来的文章。如今，又一个十年过去了。虽然大多数人会为 50 周年的里程碑感到自豪，但数学家们却对数字 60 更为满意。这并不是因为我们老了 10 岁，而是因为对我们来说 60 相较 50 是一个更美妙的数字。古巴比伦（约公元前 3000 年）被认为是数学的发源地，巴比伦人使用六十进制的计数系统。时至今日，我们依旧可以看到这段历史在日常生活中的体现：一分钟有 60 秒，一小时有 3600 秒（60×60），一个圆有 360 度（60×6）。顺便提一下，在毕达哥拉斯（Pythagoras，前 580 至前 570 之间—约 500）之前，古巴比伦人就已经对勾股定理有所了解，出土于约公元前 1700 年的普林顿 322 泥板（Plimpton 322）就是明证。我们编写这本书的出发点是筛选出有数学洞察力的题目，即使对于没有很好的数学基础的读者，也是便于阅读和充满启发的，当然个别题目也需要运用到一些中学数学知识才能解决。我们希望借此向学生和其他读者传达，研习数学需要有敏锐的头脑和创造力。

此外，编辑部的其他成员也为本书的撰写做出了特别贡献，他们提供了建议、鼓励、修改意见和额外的知识。因此本书的编者在此感谢：尤里·阿拉特（Joery Allart）、马泰斯·科斯特（Matthijs Coster）、迈克·达斯（Mike Daas）、雅尼娜·达姆斯（Jeanine Daems）、克拉斯·彼得·哈特（Klaas Pieter Hart）、埃米耶尔·卡珀（Emiel Kaper）、尼尔斯·科伦布兰德（Niels Kolenbrander）、舒尔德·马尔布斯（Sjoerd Marbus）和莱克斯·斯洛尔特（Lex Slort）。编者同时感谢阿姆斯特丹文理中学 4 年级的学生卡托·斯海特马克（Cato Schuitemaker），感谢她对一星级谜题的认真评论。

最后，我想对所有（前）编辑和所有在过去 60 年中曾帮助《毕达哥拉斯》的志愿者表示衷心的感谢。他们当中的许多人对这本杂志的发展做出了诸多至关重要的贡献。对于这本书以及《毕达哥拉斯》的读者，我们想说：您对我们的存在是不可或缺的！我们希望能够在未来的许多年中继续与您分享我们对数学的热爱。

罗斯马赖·范霍梅里希（Roosmarij Vanhommerig）

《毕达哥拉斯》总编辑

你知道吗？ 存在无穷多个由正整数 a、b 和 c 组成的勾股数，其中 $a^2+b^2=c^2$。若将数字 60 设为三个数字的其中之一，则总共有 12 组勾股数。这其中有四组勾股数不能化简（即三个数互质）：

$$11^2+60^2=61^2$$
$$60^2+91^2=109^2$$
$$60^2+221^2=229^2$$
$$60^2+899^2=901^2$$

你知道吗？

书中除了谜题和问题外，还有许多数学趣闻，在"你知道吗？"中列出。它包含数学界的有趣故事。通常还会伴随着一个问题，可能有也可能没有给出解。它足够让读者思考和困惑一阵子。

对于谜题

本书中的每个谜题都标记有两个符号。圆点表示难度级别。一个点的谜题可以用常识和简单的数学技巧来解决。它们适合高年级小学生和初一学生。而两个点的谜题可能需要一些初中数学知识，例如解方程。三个点的谜题需要良好的洞察力和大量的思考和（或）解题过程，有时候也会用到高中的数学知识。此外，以下符号表示了谜题的主题：

🜨 几何谜题和各种运动、时间、时钟和测量问题。

⊞ 棋盘和网格谜题。

🖩 数字和计算谜题。

✂ 分配问题（包括称重、切割、倒水和金钱问题）。

🂠 概率和计数问题。

🧩 拼图、游戏、逻辑及其他问题。

在一些谜题中，题目和（或）证明已经过修改，以促进统一性和明确性或使谜题更具挑战性。本书的第二部分是谜题的解释、证明和答案。在《毕达哥拉斯》网站的档案中，经常可以在相关问题中找到谜题的作者。也就是说，谜题的作者会被明确列出。在过去的60年中，这些谜题以各种名称出版：包括 *Denkertjes*、*Kleine Nootjes*、*Pythagoras Olympiadeopgaven*、*Problemen*。在《毕达哥拉斯》的（社交媒体）网站上，*Nootje Kraken* 的专栏下也发布了数量有限的谜题。谜题的解以 ⑩ 表示。尤其是在杂志的早期，所有的谜题都是由编辑们创作的，谜题中没有提到他们的名字。大部分的谜题都是原创的。还有一些谜题是基于数学爱好者和业余爱好者的"民间传说"谜题。本书的最后列出了《毕达哥拉斯》的编辑和固定工作人员的名单，他们的名字后面带有第一次参与时的年份。

页码

每一页上的页码同时也写为一个简短的算式：一小排数（1 1 2 2 3 3 4 4 5，依次出现两次），夹杂着运算符号。这些数以固定顺序排列。允许使用运算符号 / 操作 +、−、×、÷、括号和成链（即 1、2 和 2 可以表示数 122）。例如，第 36 页的 $(1+1+2+2)×(3+3)$，第 94 页的 $-(1+1)×2×2+3×34$。

每个页面上都有该页码的解。给读者出的谜题是去掉最后一位或两位数字并重新将其组合为该页码，以此来找出更好的解。

关于本书的编者

扬·吉什拉尔（Jan Guichelaar，1945—2023）是一位理论物理学家，除了发表过物理学著作外，还发表过有关科学史的著作，其中包括 20 世纪初的荷兰天文学史。2001 年到 2021 年，他担任《毕达哥拉斯》的编辑。本书中的题目就是由他选择的。

保罗·勒夫里（Paul Levrie，生于1959 年）在安特卫普大学应用工程学院任教。他是一位数学家，多年来一直致力于让数学在佛兰德地区更受欢迎。为此在 2014 年，他和他的同事鲁迪·彭内（Rudi Penne）为感兴趣的数学爱好者写了一本名为《素数的辉煌》的书。2011 年以来，他一直担任《毕达哥拉斯》的编辑。

电子邮件地址：paul@pyth.eu。

罗斯马赖·范霍梅里希（Roosmarij Vanhommerig，生于 1981 年）是一位数学家，也是数学教育领域的自由职业者。在各种各样的项目中，她积累了从小学到职业大学的教师、学科教学者、作家和项目负责人的经验。2017 年以来，她一直担任《毕达哥拉斯》的编辑。

电子邮件地址：roosmarij@pyth.eu。

编辑与工作人员

1961 年以来，编辑与工作人员姓名及首次被提及的年份：赫里特·克罗斯霍夫（Gerrit Krooshof, 1961）、汉斯·德赖克 [Hans de Rijk, 即布鲁诺·恩斯特（Bruno Ernst），1961]、A. F. 范托伦（A. F. van Tooren, 1963）、A. B. 奥斯藤（A. B. Oosten, 1966）、H. J. 恩格斯（H. J. Engels, 1968）、G. A. 冯克（G. A. Vonk, 1968）、A. J. 埃尔泽纳尔（A. J. Elsenaar, 1969）、C. 范德林登（C. van der Linden, 1969）、R. H. 普卢格（R. H. Plugge, 1969）、W. 克莱内（W. Kleijne, 1973）、亨克·米尔德（Henk Mulder, 1974）、扬·范德克拉茨（Jan van de Craats, 1979）、黑塞尔·波特（Hessel Pot, 1982）、吕克·凯克（Luc Kuijk, 1983）、克拉斯·拉克曼（Klaas Lakeman, 1983）、莱奥·维格林克（Leo Wiegerink, 1983）、波普克·巴克（Popke Bakker, 1988）、赫拉德·博伊尔勒（Gerard Baüerle, 1988）、F. 范德布莱（F. van der Blij, 1988）、尼尔斯·鲍策尔特（Niels Buizert, 1988）、汉斯·劳韦里尔（Hans Lauwerier, 1988）、H. 迪帕克（H. Duparc, 1991）、鲍勃·德容斯特（Bob de Jongste, 1991）、亨克·海斯曼斯（Henk Huysmans, 1991）、泰斯·诺滕博姆（Thijs Notenboom, 1991）、汉斯·欧米斯（Hans Oomis, 1991）、弗朗克·罗斯（Frank Roos, 1991）、保罗·范德费恩（Paul van de Veen, 1992）、扬·马耶（Jan Mahieu, 1993）、马塞尔·斯内尔（Marcel Snel, 1993）、维姆·奥茨霍恩（Wim Oudshoorn, 1995）、桑德尔·范赖恩斯沃（Sander van Rijnswou, 1995）、罗纳德·范勒伊克（Ronald van Luijk, 1996）、迪翁·海斯韦特（Dion Gijswijt, 1996）、克拉斯·彼得·哈特（Klaas Pieter Hart, 1996）、哈拉尔德·哈弗科恩（Harald Haverkorn, 1996）、尔延·勒费布尔（Erjen Lefeber, 1996）、皮尔·西尼亚（Pier Sinia, 1996）、克里斯·扎尔（Chris Zaal, 1996）、勒内·斯瓦陶（René Swarttouw, 1997）、安德烈·德布尔（André de Boer, 1999）、阿拉德·费尔德曼（Allard Veldman, 2000）、勒内·潘涅库克（René Pannekoek, 2000）、扬·忒特曼（Jan Tuitman, 2000）、亚历克斯·范登布兰德霍夫（Alex van den Brandhof, 2001）、马泰斯·科斯特（Matthijs Coster, 2001）、扬·吉什拉尔（Jan Guichelaar, 2001）、马尔科·斯瓦恩（Marco Swaen, 2001）、迪克·贝克曼（Dick Beekman, 2003）、阿尔诺·克列特（Arno Kret, 2006）、安妮·德哈恩（Anne de Haan, 2006）、伊丽丝·斯米特（Iris Smit, 2006）、阿尔努·雅斯佩斯（Arnout Jaspers, 2006）、雅尼娜·达姆斯（Jeanine Daems, 2007）、亚历山大·范霍恩（Alexander van Hoorn, 2009）、埃迪·奈霍特（Eddy Nijholt, 2009）、泰门·费尔特曼（Tijmen Veltman, 2009）、保罗·勒夫里（Paul Levrie, 2011）、马克·赛尔豪尔（Marc Seijlhouwer, 2012）、德克·皮克（Derk Pik, 2012）、哈里·斯米特（Harry Smit, 2013）、米歇尔·斯威林（Michelle Sweering, 2016）、巴斯·费尔泽费尔德（Bas Verseveldt, 2016）、克里斯蒂安·埃格蒙特（Christian Eggermont, 2017）、埃米耶尔·卡珀（Emiel Kaper, 2017）、罗斯马赖·范霍梅里希（Roosmarij Vanhommerig, 2017）、迈克·达斯（Mike Daas, 2020）、尼尔斯·科伦布兰德（Niels Kolenbrander, 2020）、舒尔德·马尔布斯（Sjoerd Marbus, 2020）、尤里·阿拉特（Joery Allart, 2020）、莱克斯·斯洛尔特（Lex Slort, 2020）。

谜 题

仅用一把直尺

给定一个有直径（但是没有圆心）的圆，和圆内的一个点 P。如何才能仅用一把直尺画出过点 P 到这条直径的垂线？

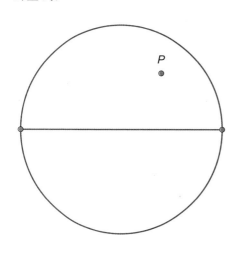

回合

黑方和红方于起始位置各执两枚棋子（如下图），两方轮流移动一枚棋子，可以选择向右或向左移动任意格数（至少为一格），但不能越过对手的棋子或是叠在对手的棋子上。若有一方无法做出移动，则认定为输。红方先手。那么两方中哪一方总能以最恰当的移动获胜：红方还是黑方？

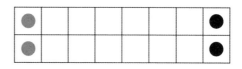

ABC 加法

下列加法算式中的字母 a、b 与 c 所代表的分别是什么数字：$\overline{aaa}+\overline{bbb}+\overline{ccc}=\overline{baac}$？此式中不同的字母代表不同的数字。

你知道吗? 世界上最古老的计数系统之一是六十进制。

巴比伦人是居住在美索不达米亚地区（位于今叙利亚东部和伊拉克境内）的几个民族的统称，于约公元前 3000 年发明了数学。他们在公元前 30 世纪末就拥有了一个理想的六十进制计数系统。这是一种进位计数法，就像我们目前的计数系统一样：数字符号在数字中的位置决定了它的数值。1231 这个数字中的两个"1"在我们的计数系统中含义不同：前一个"1"代表一个千，后一个"1"代表一个一。巴比伦人计数也是如此，只是对他们来说向左移一位代表着乘 60（对我们来说是乘 10）。

既然我们的十进制计数系统需要十个位置写下所有的数字符号，那么巴比伦人就需要 60 个。不过实际上只需要 59 个位置，因为当时还没有数字 0，对此他们会用一段空白来表示 0（有时会不太方便）。巴比伦人用楔形文字在泥板上写数字，1 到 59 由两个符号的叠加组成，一个"钉子"代表 1，一个"括号"代表 10。

15 本杂志

已知把 15 本杂志铺在一张桌子上可以完全覆盖它的表面。请证明如果拿走其中的 7 本杂志，剩余的 8 本杂志至少可以覆盖桌子表面的 $\frac{8}{15}$。

26 枚硬币

一个袋子装有 26 枚硬币。如果从袋子里拿出任意 20 枚硬币，至少会有一枚 1 分硬币、两枚 2 分硬币和五枚 5 分硬币。那么 26 枚硬币加起来共值多少钱?

公交时刻表

A 与 B 两地之间有一条繁忙的公交线路。两地每隔 10 分钟各发一班车（包括整点）。从 A 地到 B 地与从 B 地到 A 地的路线同样用时 35 分钟。每个司机到达 A 地或 B 地时都有 15 分钟的休息时间。总共需要多少辆公交车和几个司机才能执行这个时刻表？

白与黑

在一个实心球表面上绘制任意数量的圆，以把球面划分为多个区域。若在球面的任意位置绘制任意大小的圆，是否总可以满足以下两个条件：

a. 每个区域全白或全黑；

b. 以同一圆弧为边界的两个相邻区域有不同的颜色。

蜜蜂

一只蜜蜂在巢室之间飞行，每次以相等概率飞向任意相邻巢室。蜜蜂从巢室 A 到巢室 B 可以经由两次飞行完成，但它们通常需要飞更多次。蜜蜂从巢室 A 到巢室 B 平均需要多少次飞行？

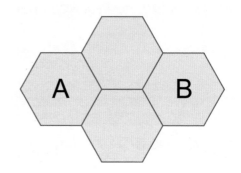

三等距

　　点 P 位于边长为 1 的正方形内，并与两个相邻顶点与对边中点等距。请计算此距离。

晚点的时钟

　　皮特骑着自行车去上学的时候，看见家里的时钟指向了 8:30。他知道家里的时钟晚点了。当他到学校的时候，学校的标准时钟显示着 8:55。在学校时钟指向 12:03 的时候，皮特以同样的速度骑着自行车回家，而当他回到家时，他看到了家里的时钟显示着 12:16。那么家里的时钟晚点了多少？

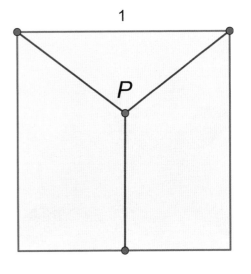

1

P

　　你知道吗？ 上图中的"Y"字形图案被称为斯坦纳树，以数学家雅各布·斯坦纳（Jakob Steiner）的名字命名。斯坦纳树也可以应用于实际中，如电力网络的建设等。你可以把树的三个端点试想为需要连通的城市。若通过斯坦纳树的中点进行布线，则所需的电缆长度最短且数量最少。

同色三角形

一个三维空间中有 66 个点。任意三点相连都不形成直线。若把每两点都以线段相连，则每 3 个点形成一个三角形。若总共以 4 种颜色绘制线段，那么无论如何分配颜色，总会存在一个 3 条边颜色相同的三角形。请证明。

你知道吗? 谜题 11 出自一个叫拉姆齐定理的数学定理，以英国哲学家、数学家以及经济学家弗兰克·普伦普顿·拉姆齐（Frank Plumpton Ramsey）命名。在 2005 年《毕达哥拉斯》4 月刊中曾发表过一篇关于拉姆齐定理的文章。

如果你仔细观察此题的答案，就会发现若将 6 个点之间的线段涂以两种颜色，则总能得到一个单色三角形。此外若条件为 17 个点与 3 种颜色，则也能得到一个单色三角形。在这两种条件下，取 6 与 17 为点数最为合适：在 5 个点与双色的条件下，无法得到单色三角形，而在 16 个点与三色的情况下也是如此。

那么在 5 种颜色的条件下，最少需要多少个点才能得到一个单色三角形呢？若是 6 种颜色呢？我们尚未得知在 4 种颜色的条件下最为合适的点数是多少：若取 62 个点，则总能得到一个单色三角形，若取 51 个点则无法得到。在此区间内的其他点数的情况则尚处于未知状态。

魔法总和

将数字 1 到 12 填入 12 个圆圈中，使 6 条边中每一条上的数字之和与 6 个外角上的数字之和相等。

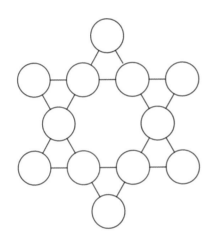

上楼梯

安妮每天都要上楼梯。楼梯共有 13 阶，她每次上一或两阶。若她想每天都以不同的步法上台阶，那么她能坚持一年吗？

2X+1 的问题

任取一正整数，并重复以下步骤：若此数能被 3、5 或 7 整除，则进行除法。如若不能，则将此数乘 2 再加 1。例如：23 → 47 → 95 → 19 → 39 → 13 → 27 → 9 → 3 → 1。经此步骤能让所有数都以 1 结束吗？

最短路径

经网格线从点 A 至点 B 共有多少条最短路径？

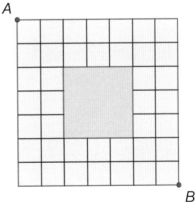

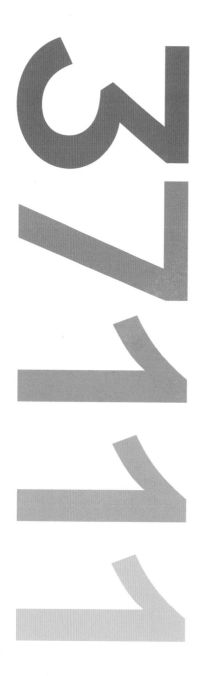

  ●●●

绝非素数

37 是一个素数（只能被 1 和它自己整除）。若在 37 后面加上任意数量的 1（如 371、3711、37111 等），则该数绝非素数。请证明。

△ ●●○

折纸

从纸上剪下一个长 16 cm、宽 12 cm 的长方形，以下图方式折叠，使对角线上两点彼此重合。计算此折痕的长度。

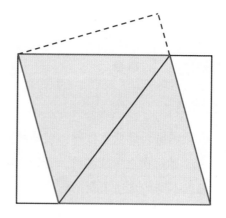

你知道吗？ 数学界正在广泛研究类似谜题 14 的问题。此类题目涉及 $3n+1$ 问题，即考拉兹猜想。任取一整数 n 作为初始值，并按以下两个步骤计算出下一个值：

- 若 n 为偶数，则将 n 除以 2
- 若 n 为奇数，则将 n 乘 3 再加 1

对得出的值继续重复以上步骤。考拉兹猜想则提出我们终将在有限步骤内得出数字 1。这一猜想最早在 1937 年由洛塔尔·考拉兹（Lothar Collatz）提出，至今尚未被证实或证伪。

18 | A | ●●○

周长是多少？

一个平面被 4 个圆划分为 12 个区域（背景为区域 1）。下图已给出另外 11 个区域的周长。计算区域 1 的周长，即下图外边的周长。

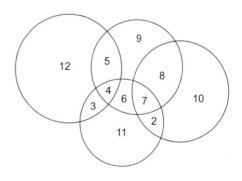

最小或最大

下图数字 1 到 9 被填入 3×3 的正方形中，使其在其行或其列中为最小或最大之数。（例如 5 为其行最大，3 为其列最小，2 为其行最小，4 为其列最小，以此类推。）请将数字 1 到 12 填入 3×4 的长方形中，使其同样符合上述条件。你能用同样的方法将 1 到 16 填入 4×4 的正方形中吗？

5	3	2
4	7	1
6	8	9

排列数字

将数字 1 到 9 填入下图 9 个蓝色圆形中，使得两个三角形、一个四边形与一个五边形上的数字之和与对应的多边形中的数字相等。

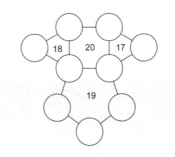

积与和

我说："我取了两个小于 10 且不相等的整数。"然后将两数乘积悄悄告诉普丽西拉，将两数之和悄悄告诉舒尔德。普丽西拉说："可我还是不晓得这两个数。"然后舒尔德说："我本来想到了四种可能，但你既然说了你不晓得，我就晓得这两个数了。"这两个数分别是什么？

你知道吗? 著名的和与积的问题也被称作不可能的谜题,因此类问题乍看之下所给出的可用于解题的信息太少。此谜题于 1969 年由汉斯·弗赖登塔尔(Hans Freudenthal, 1905—1990)提出,概念如下:

已知关于两个整数 x 与 y 有 $1<x<y$,且 x 与 y 之和小于等于 110。甲知道 x 与 y 之和,乙知道 x 与 y 之积。

两者进行如下对话:

乙:"我不知道 x 与 y 的值。"

甲:"我知道你不知道。"

乙:"那么我现在知道了。"

甲:"那么我也知道了。"

现在你也可以知道了。

---

22  ●○○

两合

现有两只没有刻度的杯子,一只的容量为 5 合*,一只的容量为 9 合。另有一只装满水的大桶。如何才能用这两只杯子量出 2 合的水呢?

*合,容量单位,10 合等于 1 升。——编者注

---

23 ✂ ●○○

方纸片

两张(6×6)cm² 的方纸片彼此重叠放在桌面上。将上方纸片沿桌面对角线斜向移动,使纸片彼此重合的面积为桌面被纸片所覆盖面积的 $\frac{2}{7}$。两张方纸片所覆盖的面积为多少?

---

24  ●●○

数与字

下面是两组包含幂运算的算式,其中不同的字母代表不同的数字。请找出每个字母相对应的数字使算式成立。

$$AB^c=DEFG$$
$$UV^w=XY^z$$

你知道吗? 在电影《虎胆龙威 3》中,演员布鲁斯·威利斯(Bruce Willis)和塞缪尔·杰克逊(Samuel L. Jackson)需要用一个 5 L 的水桶和一个 3 L 的水桶准确量出 4 L 的水,以防止炸弹在纽约爆炸(并且他们成功做到了)。

四个三角形

给定一个长方形与一个内点。另有四条线段连接内点与长方形的四个顶点，将长方形划分为 a、b、c 与 d 四个三角形，如下图。已知各三角形之间的大小比例为 $a：d=1：4$ 和 $b：c=2：3$。那么 $a：b$ 的比例为多少呢？

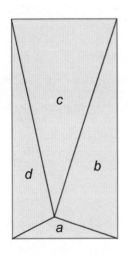

81 只跳蚤

给定一个 9×9 网格板，每个网格点上都有一只跳蚤。跳蚤的设定是只能斜向前或斜向后跳跃到相邻对角的网格点上。有人拍了一下手，于是全体跳蚤进行了一次跳跃（至相邻对角的网格点上）。那么现在至少有多少个网格点是空的？

红色的球

一个盒子里有 4 个球：印着数字 1 的红球、印着数字 2 的红球、印着数字 1 的蓝球和印着数字 2 的蓝球。戈妮取了一个球，如实告知我"这是一个红球"，然后把它藏在了身后，使我不能看到球上的数字。我也取了一个球，那么此球为印着数字 1 的红球的概率是多少？

骰子

你若用一只眼睛观察骰子，可以看到它的一面或两面或三面，再多就不行了。比如你可以拿着骰子让点数为1、3、5的面可见，使点数总和为9。我的观点为：你可以在眼前转动骰子，使点数总和为1、2、3、4、5、6、7、8、9、10、11、12、13、14和15成立。我说的对吗？

---

29 | ⊞ | ●○○

野兔之跃

一只野兔坐在一个3×3方格板的一角上。它可以跳到除了初始格和当下所占格之外的任何一个格子里。若它想跳3次跳到方格板对角的格子里，有几种方法？

---

30 | ✄ | ●○○

谁叫基斯？

甲、乙、丙三位先生各自做出以下陈述，其中只有一人说了真话。甲："我叫基斯。"乙："我不叫基斯。"丙："甲不叫基斯。"那么谁一定叫基斯？

---

31 | ⊞ | ●●○

花园瓷砖

保罗有两种不同规格的瓷砖：2×2与3×3。12×12的花园去掉了3×4的一角，他可以用瓷砖把剩下的地方铺满吗？如下图所示。

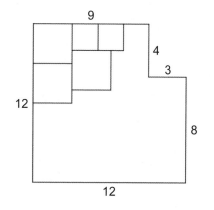

10 枚硬币

　　10 枚硬币排成一排，正面朝上。马克斯先把全体硬币翻了个面。然后他把每隔 1 枚硬币翻面，使第 2、第 4、第 6、第 8 和第 10 枚硬币正面朝上。再之后把每隔 2 枚硬币翻面（即第 3、第 6 和第 9 枚），再是每隔 3 枚，以此类推，直到他只需把第 10 枚硬币翻面。现在哪几枚硬币反面朝上？

位于正中

　　下图中的正方形纸板上有一个洞。此洞并不位于正中。你可以做到吗：用剪刀分两刀把正方形剪成两半，并将其重新组合拼成一个正方形，但这次让洞位于正中？

一包弹珠

　　西尔维娅的包里有 10 颗红色弹珠和 10 颗黑色弹珠。她每次从包里随机取出 2 颗弹珠，如果它们颜色不同，西尔维娅就把黑色弹珠放回包里。如果颜色相同，则往包里放入 1 颗红色弹珠。她把包里的弹珠都混合均匀后又取出了 2 颗弹珠。西尔维娅重复以上步骤，直到包里只剩下 1 颗弹珠。这颗弹珠是红色的概率为多少？

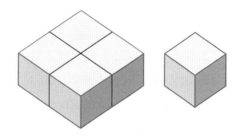

你知道吗？你可以用 27 个小立方体拼出一个著名的 3D 立体拼图。首先将小立方体以下图方式组合在一起：

得到 6 块大拼图和 3 块小拼图后，挑战用其再拼回一个立方拼图。

35 | ✂ | ●○○

奶酪

你想把一块正方体奶酪切成 27 小块（见下图）。至少需要切几刀才可以做到？在每次落刀的间隙允许移动奶酪。

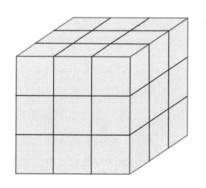

36 | 💻 | ●●●

无法实现的费马大定理

费马大定理对于三次幂提出：$a^3+b^3=c^3$ 中，a、b 和 c 无正整数解。我们可以稍做修改：$a^3+b^3=c^4$ 有正整数解吗？若有，请列出一些。

三顶帽子

甲、乙、丙三位先生在一个暗室里，其中有两顶白帽子和三顶黑帽子。他们各自拿了一顶帽子戴上，但不晓得它的颜色。然后他们在明亮的室外站成一列，这样丙可以看到甲和乙的帽子，乙只能看到甲的帽子，而甲看不到任何一顶帽子。然后丙说："我不晓得我的帽子是什么颜色。"乙回应说："我也不晓得我的帽子是什么颜色。"甲得意地说："那么我晓得我的帽子是什么颜色的了。"那么甲戴的是什么颜色的帽子？

棋盘中的棋盘

一张 10×10 的方格棋盘上，由整数个方格组成的矩形部分为小棋盘。

a. 棋盘上有多少个小棋盘？

b. 棋盘上有多少个正方形棋盘？

你知道吗？ 存在很多关于彩色帽子的逻辑谜题，即根据其他人帽子的颜色猜出自己帽子的颜色。此类谜题通常由戴着彩色帽子的小矮人们提出。这种意外且有趣的挑战非常适合出现在家庭聚会等场景中。你们将会被告知，需要戴上或红或蓝两种颜色之一的帽子。你看不到自己戴着的帽子的颜色，因为这项挑战就是要你猜中它。你可以提前与其他人就猜测的策略达成一致，但是一旦戴上帽子，你们就不能再进行交流了。之后你可以看到其他人的帽子。你可以找到一种要么使所有人都猜对，要么都猜错的策略吗？只有这样，你才能获胜。

林中小屋

　　我继承了一笔遗产，并用其购买了从 A 到 B 路线上的一间林中小屋。在我的小屋附近有两条通往 C 和 D 的路。从 A 到 C 的距离为 30 km，从 C 到 D 的距离也为 30 km，而从 D 到 B 的距离为 14 km。值得注意的是，我的小屋到 A、B、C 和 D 的路程是一样的。那么有多远呢？

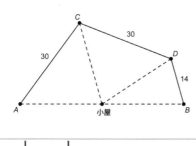

算数

　　一个七位数，第 1 位上的数字等于此数中 0 的数量，第 2 位上的数字等于 1 的数量，第 3 位上的数字等于 2 的数量，以此类推，直到第 7 位上的数字，它等于此数中 6 的数量。求出这个数。

$(-1+12) \times 2 + 3 = 25$

你 知 道 吗? 2020 这 个 年 数 有着特殊的性质,它是 4 个连续的素数的平方和。也就是说我们有: $17^2+19^2+23^2+29^2=2020$。 上 一 次 出现这样的年数还是在 1348 年,$1348=13^2+17^2+19^2+23^2$, 整 整 672 年前。而下一次出现将是在 2692 年,$2692=19^2+23^2+29^2+31^2$,那将是……整整 672 年后。

同时 2020 也是一个自我描述数。一个自我描述数是这样描述自己的:第 1 位上的数字表示此数中 0 的数量,第 2 位上的数字表示 1 的数量,第 3 位上的数字表示 2 的数量,以此类推。我们发现,2020(2 个 0,0 个 1,2 个 2,0 个 3)满足这个性质。

谜题 1 除此之外还有一个四位自我描述数,你能找到它吗?

谜题 2 我们要寻找一个十位自我描述数。实际上这意味着你要在下列每个方格中填入一个数字,用其指代此方格上方数字在你所要找的数中所出现的次数:

假设此数为 $\overline{ABCDEFGHIJ}$。那么下列问题或许可以为你提供思路:

◎ 所求之数的所有数位上的数字之和是多少?

◎ 什么数等于 $0×A+1×B+2×C+\cdots+9×J$?

◎ 所求之数的后半部分最多有 1 位数字不等于 0。为什么?

◎ 第 2 个方格(B)中最小可能数字 B 为 2。为什么 B 不能等于 1?

◎ 所求之数中至少有 5 个 0。为什么?

填字游戏

任何填入灰格中的数和连成的数（包括横向和纵向）必须为素数（只能被 1 及其自身整除）。被使用的最大数为 23753。完成这个填字游戏。

不足五样

我的口袋里揣着满满的一元硬币，准备进城买五样特定的东西。不幸的是，我的钱好像不够用了。不过我可以买下五样东西中的四样。取决于不同的组合，价格可以为 37、41、47、50 或 57 元。我口袋里共有多少钱？

装满水桶

卡托有五个水桶，容量分别为：四分之一立方分米、半分米的立方、八分之一立方分米、四分之一分米的立方和二分之一立方分米。她可以用其中哪四个桶正好装满一个容量为 1 立方分米的空水桶？

球类游戏

科内利斯和托克正在玩游戏。他们共有 6 个球：3 个红球和 3 个黄球。除此之外还有 2 个瓶子。托克可以将这些球分配放入 2 个瓶子（每个瓶子中至少有 1 个球）。然后科内利斯从每个瓶子中各取出 1 个球。若两个球颜色相同，则托克从科内利斯那里得到 1 元。如若不同，则科内利斯从托克那里得到 1 元。他们把这个游戏玩了许多遍。托克可以以一种长期不亏钱的方式分配这些球吗？

45 | ✂ | ●●○

树上的乌鸦

22 棵树围成一个圆。每棵树上都有一只乌鸦。每分钟有两只乌鸦飞走，落到相邻的一棵树上。随着时间的推移，这些乌鸦有没有可能都落在同一棵树上？

46 | 📐 | ●●○

毕达哥拉斯四重奏

图中 8 条线段的长度均为整数。4 个直角三角形的面积互不相等。因此我们可以应用 4 次勾股定理 $a^2+b^2=c^2$。请找出 8 条线段的可能长度。

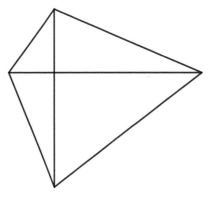

47 | ⊞ | ●○○

搬家问题

将旧房间镂空了花盆面积的地毯（左图）剪成两块，使它们在正确摆放时可以铺满新房间的整块地板（右图）。

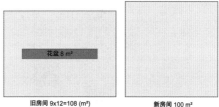

旧房间 9x12=108 (m²)　　新房间 100 m²

花盆 8 m²

48 | ⊞ | ●●○

负数指数

等式 $2^a+2^b=3^c+3^d$ 成立，其中 a、b、c 和 d 为四个整数。其中多少个可以为负数？对于负数指数，等式 $p^{-q}=\frac{1}{p^q}$ 成立，例如 $2^{-3}=\frac{1}{8}$。

你知道吗？存在无穷多个连续的正整数三元组，其中每个数都是由两个数的平方和组成。最小的三元组为：$72=6^2+6^2$，$73=3^2+8^2$，$74=5^2+7^2$。对于由三个数的平方和组成的数，甚至存在一个七元组：$72=2^2+2^2+8^2$，$73=1^2+6^2+6^2$，$74=3^2+4^2+7^2$，$75=5^2+5^2+5^2$，$76=2^2+6^2+6^2$，$77=2^2+3^2+8^2$，$78=2^2+5^2+7^2$。

六个数字

图中的每个数字需要与其他五个数字中的一些相连，所连数字的数量等于数字本身，例如 1 仅与其余五个数字中的一个相连。那么 X 是哪个数字？

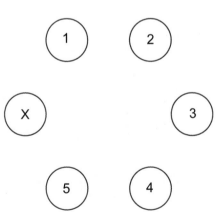

数字结构

此结构中的数字满足以下性质：下方相邻两个方框中的数的和等于正上方的数。完成下图中的数字结构。

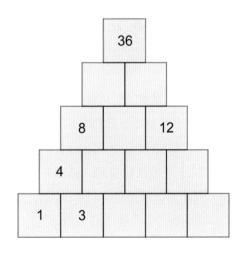

你知道吗？如果用手指计算二进制，用一只手可以计算到 31，而用两只手则可以计算到 1023。

6 杯

你面前有 6 只酒杯排成一排，杯中从左到右交错着倒了白葡萄酒和红葡萄酒：白红白红白红。每回合你要选择 4 个相邻的酒杯，把它们排成倒序，再放回原来的位置。例如红白红红会变成红红白红。在多少回合后可以得到红红红白白白？白白白红红红呢？

全麦面包

面包店里最年轻的服务生忘记全麦面包卖多少钱了，只知道它的价格在 2 到 3 欧元之间。服务生在面包师早上烤的 17 个全麦面包旁的一张字条上找到了这些面包的总价：_4.7_ 欧元。但第一个和最后一个数字看不清了。1 个全麦面包卖多少钱？

谁拿走最后一分钱？

一个双人游戏开始之前，先要放一长串紧靠着的币值为一分钱的硬币。之后两个玩家轮流取硬币。每轮可以取走一枚或两枚相邻的硬币。拿走最后一分钱的玩家则获胜。先手玩家可以靠做出正确的拿取方式总是获胜吗？

音乐会之后

音乐会结束后，里亚、埃伦、亨克和扬坐在咖啡馆里享用饮品和荷兰炸肉丸。亨克指着最后一颗炸肉丸说："我想了 3 个数字你们来猜猜。你们各选一个小于 10 且不为 0 的数字，但不能与其他人选的相等。"他选择了数字 2、7 和 6。"如果你们没猜中，那么最后一颗炸肉丸就归我了。"亨克说。如果该竞争公平，亨克获胜的概率有多大？

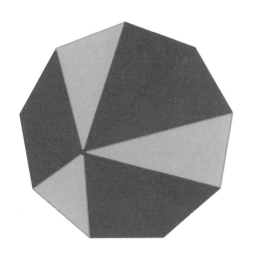

你知道吗？比萨定理与上个问题很相似。比萨定理陈述如下：若沿直线将比萨切割，(a) 使这些线经过比萨上某个固定点，(b) 且这些线彼此之间的角度相等。如果比萨的块数为 4 的倍数且不小于 8，并被你们两个人享用，你们就可以轮流拿比萨以保证两个人吃到的比萨是一样多的：

55 | A | ●●●

正九边形

将一个正九边形内的任意一点连线至各个顶点。之后将所得的 9 个三角形用 3 种颜色着色，如上图所示。请证明 3 种颜色所填充的面积相等。

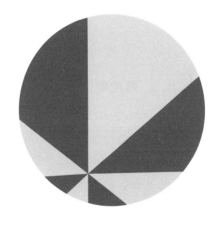

绿色区域与红色区域的面积正好相等！

$$1+(1+2+2)\times(3+3) = 31$$

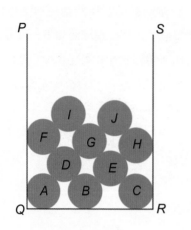

15 次跳跃

你站在一块 4×4 方格板的角落里。只可以进行以下跳跃：斜向、竖向或横向，每次越过一格或两格。你怎样才能通过 15 次跳跃经过方格板上的每一格呢？注意，不能两次跳到同一格内。

开始			

再次水平

四瓶红酒恰好无法并排平放在酒架 PQRS 的底部，因此只放了三瓶，其中瓶 A 和 C 靠在两侧。瓶 B 由瓶 D 和 E 固定在自己的位置。在此之上我们又可以摆三瓶，F、G 和 H，其中 F 和 H 靠在酒架两侧。接下来是只有两瓶 I J 的新的一层。注意 (D, E)、(F, G, H) 和 (I, J) 三排是倾斜的。此斜率取决于底层酒瓶摆放的位置。请证明下一排将要摆放的酒瓶 K、L 和 M 是水平的，也就是不会倾斜。

解析数字

选择一个数字并用多种方法把它写成 4 个正整数之和。例如你选择了 8，那么就有 5 种写法（1+1+1+5；1+1+2+4；1+1+3+3；1+2+2+3；2+2+2+2），与数字的排列顺序无关。对于数字 G 正好有 G 种写法。G 是哪个数？

你知道吗? 58 题是下类被研究较多的组合问题的变体:有多少种方法可以把一个正整数 n 写成更小的正整数的和?

例如数字 5 可以用以下方法写成更小数之和:

5
4+1
3+2
3+1+1
2+2+1
2+1+1+1
1+1+1+1+1

因此有 7 种写法。长久以来,人们试图找出一个直观的公式,而它最终由著名的数学家搭档戈弗雷·哈罗德·哈代(Godfrey Harold Hardy,1877—1947)和斯里尼瓦瑟·拉马努扬(Srinivasa Ramanujan,1887—1920)发现并提出。

若我们要把 n 的表达式以更小数之和表现,那么对于较大的 n 存在多少种表达式,他们发现了近似公式如下:

$$p(n) \approx \frac{1}{4n\sqrt{3}} e^{\pi\sqrt{\frac{2n}{3}}}$$

59 | 💻 | ●●○

由0与1组成的序列

一序列仅由数字0与1组成，并且有20多位数字。此序列具有以下性质：

◎每个由5个连续的数字组成的五元组都彼此不完全相同。

◎若在此序列末尾添加一个0或1，那么新的序列依旧保有上述性质。

请证明此序列的第一个四元组与最后一个四元组不完全相同。

60 | 📐 | ●●○

黑色星期五

若有一年四个季度中的三个季度都有黑色星期五（即当月13日是星期五），那么这一年的12月31日是星期几？

61 | ✂ | ●●○

礼物桶

一个容量为100 L的礼物桶被填得满满当当。其中90%为塑料泡沫填充物，此外还有一些小礼物。翻找的时候许多小礼物都被拿走了。之后礼物桶内的小礼物被补回原本的数量。但由于翻找的原因，许多填充物已经不在了。桶内的填充物只占总填充量的80%时，礼物桶被填满了多少？

62 | 💻 | ●●○

皮特的猜想

皮特的观察如下：$5^2-1=24$ 和 $7^2-1=48$。他猜想对于每个素数 P（只可被1和 P 整除）都成立：$P^2-1=k \times 24$（k 为自然数）。皮特的猜想正确吗？

你知道吗？ 你可以将32个0和1连成一个环，使每组由0和1组成的长度为5的序列都在其中出现。此性质对于任意 n 都成立：将 2^n 个0和1连成一个环，使每组长度为 n 的序列都在其中出现。这样的序列被称为德布鲁因序列，以荷兰数学家尼古拉斯·戈韦尔·德布鲁因（Nicolaas Govert de Bruijn, 1918—2012）的名字命名。如果你将00010111连成一个环，你就会得到一组 $n=3$ 的德布鲁因序列。

63 | ✂ | ●●●

还剩两杯

聚会上还剩下一杯果汁和一杯气泡水。汉斯和约翰都想喝果汁，于是决定把两杯饮料混在一起。两杯都是 $\frac{2}{3}$ 满的，除此之外也没有多余的杯子。他们可以通过多次混合将两杯饮料混合均匀吗？

64 | ✂ | ●●○

6 个砝码

你有 6 个砝码，2 个红的、2 个白的和 2 个蓝的。你知道其中 1 个红的、1 个白的和 1 个蓝的质量相等。剩下 3 个砝码的质量也相等，只不过稍轻一些。如何在一座天平上通过两次称重判断哪 3 个砝码是最重的？

65 | 📐 | ●●○

木轮运输

一个长度为 L 的方形重物架在 3 根滚动的圆柱体木头之上，移动了 200 m 的距离。最前方的木头在开始移动时正好与重物的前端对齐，最后方的木头与后端对齐，中间的木头与中点对齐。而需要移动重物的女士一开始站在重物的后方。这位女士每每需要把最后方滚出来的木头移动到重物的前端，以使木头之间的距离保持不变，那么她总共移动了多少米呢？

66 | 🎲 | ●○○

五个朋友吃晚餐

五个朋友每个月都一起出去吃一次饭。他们总是围坐在圆桌旁。他们约好两次不与相同的朋友挨在一起。他们第一次吃饭是在一月。那么从几月开始他们无法再遵守约定？

$$-1 \times 1 + 2 \times 2 \times 3 \times 3 = 35$$

你知道吗? 根据友情悖论，你的朋友比你朋友的朋友要少。最简单的例子为下面这三人组（甲、乙和丙）：甲↔乙↔丙。甲和丙有 1 个朋友（乙），乙有 2 个朋友（甲和丙）。因此每个人的朋友平均数量为 $(1+2+1) \div 3 = \frac{4}{3}$。现在问题来了：甲、乙和丙的朋友们平均有多少朋友呢？甲的朋友有 2 个朋友，丙的朋友也有 2 个朋友，而乙的朋友们一共有 2 个朋友。因此甲、乙、丙共有 4 个朋友，而甲、乙、丙的朋友们则共有 6 个朋友。所以朋友们的朋友平均数量为 $(2+2+2) \div 4 = \frac{3}{2}$。这要大于 $\frac{4}{3}$。

67		●○○

圆上多点

一个周长为 300 cm 的圆上标记了 n 个点，使得对于属于 n 个点的每一个点都能找到一个（沿圆周测量）距离它 1 cm 的属于 n 个点中的一个点和距离它 2 cm 的属于 n 个点中的另一个点。那么关于 n 可以得出怎样的结论？

68		●●●

象棋多米诺

一张国际象棋棋盘被多米诺骨牌完全铺满了。每张多米诺骨牌正好覆盖棋盘上两格，且棋盘上每格都正好被一张多米诺骨牌覆盖。称长边与棋盘底边平行的多米诺骨牌为水平骨牌。请证明左侧覆盖黑格的水平骨牌的数量等于左侧覆盖白格的水平骨牌的数量。

全部加 1

给定一个两位正整数 a 和一个四位正整数 b。两个数中的所有数字都小于 9。下式成立：$a^2=b$。若将两个数中的六个数字都加 1，第一个数的平方依然等于第二个数。求出这两个数。

生成数字

取一个自然数（1，2，3，…）并将其乘 3，将此数中的数字相加再将其除以 3，则又可以生成一个自然数（想想被 3 整除这个性质）。因此 2 生成 2（2 → 6 → 6 → 2），17 生成 2（17 → 51 → 6 → 2），33 生成 6（33 → 99 → 18 → 6）。请找出最小的 6 个生成 1 的数。最小的生成 10 的数呢？可以生成所有数 G 吗？

羊吃草

一片草原上的草每天以同样的速度生长。如果在这片草原上放 10 只羊，它们将用 20 天把全部的草吃光。如果放 15 只羊，它们将用 10 天把全部的草吃光。如果在这片草原上放 25 只羊，它们将用多少天把全部的草吃光呢？

拼图

克拉斯有一张 35 块的拼图。每一块都属于图中 5 种形状中的一种。那么每种形状有多少块呢？

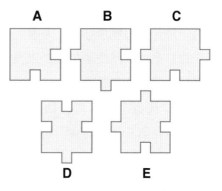

$1×(1+2)×(2+3×3)+4 = 37$

你知道吗? 当周长给定时,圆为面积最大的形状。而当面积给定时,圆为周长最小的形状。

73	

一套多少钱?

10 支铅笔、4 块橡皮和 1 个卷笔刀的总价格为 2.98 欧元。7 支铅笔、3 块橡皮和 1 个卷笔刀的总价格为 2.23 欧元。那么 1 支铅笔、1 块橡皮和 1 个卷笔刀的价格为多少?

75	

两块最重的石头

已知 32 块石头的质量各不相等。请证明经过 35 次称重可以找出最重的和第二重的石头。

74	

哎呀,怎么摆的来着?

在你面前有 3 个贴着标签的盒子。上面写着黑黑、白白和黑白,表示里面有两颗黑色弹珠、两颗白色弹珠或一黑一白两颗弹珠。可是有人心不在焉,把标签调换了位置,以至于没有一个标签在正确的位置。你可以遮着眼睛从每个盒子里任取一颗弹珠,当抽到第几盒的时候,可以知道标签原来是怎么摆的?

76	

握手

七个人围坐在一张圆桌旁。邻座的人彼此握手。还有很多人没有彼此握过手。他们起身到不同的座位坐下,再次与邻座握手。他们重复此步骤,直到每两个人都至少握过一次手。他们至少需要换几次座位?

求角度

图中给出了一个正方形和两个 15° 的角。求 ∠CDK。

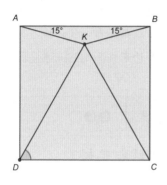

锯木板

诞生于 1961 年的第一个毕达哥拉斯谜题：

有个人有一块正方形的木板，边长为 36 cm。他想要从中锯出一些 5 cm × 8 cm 的长方形。这些长方形不能由较小的木板拼接而成。他问道："我最多可以锯出多少块这样的长方形？"请列出一些解决方案。

整数还是分数？

所有位于 0 到 1 之间不能化简且分母最大等于 100 的分数之和为整数还是分数？

颜色总和

此加法竖式包含 10 个不同的数字。不同的字母表示不同的数字。求解：使 ROOD 为一个平方数。

（ROOD= 红；GEEL= 黄；GROEN= 绿；BRUIN= 棕）

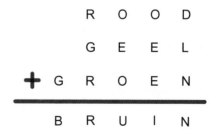

81 🖥 ●○○

不为 3 的倍数

写一排正整数，使任意三个数的和都不为 3 的倍数。一排中最多可以有多少个数？

82 ✂ ●●○

四等分

扬慷慨解囊，将口袋里一半的钱分给了他的朋友皮特、克拉斯和亨克；他分给每个男孩的钱一样多。之后皮特也这样做了，然后是克拉斯，最后是亨克。结局是每个人都拥有 81 分钱。在这个奇怪的游戏刚开始时，四个男孩分别有多少钱？

83 🧩 ●○○

在电车上

在电车上，阿夫可顺着过道往里看，只看到靠过道的一侧坐着三个男孩和两个女孩。于是她做出陈述："每个女孩旁边都坐着一个男孩。"你应该看向谁旁边来判断她的陈述是否正确？

84 📐 ●●○

激光射线有多长？

一个边长为 3 的等边三角形的每条边上，都有一面朝向内的镜子。从底边离左下角距离为 a 处，向右上方以 60° 发射了激光射线。请证明激光射线经过 5 次折射后回到起点 S。那么激光射线走了多远的路程？

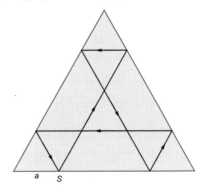

85 ┆ A ┆ ●○○

沿着街区

基斯所住的街区的长度是宽度的两倍。他离开家并沿着街区走了一圈。其中有 120 m，他离家越来越远（直线距离）。之后的距离为他回到家的距离。这个街区的长度为多少？

86 ┆ A ┆ ●○○

7 种颜色

一张纸上有 7 个点（任意 3 个点都不落在一条直线上），我们将这 7 个点涂为 7 种不同的颜色，将每两个点用 7 种颜色之一的线段相连，每种颜色连 3 条线段，使颜色相同的 3 条线段形成三角形。你能找到解决方案吗？

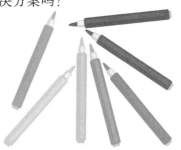

87 ┆ ▦ ┆ ●●○

总和为 1

在两列三行的表格中有 6 个正数，每个数等于其行的数之和与其列的数之和的乘积。证明表格中所有 6 个数之和为 1。

88 ┆ ▦ ┆ ●●○

倒数总和为 1

有一组彼此不相等的正整数，它们的倒数之和为 1。例如：对于 2、4、6 和 12 有 $\frac{1}{2} + \frac{1}{4} + \frac{1}{6} + \frac{1}{12} = 1$。请证明你总可以用两个以上的任意数量的数，组成这样的数组。

你知道吗？ 公元前 3000 年的古埃及人只能计算分数 $\frac{2}{3}$、$\frac{3}{4}$ 和所有分子为 1 的分数。对于其他分数，他们没有单独的表达式，因此他们把这些分数用总和的形式写出。可以写为分子为 1 的分数之和的分数在数学上被称为古埃及分数。任何分子和分母为正数的分数都可以写为古埃及分数。例如有 $\frac{43}{48} = \frac{1}{2} + \frac{1}{3} + \frac{1}{16}$。

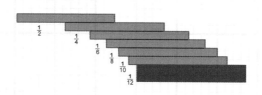

　　下列问题也涉及了古埃及分数。假设你有无限多副扑克牌，如上图所示将它们搭在一起，要确保上方的扑克牌在重力允许的范围内最大限度向外突出。在图中你可以看到最上方的牌覆盖其下方的牌的一半；覆盖面积无法再缩小，因为那样牌就会从牌堆上掉下来：这张牌的重心在正中，且该重心必须落在下方的牌上（也可以在边上）以保持牌身平衡。它下方的牌也可以突出，但最多能突出多少？如果我们把最上方的两张牌如上图所示搭在一起，这两张牌的重心则落在：距离下方的牌边缘的 $\frac{1}{4}$ 处。假设现在牌堆上已经搭了 n 张牌，这些牌摆在第（n+1）张牌的边缘并被它支撑。如下页中的图所示，一张牌的长度为 1，重力也为 1。

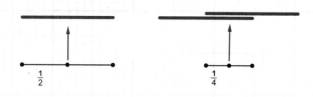

以桌子边缘部分为参考物，有两个重力在"压"着它：左侧 n 张牌的牌堆的重力和第（$n+1$）张牌的 a 部分的重力，右侧第（$n+1$）张牌的（$1-a$）部分的重力。

当 $n \times 1 \times a + a \times 1 \times \frac{a}{2} = (1-a) \times 1 \times \frac{1-a}{2}$ 时为平衡状态。

由此能得到 $a=\frac{1}{2n+2}$。所以这块额外的 $\frac{1}{2n+2}$ 突出了新的牌堆。那么这样一个 n 张牌的牌堆可以从底端突出多远呢？这可以写作古埃及分数 $\frac{1}{2}+\frac{1}{4}+\frac{1}{6}+\cdots+\frac{1}{2n}=\frac{1}{2} \times (1+\frac{1}{2}+\frac{1}{3}+\frac{1}{4}+\frac{1}{5}+\cdots)$。如果你有无限多张牌，那么这个数字会变成多大？可以证明的是，如果我们使 n 无限增长，那么这个数字也会持续增长。所以答案为：无限远。

（提示：$\frac{1}{3}+\frac{1}{4}>2 \times \frac{1}{4}=\frac{1}{2}$，$\frac{1}{5}+\frac{1}{6}+\frac{1}{7}+\frac{1}{8}>4 \times \frac{1}{8}=\frac{1}{2}$，以此类推）

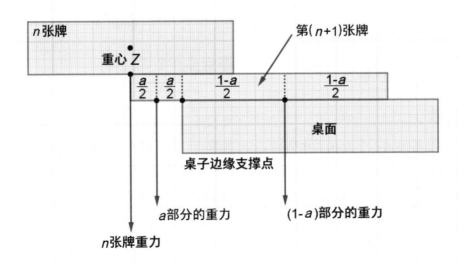

大于 1

在下图圆圈中填入数字 1 到 8，使每两个线段连接的圆圈内的数字之差不能为 1。

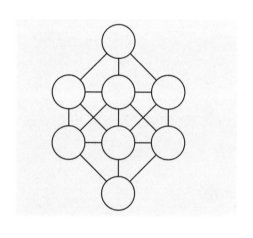

电影院

3 个男孩和 5 个女孩去电影院。他们并排坐在 8 个座位上。每个男孩都想要坐在 2 个女孩之间。他们有多少种坐法？

剪贴

将图中的两个形状分别剪为两个部分，使这四个部分可以组成一个正方形。

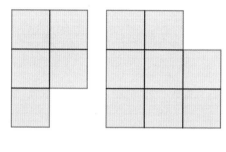

取走多少？

贝尔特和埃尔尼在玩这个游戏：他们将 2004 根竹签摆在桌上，每人轮流取走竹签。最少取 1 根，最多取桌上剩余竹签的一半。剩下最后一根竹签的玩家就输了。当埃尔尼先手时，谁有必胜的策略，而策略又是什么呢？

红绿路

一座公园里的路径如下图所示。每条绿色的路长116 m，每条红色的路长100 m。万达在公园里散步。如果万达想要把每条路都至少走一次，最短路径为多长？（她散步结束后不必回到原点。）

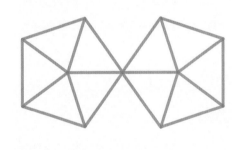

哪个月份？

某一天，一月出生的阿妮塔发现自己以月为单位的年龄在当时正好是一个素数的平方。这一天属于哪个月份？

风中的棋盘

一张9×9的"棋盘"上的每个方格都有编号，每个方格上都有一张纸，上面写有与方格编号相同的数字。一阵风吹跑了所有的纸。将它们全部放回方格时，是否有可能让每张纸都落在与其原来所在的方格相邻的方格上（左侧、右侧、上方或下方）？

三角形

一个大三角形被3条直线划分成7个区域，每条直线平行于一条边。已知其中4个区域的面积为9、16、25、25。那么大三角形的面积为多少？

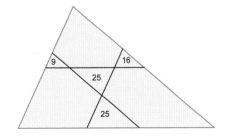

你知道吗？ 381654729 是唯一一个恰好包含从 1 到 9 的所有数字各一次的数，并且具有由前 n 个数字组成的数始终可以被 n（$n=1, 2, \cdots, 9$）整除的性质。

---

97 | ⊞ | ●●○

三元组的乘积

巴斯蒂安的盒子装有两张以上的卡片。他对他的朋友劳拉说："我在脑子里想了一个数 G，并确定了所有乘积等于 G 的三元组。这个盒子里的每张卡片上都写着其中一个三元组的总和。"巴斯蒂安随机抽了两张说道："卡片上的两个数的乘积是 253。""哦，但我现在知道 G 是多少了，也知道有多少张卡片在盒子里了。"劳拉说道。你也知道了吗？

---

98 | 🖥 | ●○○

总和等于乘积

想出由 100 个正整数组成的序列，其中这些数的总和等于它们的乘积。

---

99 | 🖥 | ●●○

1 和 2

我们列出了所有二十位数，这些数由 10 个数字 1 和 10 个数字 2 组成。

a. 请证明这个列表中所有数的数量为偶数。

b. 如果我们将列表中的数从小到大排列，最中间的两个数字是多少？

---

100 | 📐 | ●●○

钟摆

弗里泽钟摆的铁砣既能驱动报时又可以上发条。时钟走时，铁砣会下降，每次报时，铁砣会额外下降一定距离。它只有在不能继续下降时才会被向上提起（向上提起即上发条）。时钟采用 12 小时计时法，每小时报时一次，但半点时不响。报时时，时钟会响与当前时间点对应的次数。铁砣在第一天上午 9:05、第二天下午 2:45 和第三天晚上 8:55 被向上提起。它什么时候会被第四次向上提起？

101 🎴 ●●○

硬币

克里斯廷有 4 枚硬币，而莫妮克只有 3 枚。她们同时掷硬币并计算正面朝上的次数。克里斯廷有多大的概率，抛出正面的次数比莫妮克多？

102 🧩 ●●○

双人座位

一间教室里有 15 个双人座位。几乎所有座位都在使用中。三分之一的女生都与男生坐在一起。这些男生占所有男生的三分之二。其余的女生和男生每个人都单独坐在双人座位上。那么班上有多少个学生？

103 🎴 ●●○

多少条链子？

a. 有 7 颗红色珠子和 3 颗白色珠子，它们除了颜色之外完全一致，用它们可以穿成多少条不闭合的链子？要求必须在每条链子上使用所有的珠子。

b. 可以用这些珠子穿成多少条闭合的链子？

104 🧩 ●●○

长子

扬是三个孩子的父亲，他正在与邻居哈尔门聊天。哈尔门："说吧，你的孩子们到底多大了？"扬："如果你将他们的年龄相乘，你就会得到 36。"哈尔门："拜托，别再让我猜谜了……"扬："他们的年龄总和等于你的门牌号。"哈尔门："我还是想不通。"扬："好吧，长子长着红头发。"哈尔门："那我知道了！"扬的孩子们多大了？

你知道吗? 像第 107 题中的分割问题在数学界非常流行。一个著名的例子出自马丁·加德纳(Martin Gardner, 1914—2010)的著作。用一条线(可以是非直线)将下图分成面积相等的 2 部分。

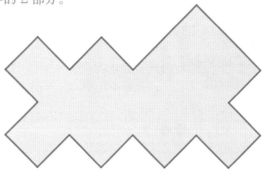

想要使其变得更加有趣吗?可以把题目改为将给定的图形分成与原始图形相似的 2 等份。很少有图形能够满足此条件,不过一张 A4 纸就是其中之一。你能再找出一个图形吗?

---

105 | 🖥 | ●○○

毕达哥拉斯总和

毕达哥拉斯(Pythagoras)名字中 9 个不同的字母代表数字 1 到 9。求出一个 PYT+HAG=ORAS 的解。

---

106 | ✏ | ●○○

现在是几点?

时钟的分针和时针各自都精确地指向一个分钟刻度。分针指向时针之前 14 个分钟刻度的位置。那么现在是几点?

两次

剪开附图（不一定沿着一条直线剪），使两个部分拼在一起可以形成一个正方形。一个解并不难找，不过还要找到第二个。

永远的 2020

观察下方的数字方块：

363	193	261	353
518	348	416	508
625	455	523	615
796	626	694	786

选择其中一个数，写下来，然后划掉包含该数的行和列。选择第二个数（从未划掉的数中），写下来并划掉包含该数的行和列。将以上步骤再做两次。将写下来的四个数相加。不管你怎么选，总是会同样得出为 2020 的总和。怎么才能自己做出这样的数字方块呢？

你知道吗？ b 的 $a\%$ 与 a 的 $b\%$ 是相等的。取百分比实际上是乘法，而乘法从数学上来讲是满足交换律的，即因数的顺序是可以交换的（正如 $3\times4=4\times3$）。

109 ✂ ●●○

分割正方形

将一个边长为 1 的正方形分为 9 个小的全等正方形并去掉正中的一个（涂色部分）。用同样的方法处理剩下的 8 个小正方形。以上步骤共做 n 次。初始的 1×1 正方形剩下的面积是多少？它上面有多少个洞？图中的例子给出了 $n=2$ 的情况。

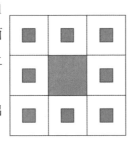

110 🧩 ●○○

拼写数字

数字 2 的荷兰语单词（TWEE）可以用 14 根竹签拼写出来。你能将哪个数字的单词，用与它自身相等数量的竹签拼写出来？

1=EEN　2=TWEE　3=DRIE　4=VIER

5=VIJF　6=ZES　　7=ZEVEN

8=ACHT 9=NEGEN 10=TIEN

111 🎲 ●●○

帽子里的球

一顶帽子里放有 12 颗彩球，每种颜色的球数量相等。任意取出 2 颗，确认颜色后再将其放回。如果将以上步骤重复多次，则有可能取出 2 颗颜色相同的球。之后从帽子里任意取出 1 颗球扔掉，并对剩下的球重复以上的步骤，你将再次以相等的概率取出 2 颗相同颜色的球。那么帽子里原本有多少种颜色的彩球，每种颜色的彩球又有多少颗？此题目有多种解。

112 🧩 ●●●

说谎的人

艾丽斯、巴斯、克里斯特尔、戴维和埃娃彼此认识很久了，他们中的一些人只说真话，但大多数人总是说谎。艾丽斯说："戴维为人真诚，但埃娃总是说谎。"克里斯特尔说："艾丽斯说谎就像印刷机一样，但巴斯却是个正派人。"那么五个人中有谁总是说谎，又有谁只说真话？

第四个正方形

你能算出下图中第四个正方形的面积吗?

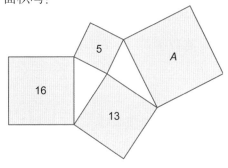

黑与白

在 $m \times n$ 棋盘的每个方格上都放有一个筹码,筹码一面为白色,另一面为黑色。它们都随机一面朝上。你现在可以移动筹码。"移动"就是选择一行或一列,将其中的所有筹码都翻面。你能否在有限步骤内,使每一行和每一列的黑色朝上的筹码数量都至少等于白色朝上的筹码数量?

年龄相反

一位父亲与他的女儿同时过生日。2020 年时,他 51 岁,女儿 15 岁。此时他们年龄中的两位数字顺序相反。这种情况以前发生过,以后或将再次发生。

a. 请找出更多使他们年龄数字顺序相反的年份。

b. 请证明在这种情况下,他们年龄之差为 9 的倍数。

可以被 37 整除

写下一个三位数 $\overline{abc}$,将其翻转过的 $\overline{bca}$ 和 $\overline{cab}$ 写在下面。将三个数相加。请证明其总和可以被 37 整除。

你知道吗？当有 23 人在同一个房间里时，其中两个人生日相同的概率大于 50%。

117 | ✂ | ●○○

拼图

一个正六边形由 24 个等边三角形组成。

a. 你能沿着线把六边形剪成面积相等但形状不同的四个部分吗？

b. 你能沿着线把六边形剪成面积相等但形状不同的六个部分吗？

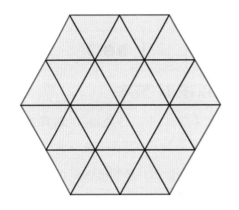

118 | 🖥 | ●○○

数字总和

将数字 0 到 9 填入式子中，使其成立。

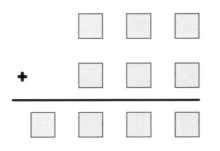

119 | 🖥 | ●●○

相等的组

现有质量为 1kg、2kg、3kg、……、$(n-1)$ kg 和 n kg 的砝码各一个。对 n 取哪些值，可以将砝码划分为总质量相等的两组？

120 ✂ ●○○

一次称重

安赫利奎的盒子里装着 100 颗一模一样的弹珠。她又放了一颗弹珠进去，看起来和其他弹珠一样，但质量略有不同。皮埃尔对她说："把它们堆成两堆。然后我可以通过天平只用一次称重来确定这颗不同的弹珠在这两堆中的哪一堆里。皮埃尔是如何做到的？

121 ♟ ●●○

减重

莱奥在 2 月 28 日（非闰年）星期日晚上称了体重并表示震惊：85 kg。他开始节食并设法在星期一至星期五每天减掉 300 g。但是在星期六和星期日他会破戒，体重每天又会增加 500 g。他每星期日晚上都称体重。他的体重在哪天第一次低于 80 kg？他又是什么时候第一次在体重秤上看到低于 80 kg 的体重？

122 📐 ●●○

最快的是谁？

小船的速度比通过绳子 BKP 拉着小船的岸上的人更快、一样快或是更慢？

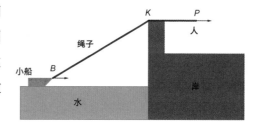

123 ♟ ●●○

舞伴

在舞会结束时，没有任何男士与所有女士跳过舞，也没有任何女士整晚坐在一旁没有与男士跳过舞。请证明存在两个女士女$_1$、女$_2$和两个男士男$_1$、男$_2$，其中女$_1$与男$_1$、女$_2$与男$_2$作为舞伴跳过舞，而女$_1$与男$_2$、女$_2$与男$_1$没有一起跳过舞。

你知道吗? 128 题属于奇偶问题的大类。以下是最著名的奇偶问题:给定一个 8×8 的正方形方格棋盘,去掉对角线上的两个方格,如图所示。

那么问题来了:如果有大小为两个相邻方格的多米诺骨牌,可以实现用 31 张多米诺骨牌完全覆盖上述的棋盘吗?

答案是否定的,证明方式如下。用 2 种颜色将原始的 8×8 的正方形棋盘中的方格按照国际象棋棋盘的图案着色,那么每张多米诺骨牌将覆盖两个不同颜色的方格。由于去掉的两个方格有着相同的颜色,所以无法实现。如果剩下的黑色方格的数量不等于白色方格的数量,那么就无法实现。数学家拉尔夫·戈莫里(Ralph Gomory)在 1973 年提出证明,如果去掉的为一个白色方格和一个黑色方格,则总可以实现。

另一个基于这一奇偶原理的著名问题是萨姆·劳埃德(Sam Loyd,1841—1911)提出的数字推盘游戏,它曾在美国风靡一时:

利用空出的方格移动印有数字的方块,解题方式为将数字方块排列为顺序状态。如果将方块以随机顺序放置在板子上,则仅有二分之一的可能可以解开谜题。

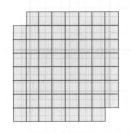

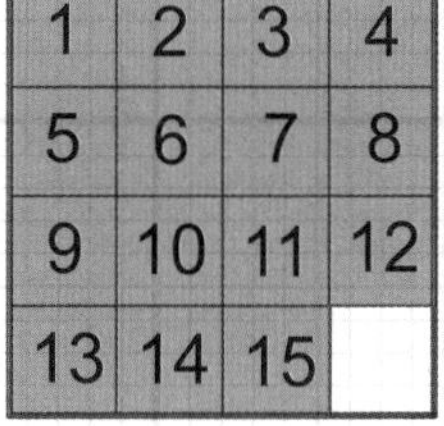

1	2	3	4
5	6	7	8
9	10	11	12
13	14	15	

124 ●●●

三角形的边

$\triangle ABC$的边BC、CA和AB的长度依次为a、b和c。数字a、b、c均为整数，进一步给出的有$a>b>c$，$a+b=7c$，从点C出发的高的长度为$b-1$，$\triangle ABC$的面积为24。计算a、b和c。

125 ●●○

25 块拼图

请证明无法用 25 块形状如下图的拼图拼出一个 10×10 的正方形。

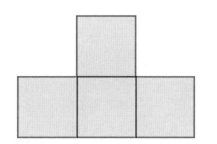

126 ●●●

9 个数字

给定两个正整数a和b。组成a、ab、ab^2、ab^3、$\cdots$、ab^8 9 个数，它们的位数依次为 1、2、2、3、4、5、6、7、8。a 和 b 的取值分别是什么？

127 ●○○

聪明的运算

塔尼娅列出了所有由数字 1、2 和 3 组成的三位数（例如 132、323、111）。她把所有这些数相加，得到的答案是什么？

128 ●○○

一百万次跳马

如果让一个棋子马在一张 8×8 的空方格棋盘上进行一百万次跳马，它可以从左上角出发并在右上角结束吗？马的走法为向左、向右、向上或向下走两格后再向与其前进方向垂直的方向走一格。

129 | ●○○

粘骰子

可以将8个骰子粘成一个大骰子，使这个大骰子掷出的点数总为20吗？

130 | ●○○

倒水

现有三只桶，一只容量为 8 L，一只容量为 5 L，一只容量为 3 L。在初始情况下，大桶装满了水，而两只小桶是空的。我们用 (8,0,0) 表示这种情况。你可以将一只桶里的水全部倒到另一只桶中或将另一只桶完全装满为止。尝试用尽可能少的步骤让两只大桶各装 4 L 的水，也就是使情况变为 (4,4,0)。

131 | ●○○

缆车

一位女士在巴西度假时和两位男士在热浪中被困在缆车内。两位男士中，一位男士带了 3 瓶矿泉水，另一位带了 5 瓶。他们三人一起平分了这 8 瓶水。获救后，女士拿出 8 枚硬币作为报酬付给两人。怎样分配这些硬币才最为公平？

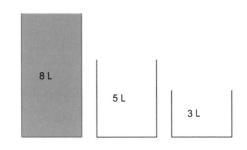

你知道吗？ 古戈尔（googol，1 古戈尔 =10^{100}）这个词是由美国数学家爱德华·卡斯纳（Edward Kasner，1878—1955）九岁的小侄子米尔顿（Milton）创造的。之后小侄子又想出了古戈尔普勒克斯（googolplex），他表示这个数以 1 开头，然后有很多个 0，直到你数累了为止。卡斯纳将其正式化并赋给了古戈尔普勒克斯值，即以 1 开头并有 1 古戈尔个 0。

高分降级

18 家俱乐部参加了足球比赛的顶级联赛。在比赛结束时，其中 3 家俱乐部会降级，即得分最低的会降级。如果出现平局，则抽签决定降级的俱乐部。得 57 分的俱乐部有可能降级吗？（赢得 3 分，输得 0 分，平得 1 分。）

最短距离

给定一条直线上 5 个不同的点。直线上的哪一点到这 5 个点的距离之和最小？

并非平方

请找出具有以下性质的 100 个自然数（1，2，3，…）：如果随机选择这些数中的一些相加，则总和并非自然数的平方。

奇妙的分数

分数 $\frac{6729}{13458}$ 等于 $\frac{1}{2}$ 并使用了从 1 到 9 的所有数字。以同样的方式组成等于 $\frac{1}{3}$、$\frac{1}{4}$ 和 $\frac{1}{5}$ 的分数。

你知道吗? 正分数与正整数"一样多"。这个想法可能显得很疯狂,特别是当我们已经知道可以在数字 0 和 1 之间组成无穷多个分数,例如通过将 1 不断重复地除以 2。

证明如下。我们可以为每个自然数找到一个唯一对应的分数,就像它的孪生兄弟一样。对于所有正整数(1,2,3,…),我们可以通过以下方式找到它们的孪生兄弟。按照下图排列所有正分数,即增大每行的分子和每列的分母。现在将所有已经出现过的分数标记为红色。例如将 $\frac{2}{2}$ 标记为红色,因为 $\frac{2}{2} = \frac{1}{1}$。

现在我们可以按照从左下角到右上角的对角线顺序计算所有蓝色的分数。所以从左上角的分数 $\frac{1}{1}$ 开始,之后数下一条位于下方的对角线。由此我们找到了每个整数所对应的分数孪生兄弟,并且不会漏数任何一个分数。

这表明我们需要非常仔细地审视我们对无限这个概念的理解。例如另一个无穷大的数集,即所有实数的集合,就不能以这种方式变得"可数"。那是另一种更高级的无穷大。

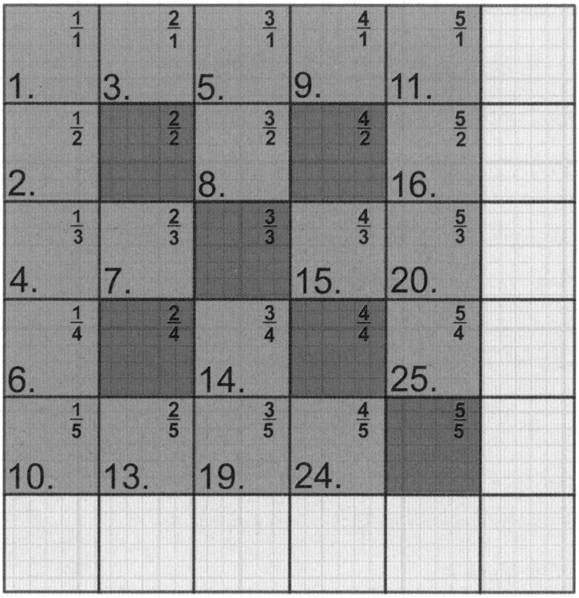

$\frac{1}{1}$	$\frac{2}{1}$	$\frac{3}{1}$	$\frac{4}{1}$	$\frac{5}{1}$	
1.	3.	5.	9.	11.	
$\frac{1}{2}$	$\frac{2}{2}$	$\frac{3}{2}$	$\frac{4}{2}$	$\frac{5}{2}$	
2.		8.		16.	
$\frac{1}{3}$	$\frac{2}{3}$	$\frac{3}{3}$	$\frac{4}{3}$	$\frac{5}{3}$	
4.	7.		15.	20.	
$\frac{1}{4}$	$\frac{2}{4}$	$\frac{3}{4}$	$\frac{4}{4}$	$\frac{5}{4}$	
6.		14.		25.	
$\frac{1}{5}$	$\frac{2}{5}$	$\frac{3}{5}$	$\frac{4}{5}$	$\frac{5}{5}$	
10.	13.	19.	24.		

136 | ♟ | ●○○

蛋黄

农民亚皮克斯养了一种奇怪的蛋鸡，有时下单黄蛋，有时下双黄蛋，有时蛋里没有蛋黄。农民亚皮克斯对此用本子记录，但在鸡下了 5000 个蛋之后他弄丢了他的记录。他只记得大部分鸡蛋是单黄蛋，剩下的鸡蛋中正好有一半是双黄蛋。这 5000 个鸡蛋中共有多少个蛋黄？

137 | 🅰 | ●●○

隧道里的火车

你乘着火车穿过一条 10 km 长的隧道。火车以每秒 20 m 的速度行驶着。当火车进入隧道时，你看了看带有秒针的手表，之后去餐车里喝可乐了。当火车驶出隧道时，你又看了看手表，在隧道中只经过了 495 秒。餐车位于火车的哪个方向，火车的最小长度又是多少？

138 | ♟ | ●○○

吊桥

父亲、母亲和他们的孩子马克和玛丽克不得不在黑暗中穿过一座危险的吊桥。桥上不能同时站超过两个人。此外他们只有一个手电筒，需要不断地照明。他们行走的速度并不一样快：父亲可以在 1 分钟内过桥，母亲可以在 2 分钟内，玛丽克很累，但可以在 5 分钟内完成。马克扭伤了脚踝，需要 10 分钟。两个人同时过桥的速度显然是按着更慢的计算。他们四人组怎样才能最快过桥？

139 | ♟ | ●●○

国际象棋比赛

在八人国际象棋比赛中，共进行了七轮比赛。每名棋手与其他棋手进行一场比赛。最后一轮比赛结束后，棋手之间的得分都各不相同。获胜者至少需要得到多少分？

六等分的区域

画一个三角形和其中线。（3 条中线从顶点连向对边的中点并相交于同一个点，即质心。）3 条中线将三角形分为 6 个区域，其面积分别为 A_1、A_2、B_1、B_2、C_1 和 C_2。请证明这 6 个区域的面积相等。

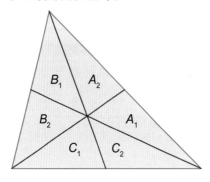

除法错误

基斯需要将一个数除以 $2\frac{1}{3}$。首先他将其除以 2，然后将答案再除以 $\frac{1}{3}$。答案当然是错误的。他得到的结果比正确答案大了 60。那么这个数是什么？

纸上的铅笔

你能在不从纸上提起铅笔的情况下画 8 条相连的直线经过图中所有 25 个点吗？

你知道吗？ 如果点很大，则可以用 5 根直线完成。但这并不是我们想要的那个答案。

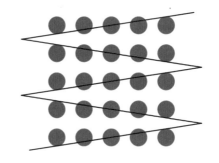

S- 数与 27- 数

观察六位数字 $\overline{abcdef}$（从 000000 到 999999）。取出两个子集：

◎ S- 数，对其成立：

$a+b+c=d+e+f$。

◎ 27- 数，对其成立：

$a+b+c+d+e+f=27$。

请证明 S- 数的元素个数等于 27- 数的元素个数。

取钱

一位女士在银行取钱。银行职员用一张 500 元和一些 100 元的纸币交付了她想取的金额。但由于疏忽，他将 100 元和 500 元的纸币互换了。女士回到家才发现，她取到的金额是她想取的三倍。她本来想取多少钱？

下沉问题

一个锡箔立方体的棱长 10 cm，另一个锡箔立方体的棱长 8 cm。两者都没有顶面，壁的厚度可以忽略不计。大立方体现在倒入了半满的水。然后将小立方体下沉进大立方体。如果小立方体最终下沉到大立方体的底面，有多少立方厘米的水会流入小立方体？

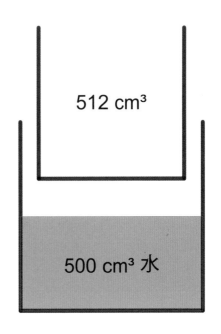

512 cm³

500 cm³ 水

你知道吗? 可以将斐波那契数列（1，1，2，3，5，8，13，21，…）作为将千米转换为英里的估计值，反之亦然。5 英里 ≈ 8 千米，8 英里 ≈ 13 千米，13 英里 ≈ 21 千米。这是因为从英里到千米的转换系数（1.609344）接近黄金数字（1.618……），而这又接近两个连续斐波那契数的商（最好用数列中的较高项计算）。

比萨的莱奥纳尔多（更广为人知的是斐波那契，filius Bonaccio，"Bonaccio 之子"的缩写，约 1170—约 1250）不仅以他的数列而闻名，1202 年，他在他的著作《计算之书》（*Liber Abaci*）中主张引入我们今天所熟知的阿拉伯数字，而非罗马数字。

---

146  ●●○

扔骰子

勒内有一个骰子，有一面上的点数被改为了点数 7。他现在在和一个有普通骰子的人玩游戏。两人各掷一次骰子，掷出点数更高者为赢家。勒内使用他的骰子获胜的概率比使用普通骰子的概率高 $\frac{1}{9}$。勒内的骰子上的哪个点数被改为点数 7？

---

147  ●○○

时光倒流？

将一个日期按日、月、年的顺序写为一行八位数字。例如，将 2013 年 5 月 2 日写为 02052013。本世纪（21 世纪）第一个从后向前读与从前向后读一样的日期是什么时候（即所谓的回文数）？本世纪最后一个回文日期是什么时候？本书出版（原版于 2020 年 12 月出版）前的最后一个回文日期是什么时候？

四边形

下图是一个四边形。经过两条对边中点的两条直线将四边形一分为四。其中三块的面积已经给出。第四块的面积是多少?

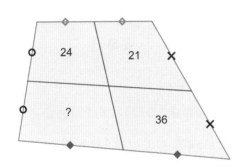

魔法六边形

将自然数 1 到 14 填入 14 个交点,使每条直线上的数之和相等。

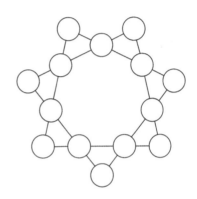

等腰三角形

$\triangle ABC$ 是等腰三角形。一条经过点 A 的直线将 $\triangle ABC$ 分为两个较小的三角形。这两个三角形都是等腰三角形,但它们都不与 $\triangle ABC$ 相似。分别计算 $\triangle ABC$ 的内角度数。

总是大于 9

取 3 个大于 0 的数 a、b 和 c,请证明:$(a+b+c)(\frac{1}{a}+\frac{1}{b}+\frac{1}{c}) \geqslant 9$。

$[1+(1+2)\times2]\times3\times3 = $ **63**

你知道吗？ 有一个定理以历史人物拿破仑·波拿巴的名字命名。拿破仑定理提出：如下图所示在任何一个三角形的三个边上放置三个等边三角形，并将这三个等边三角形的中心相连，那么总能得到一个等边三角形。

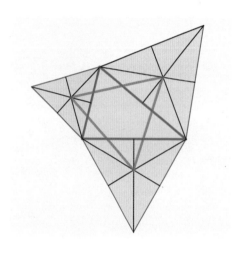

| 152 | 🔤 | ●●○ |

积与和

请找出所有自然数（1，2，3，…）的数对 (k,m)，其中 $m \leqslant k$，并且其乘积是和的 10 倍。

| 153 | ▦ | ●●○ |

64

将自然数 1 到 64 填入 8×8 棋盘上的 64 个方格中，使任何相邻或共享顶角的两个方格中的数字的差值都不大于 9。可以使其差值都不大于 8 吗？

| 154 | 💻 | ●●○ |

七分之四

请证明从任何七个正整数中，总是可以选出总和可被 4 整除的四个数。

| 155 | 📐 | ●●○ |

高速公路

约兰达在星期一下午 1 点从格罗宁根出发，3 小时后抵达艾恩德霍芬。紧接着的星期四，她于上午 11 点从艾恩德霍芬出发，5 小时后抵达格罗宁根。格罗宁根到艾恩德霍芬的公路上有没有她在两天中的同一时刻都经过了的地方？已知她每次的速度是固定的。

你知道吗？数字 60 是"高度复合的"。这意味着该数字的约数比任何比它小的数字的约数都多。数字 60 有 12 个约数：1、2、3、4、5、6、10、12、15、20、30 和 60。任何小于 60 的数的约数都少于 12 个。

156 | ✄ | ●●○

倒扣的杯子

有 25 个杯子倒扣在桌子上。你每次可以不多不少翻转其中 4 个杯子。每个杯子可以被翻转多次。你能使所有的杯子都朝上吗？

157 | ✄ | ●●○

国际象棋比赛

在一次国际象棋比赛中，每名棋手都要与所有其他棋手进行一场比赛。在第一轮比赛结束后，其中 5 名棋手退赛了。之后比赛继续，棋手们打完了接下来的比赛。总共进行了 140 场比赛。那么总共有多少国际象棋选手参加比赛？

158 | ✄ | ●●○

土豆

扬的袋子里装有 11 个土豆，这些土豆加起来正好重 2 kg。请证明扬可以从袋子里取出一部分土豆后，将剩余土豆分成两堆，使其质量相等，精确到克。

159 | ✄ | ●○○

一把正方形

芭芭拉的盒子里装满了 5 种尺寸的正方形：1×1、2×2、3×3、4×4 和 5×5。每种尺寸的都有很多。她从盒子里抓起一把，发现她可以用手里的所有正方形摆出一个 5×5 的正方形。有多少种不同的抓法可以满足这点？

你知道吗? 数学家们对于简单的小正方形进行过非常严肃的数学研究。举个例子吧。重要的匈牙利数学家保罗·埃尔德什(Paul Erdős, 1913—1996)在 1932 年当他还是学生时提出了以下问题。给定一个正方形,如何在给定的正方形中放置两个互不重叠的正方形,使这两个正方形的周长之和尽可能大?你很快就能发现以下放置方法是最优的:

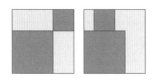

但尝试去证明不存在更优解吧。这个问题也被推广到两个以上的正方形,并且还在研究中。(另见本书谜题 254 以及保罗·勒夫里和亚历克斯·范登布兰德霍夫在《毕达哥拉斯》 53-6 中的文章"被囚禁的正方形"。)

Paul Erdős
(1913-1996)

| 160 | A | ●●○ |

瓷砖广场

数学博物馆后方是一个 40 m × 40 m 的正方形广场。广场上铺的是红色瓷砖,小路上铺的是黄色瓷砖。如图所示。广场上铺了多少平方米的黄色瓷砖?

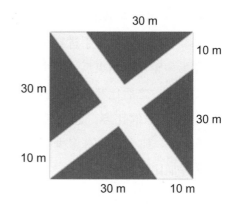

161 | 💻 | ●●●

最大的数

一个数只由 1、2、3、4、5 这几个数字组成。对于这个数的每两个数字有如下条件：如果这两个数字相邻，则彼此不相等；如果它们彼此相等，则与它们相邻的数字都不同。请找出具有此性质的最大的数。

例如：343124 是不满足条件的，因为与两个相等的 4 相邻的有 3、3 和 2；5345231 是满足条件的，因为与两个 3 相邻的有 1、2、4 和 5，并且与两个 5 相邻的有 2、3 和 4；4512354 是不满足条件的，因为与两个 4 相邻的有两个 5。

162 | ✂ | ●●○

混合问题

在你面前放有五个桶，容量分别为 1 L、2 L、3 L、4 L 和 5 L。5 L 的桶是空的，另外四个桶里装满了四种不同的液体。现在你可以将液体从一个桶倒到另一个桶里，直到一个桶倒空了或使另一个桶装满了。你能在多次混合后，使前四个桶里装满相同比例的液体吗？

163 | 💻 | ●●○

五边形中的五个数字

五边形角上的 a、b、c、d 和 e 不一定为整数。每个数都有两个邻居。已知以下两个条件：第一，每个数字都比其邻居的乘积小 1。第二，数字 1 和 4 出现在集合 (a,b,c,d,e) 中。请找出剩下的三个数字。共有两种不同的解。

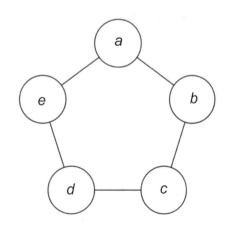

你知道吗?

◎意大利人认为 17 是个不吉利的数字。原因为：17=XVII；如果你调换字母的顺序，就会得到 VIXI，其拉丁语含义为"我曾经活着"或"我已经死了"。结果为：意大利航空公司的飞机没有第 17 排，意大利的楼没有第 17 层，雷诺 R17 被称为 R117，甚至专门有一个词来形容对数字 17 的恐惧：heptadecaphobia（heptadeca = 17，phobia = 恐惧症），一个专门用来吓唬人的词（hippopotomonstrosesquippedaliophobia = 长单词恐惧症）。

◎ 17 对瑞典人来说是个咒诅。（Sjutton，瑞典语中的 17，用于代替詈词。）

◎阿尔弗雷德·希区柯克（Alfred Hitchcock）导演了一部名为《第十七号》（*Number* 17）的电影。

◎在数学领域也有很多关于 17 的话题。

◎ 17 是素数、费马素数（形式为 $2^{2^n}+1$）、普罗斯素数（形式为 $k2^n+1$）、杰诺其数（一组数列 G_n 满足 $\frac{2t}{e^t+1} = \sum_{n=1}^{\infty} G_n \frac{t^n}{n!}$ 和佩兰数（$p_0=3$，$p_1=0$，$p_2=2$，$p_n=p_{n-2}+p_{n-3}$）。

◎由于 17 是费马素数，可以用圆规和尺子构造一个正十七边形。费马素数是以下形式的素数：2 的幂 +1。目前只有 5 个已知的费马素数 3、5、17、257、65537。

◎它是前 4 个素数之和，2 个数的平方之和，也是 2 个数的平方之差。

◎它是勾股数 $(8,15,17)$ 的斜边。

◎它正好可以用 17 种不同的方法写为素数之和。

◎它位于两个仅有的周长数值等于面积数值的长方形之间：16=4×4=4+4+4+4 和 18=3×6=3+3+6+6。

◎数独必须提供最少 17 个数字，以使其存在唯一解。

◎正好存在 17 个平面对称群，也称为壁纸图样群：如果你在某处看到一个二维图案，它向各个方向重复，则它就属于这 17 个种类之一。

你知道吗？除了 17，还有很多数也有许多关于它们自己的故事。事实上，我们可以证明不存在无趣的（正整）数！假设这是真的，也就是假设确实存在无趣的数。那么将所有这些无趣的数从小到大排列，并取其中最小的一个。这个数字是最小的无趣数，这使它变得非常有趣，不是吗？所以存在无趣的数字的假设导向了一个悖论……

称重

　　莫德有 4 个质量不同的砝码。每个砝码的质量为整数克，它们总共重 50 g。莫德始终将最轻的砝码放在天平的左侧。如果她任意分配其他的砝码，则可以通过 3 种不同的方法使天平保持平衡。4 个砝码的质量分别为多少？

跑步比赛

　　阿德、本和科尔坚持在 30 天里每天都比赛跑步。阿德在大部分时候跑得比本快。本在大部分时候跑得比科尔快。科尔有没有可能在大部分时候跑得比阿德快呢？

滑块拼图

　　图中为两组滑块拼图。与空格相邻的字块可以移动到空格中。你能用左侧的拼图拼出 NEE-JA，并用右边的拼出 YES-NO 吗？

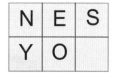

1989 的倍数

　　请证明每组由 51 个连续自然数组成的数列都包含两个数，其乘积为 1989 的整数倍数。

你知道吗？ 数字 1、2、3、4、5、6、7（而非 1、1、2、2、3、3、4、4……就像在每个页码的算式中那样）足以组成所有的页码。到了第 184 页，才第一次需要用到 1 到 7。本书的页码的组成不需要 8。

折纸

　　八张大小相同的正方形折纸一张一张地叠在一起，它们总是部分相叠。结果得到一个大正方形，如下图所示。你能按照从上到下的顺序正确地排列纸张吗？

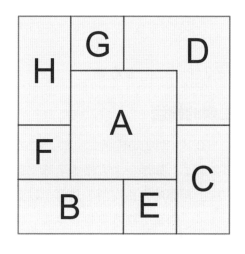

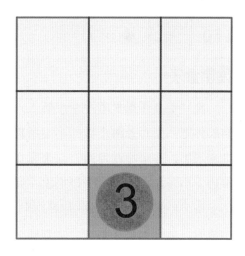

填满正方形

　　在 3×3 的方格棋盘上有颜色的方格内有 9 颗棋子叠放在一起，编号为 1 到 9，排列顺序随机。在图中，3 号棋子位于最上面。每次从最上面取一颗棋子并进行与编号相同次数的移动。移动规则为：跳到相邻的方格（不能是对角线）。可以多次在同一个方格上落子，也可以落在已经落有一个或多个棋子的方格上。落子之后不再移动那颗棋子，继续取下一颗，直到最后一颗。最后可以让每个方格上只落有一颗棋子吗？

数字盒子

在一个盒子里坐着一个小矮人。如果你把一张写着两个数的小字条扔进盒子里，一个写在左边，一个写在右边，小矮人则会从盒子里扔出一张小字条，上面写着两个数的运算结果。小矮人只会算加法和乘法。(2,7) 的结果是 18，(7,2) 的结果是 63，(8,4) 的结果是 96。芬恩在小字条上写下的数是 (9,7)。芬恩从小矮人那里得到了什么结果？阿莉达写下了两个相等的数，返回的结果是 50。她在字条上写下了两个什么数？

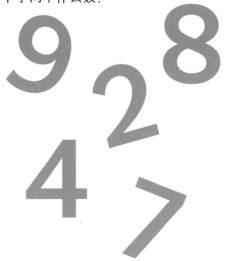

他们住在哪儿？

埃尔丝住在一条有 100 栋房子的街道（门牌号一侧为奇数，一侧为偶数）中段，她对住在两栋房子外的朋友卡切和住在对街的皮特说："这不是很有趣吗，我们的门牌号都是素数。"他们的门牌号分别是多少？

生病的棋盘

在 8×8 的方格棋盘上的一些方格生病了。如果一个方格水平或垂直方向上相邻的方格有两个或两个以上生病了，则该方格本身也会生病。就这样一场流行病暴发了。直到最后，所有的方格都生病了。一开始至少有多少个方格生病了？

你知道吗？ 关于门牌号最著名的问题是"鲁汶问题"。它于 1914 年首次被刊登在英国杂志《岸滨月刊》（*Strand*）上（因出版夏洛克·福尔摩斯的故事而闻名）：

"前几天我在谈话，"威廉·罗杰斯对围在旅馆篝火旁的其他村民说，"和一位绅士聊起一个叫鲁汶的地方，那里被德国人烧毁了。这位绅士说他对那里很熟悉，过去常去那里拜访一位比利时朋友。绅士说他朋友的房子在一条长长的街道上，他的房子这一侧的门牌号是 1、2、3 等等，街道一侧的门牌号加起来的结果和另一侧的完全一样。真是有趣！他说他知道在街道的另一侧有大于五十栋房子，但是小于五百栋。我向我们的牧师提到了这件事，牧师拿起一根铅笔就算出了那个比利时人所住的房子的门牌号。我真不知道他是怎么做到的。"也许读者会想要解出那栋房子的门牌号。

它因印度天才数学家斯里尼瓦瑟·拉马努扬提出的解的故事而闻名。

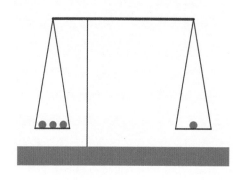

巧克力

艾莎收到了一包巧克力。第一天，她送出去了一半，自己吃了一块。第二天，她对剩下的巧克力做了同样的处理。以此类推。第五天，送出去一半之后，她吃掉了最后一块巧克力。她总共得到了多少块巧克力？

荒谬的天平

让－皮埃尔有一架天平，它一边的横梁长度是另一边的3倍。这意味着，如果有4个质量相等的砝码，在较短的一侧放其中的3个，在较长的一侧放第4个，就会刚好保持平衡。让－皮埃尔有7个砝码，看上去长得一模一样。他知道，其中6个的质量相等，还有一个稍微轻一点。如何才能通过两次称重来判断哪个砝码的质量最轻？

所有桥都关闭

A、B两栋楼之间的3条路上共有8座桥，所有的桥都相互独立并以$\frac{1}{2}$的概率开放。在某特定时间，其中一条路上的所有桥都关闭的概率为多少？

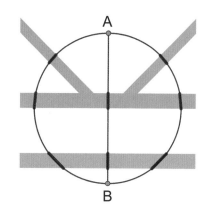

长条骰子

你有 3 个骰子。你将其中 2 个任意粘在一起组成一个双骰子。当你掷骰子时，它总是长边着地。掷出的点数为朝上一面的点数之和。如果多次掷两个粘在一起的骰子，掷出的点数平均为多少？如果将第 3 个骰子沿长边任意粘上去，掷出的点数平均为多少？

你知道吗？ 毕达哥拉斯三角形是边长为整数的直角三角形。最著名的例子是边长分别为 3、4、5 的三角形。不过你知道每个毕达哥拉斯三角形的内切圆的半径也为整数吗？

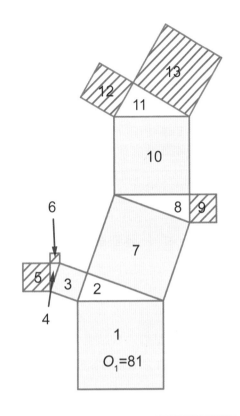

毕达哥拉斯之树

在图中只给出了一些正方形和直角三角形，其中每个图形都带有一个编号。它们的大小未知。我们只知道位于底部的正方形的面积为 81。那么五个涂上斜线阴影的正方形的总面积是多少？

$1 \times 1 \times (2+23) \times 3 = 75$

178 ●●○

1.5 倍

将一个数的最后一位数字放在第一位。这个新数字是旧数字的 1.5 倍。请找出符合以上条件的最小的数。

179 ●●●

去掉 6

找出所有首位为 6，并且具有以下属性的正整数：去掉首位的数字 6 后将使所得数为原数的 $\frac{1}{25}$。

180 ●○○

募捐

一所中学初中部的三个年级一起举行了一次慈善募捐活动。四分之一的初三学生每人捐了 2 元，三分之一的初二学生每人捐了 1.5 元，一半的初一学生每人捐了 1 元。该慈善活动总共募集到了 200 元。那么初中部共有多少名学生？

181 ●○○

燃烧灯芯

有一根长长的灯芯，整根灯芯的粗细相同，燃烧均匀。将其剪成两段，使其中一段的长度是另一段的两倍。首先点燃灯芯 1 的一端，2 分钟后点燃灯芯 1 的另一端；再过 2 分钟点燃灯芯 2 的一端，最后又在 2 分钟后点燃灯芯 2 的另一端。过了一会儿，两段灯芯同时燃尽了。第一次点燃之后多少分钟它们燃尽了？

红发与黑发

运河的岸边站着三个红发女孩和三个黑发女孩。同一侧还有一艘小划艇，小划艇最多只能承载两个人。她们六个人都想去河对岸。但她们必须遵守一条奇怪的规则：每侧河岸的红发女孩的人数不得超过黑发女孩的人数（允许某侧只有红发女孩）。她们应该怎样过河？

千子棋

贝尔特和埃尔尼是游戏迷，他们一起玩屏风式四子棋的以下变体：贝尔特可以自行决定棋盘的大小（即行与列的数量），并且可以在每个回合下两枚棋子，而埃尔尼只能下一枚棋子。贝尔特需要尝试（横向、竖向或对角线方向）使1000枚棋子连成直线，而埃尔尼则要阻止这种情况发生。如果贝尔特先手，他能赢得这场比赛吗？如果埃尔尼先手，贝尔特能赢得这场比赛吗？

马

国际象棋中的棋子马是否可以经过一张 4×7 的"棋盘"的所有28个方格？只允许进行跳马（即向左、向右、向上或向下走两格后再向与第一步行进方向垂直的方向走一格），并且必须恰好经过每个方格一次并最终返回起始的方格。

分割三角形

等边三角形的每条边被分为长度为1的四段。计算其中斜线阴影三角形的面积。

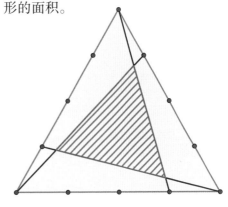

$1+1+(2+23) \times 3 = 77$

你知道吗? 题目 184 是最著名的棋盘问题之一——"骑士巡逻问题(Knight's Tour)"的变体。这个问题与题目 184 中的提问相同,只是设定在常规棋盘上,这种形式在 6 世纪的印度被提出。下图是一种解。

另一种解存在的条件是不需要在起始方格上结束,此解法将从左下角的方格

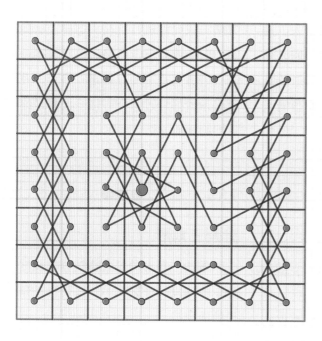

A1 开始,然后遵循以下策略:使马"尽可能靠近棋盘边缘"并"总是沿逆时针方向转动"。最终将会落在方格 C4 上。布伦丹·麦凯(Brendan McKay)在 1997 年计算得出共存在 13267364410532 种解。不少伟大的数学家已经深入研究过这个问题,其中包括可以称得上是 18 世纪最伟大的数学家的莱昂哈德·欧拉(Leonhard Euler, 1707—1783)。欧拉写了一篇关于此问题的文章,标题为《一个似乎无法分析的奇怪问题的解》(*Solution d'une question curieuse que ne paroit soumise à aucune analyse*)。该问题属于棋盘问题的范畴。

186 ●●○

神奇总和

格拉西亚有 10 个分数：$\frac{1}{1}$、$\frac{1}{2}$、$\frac{1}{3}$、$\frac{1}{4}$、$\frac{1}{5}$、$\frac{1}{6}$、$\frac{1}{7}$、$\frac{1}{8}$、$\frac{1}{9}$、$\frac{1}{10}$。她每次选出这些分数中的一个或多个并算出它们的积。例如，如果她选出 $\frac{1}{3}$、$\frac{1}{4}$ 和 $\frac{1}{10}$，那么她得出的积为 $\frac{1}{120}$。格拉西亚可以用 1023 种方法从 10 个分数中做出选择［选择或不选择每个分数共有 $2^{10}=1024$（种）可能性；不允许一个都不选择］。她得出的 1023 个积的总和为多少？

187 ●○○

交换硬币

有面值为 2 元、1 元、50 分、20 分、10 分、5 分、2 分和 1 分的硬币。萨尔和苏斯共有 10 枚硬币，其中每种硬币至少有一枚。萨尔的钱的总值是苏斯的 4 倍。萨尔给了苏斯一枚硬币，苏斯也给了萨尔一枚硬币。之后萨尔的钱变成了苏斯的 10 倍。他们一开始分别有哪些硬币？

188 ●○○

填空题

观察数列：5，8，12，18，24，30，36，?，52，60。问号所表示的是什么数？

189 ●●●

蚂蚁从板上掉下来

一只蚂蚁在如下图所示的板子上爬（从左上角开始）。当它在圆圈中时，它会以 $\frac{1}{2}$ 的概率沿着其中某个向外指的箭头的方向爬行。一旦蚂蚁从板上掉下来，它就会停止爬行。请计算蚂蚁在它开始的圆圈中从板上掉下来的概率。

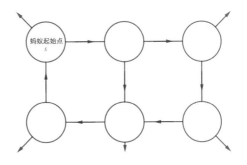

1×1×(2+23)×3+4 = 79

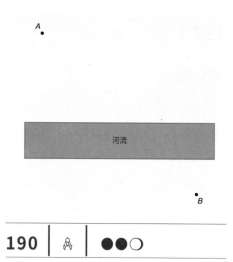

桥应该在哪里？

上图中为坐落在河流两岸的两座城市 A 和 B。现在要修建一座垂直于河流的桥和两条通往桥的道路，使从 A 经过桥到 B 的距离尽可能短。如何判断桥的位置？

你知道吗？ 荷兰语中的"百"（honderd）这个词源自古挪威语中的 hundrath，后者的意思不是 100 而是 120。

红绿蓝

下方 3×3 正方形中有 9 个方格，其中每个都要被涂成红色、蓝色或绿色。题目是找出一种方式排列，使每个红色方格的一侧与蓝色方格相邻，另一侧与绿色方格相邻。与此同时，绿色方格需要与红色和蓝色方格相邻，而蓝色方格也需要与红色和绿色方格相邻。这可以成立吗？

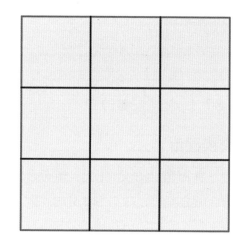

192

可以被 11 整除

一条街上住有 100 多个人。请证明这条街上有 11 个人的年龄之和可以被 11 整除。

193

16 个交叉数字

将自然数 1 到 16 填入圆圈中，使每行每列中的五个数之和为 39。

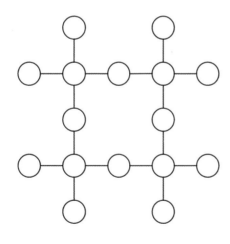

194

组合木梁

现有 12 根横截面为（10×10）cm^2 的木梁。你可以如下图所示将它们组合在一起，那么就至少需要一根 140 cm 长的绳子（余出一些额外的长度用来打结）。是否可以用一根更短的绳子将它们组合在一起呢？

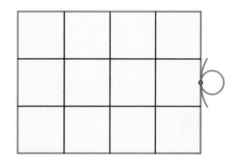

195

奶酪块

汉斯有一大块方形的奶酪。他想把奶酪切成 $8 \times 8 \times 8$ 即 512 个同样大小的奶酪块。他至少需要切几刀？他可以任意移动切下来的奶酪块，以便一刀切到更多的奶酪块。

196 | 🧩 | ●○○

布谷鸟钟

我的布谷鸟钟在 1 点钟敲一次钟，在 2 点钟敲两次钟，以此类推。此外，它每隔半小时敲一次钟。我从距离整点还有一刻钟的时候开始注意听它。几小时整后，我共听到了 38 次布谷鸟钟的声音。我是从什么时候开始注意听它的？

197 | 🔤 | ●●○

公因数

86415、90958 和 95508 都可以被大于 1 的某个数整除。你能在不做除法的条件下找到这个公因数吗？

198 | 🧩 | ●●●

几对好朋友

学校的 3c 班里只有女生，每个学生最多有 3 个好朋友（如果 A 是 B 的好朋友，那么 B 也是 A 的好朋友）。校长觉得课堂太乱了，想把它分成两个班级（不一定人数相等），这样一来在新班级中，每个学生在班上最多只能有一个好朋友。请证明这总是可以成立。

199 | 🅰 | ●●○

画出任何角度?

聪明的小皮特做出陈述：如果可以用圆规和直尺画出 19° 的角，那么就可以用圆规和直尺画出任何整数度的角。小皮特说得对吗？

你知道吗? 存在任意长度的连续自然数列，其中不包含素数，这样的数列被称为"素数荒漠"。长度为 $n-1$ 的素数荒漠数列为 $n!+2, n!+3, n!+4, \cdots, n!+n$。其中 $n!$ 表示 n 的阶乘，$n!=1 \times 2 \times 3 \times \cdots \times n$。对于 $k=2, 3, \cdots, n$ 时，$n!$ 能被 k 整除，因此 $n!+k$ 也能被 k 整除。所以此序列中不包含素数。

瓷砖涂色

一个大广场正按照棋盘的图案平铺正方形瓷砖。图中画出了广场的一小部分。如果你从一块瓷砖水平或垂直移动到相邻的瓷砖为一步，则从一块瓷砖移动到另一块瓷砖所需的步数为这两块瓷砖之间的距离。为了提亮广场，每块瓷砖都被涂上了一种颜色。但必须符合以下条件，如果两块瓷砖的距离 ≤ 2，它们的颜色就不能相同。需要多少种颜色才能满足这个条件？

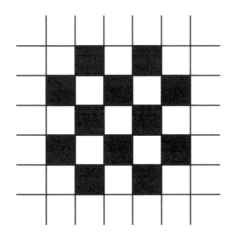

大卡车

一辆卡车以另一辆卡车 1.5 倍的速度行驶并超过这辆卡车（从车头并排车尾到车尾并排车头）。如果它们的行驶方向相反，超车（从车头互相并排到车尾互相并排）的时间是前一次的多少倍？

可以多一个立方体吗？

在一个棱长为 13 cm 的立方体内任取 2000 个点。该立方体是否仍然能容纳棱长为 1 cm 的立方体，使所取的 2000 个点全部不位于棱长为 1 cm 的立方体内？

你知道吗？ 3×3×3 魔方（始于 1974 年）还存在困难版本。继荷兰人奥斯卡·范德芬特（Oskar van Deventer）于 2011 年设计的 17×17×17 魔方（需要几小时才能还原）之后，又出现了 2016 年的（危险的）22×22×22 魔方（其中初始原型爆炸了）和 2017 年的 33×33×33 魔方。但"最大" 的魔方出现于 2019 年 11 月，它重达 840 kg，尺寸为 1.75 m×1.75 m×1.75 m。

---

203 | abc | ●●●

移动根号

观察下式中根号的移动 $\sqrt{3\frac{3}{8}} = 3\sqrt{\frac{3}{8}}$。是否对于任意正整数 a 都存在一个正整数 x，使下式成立：

$$\sqrt{a+\frac{a}{x}} = a\sqrt{\frac{a}{x}}。$$

---

204 | ✂ | ●○○

剪成 100 段

一根 10 m 长的细线需要被剪成 100 根 10 cm 长的线段。当然这可以通过剪 99 刀达成。但是通过一次剪下多根线段可以大幅度减少这个数字。至少需要剪多少刀才能达成目标？

---

205 | 🎲 | ●○○

骰子

我只能看到一颗骰子某一面的某一角落。而这个角落是空白的。我所看到的一面点数为 2 的概率为多少？

平均分

现有四堆石头，它们总共有 40 块。你现在可以进行以下步骤：选择两堆数量之和为偶数的石头，然后重新分配这两堆石头，使它们的数量相同。是否能将任何初始分配通过多次重复以上步骤使每堆有 10 块石头？

谁更大？

请不用纸笔判断出下列两个数中谁更大：$\sqrt[10]{10}$ 或 $\sqrt[3]{2}$。

六分之五

三角形由六个元素组成：三个角和三条边。是否能画出两个三角形，其中一个三角形有五个元素都与另一个三角形相同，但第六个元素却不同？

最简分割

若以多米诺骨牌拼出的正方形不能被分为两个更小的长方形，则称其为最简分割。下图中给出了一个 6×6 的正方形的非最简分割。对于 6×6 的正方形是否存在多米诺骨牌最简分割？

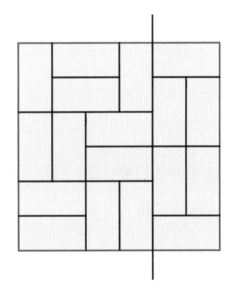

素数

对于每个 P，填入四个素数 2、3、5 或 7 之一，使下式成立。

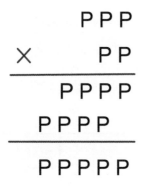

212 ✂ ●●○

分蛋糕

如果两个人想要在不引起矛盾的情况下分蛋糕，需要一个人去切，另一个人去选。如果多个人想要在不引起矛盾的情况下分蛋糕，应该怎么做？

211 ●○○

给 6 根线打结

有个人在手里攥着 6 根线，每根线的两个线头都露在外面。将一侧的 6 个线头两两系在一起。有多少种方法可以将另一侧的 6 个线头两两系在一起，使线在手放开后形成一个大环？

213 ●●○

整天下雨

我的朋友对我说："我有 21 天的假期，其中有 14 天上午下雨，有 10 天下午下雨，整天都是晴天的天数等于上午或下午是晴天的天数。"上午和下午都下雨的有多少天？

四个部分

下图中的四边形被它的对角线分为了四个三角形。其中三个三角形的面积已经给出。你能求出第四部分的面积吗?

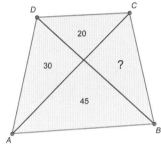

摄影定胜负

在一场比赛中,三名短跑选手阿克塞尔、布鲁诺和卡雷尔几乎同时越过终点线。根据一位裁判的说法,阿克塞尔是第一名,布鲁诺是第二名,根据另一位裁判的说法,卡雷尔是第一名,阿克塞尔是第二名。然而摄影照片显示他们都错了。事实上两位裁判都各自做出了一项正确的陈述和一项错误的陈述。那么阿克塞尔、布鲁诺和卡雷尔以什么顺序越过终点线?

TAM 拼图

观察由三个字母 T、A 和 M 组成的"单词"。你可以使用以下四条规则修改此类单词:

a. 划掉相邻的两个相同的字母。

b. 将 M 修改为 MT。

c. 将 T 修改为 TA。

d. 将 A 修改为 TAM。

例如由一个 A 开始,那么可以依次组成 TAM、TAAM、TM 和 TMT。现在的题目为从 A 开始,利用上述规则得到字母 M。

曲线

一个长方形被分为 5×7 即 35 个全等的正方形。现需要画一条曲线,从位于正中的正方形开始,恰好穿过每个正方形一次,最后在位于边上的正方形结束。曲线只能与正方形的边相交(而非重叠),并且不得经过任何正方形的角。是否能画出这样的曲线?

$$1+12+2\times(3+34) = 87$$

你知道吗？ 在 1903 年的一次数学会议上，弗兰克·纳尔逊·科尔（Frank Nelson Cole，1861—1926）计算了 193707721×761838257287。计算花了一小时，整个过程中科尔一句话也没有说。结束之后他获得了全场人的起立鼓掌。计算结果为 147573952589676412927=$2^{67}-1$，而且他证明了这个数（梅森数）并非素数。科尔承认，三年来的每个周日他都致力于寻找 $2^{67}-1$ 的质因数。此事件令人印象深刻，因为当时还没有发明计算机。

梅森数 M_n 是形式为 $M_n=2^n-1$ 的数。马兰·梅森（Marin Mersenne，1588—1648）是一位法国数学家。他在 1644 年做出陈述，形式为 2^n-1 的数在 n=2、3、5、7、13、17、19、31、67、127 和 257 时为素数。如果 n 为其他小于 257 的素数，那么 2^n-1 并非素数。从那时起，我们便称形式为 2^n-1（其中 n 为素数）的数为梅森数。梅森犯了五个错误，因为 $2^{61}-1$、$2^{89}-1$ 和 $2^{107}-1$ 都为素数，但 $2^{67}-1$ 和 $2^{257}-1$ 并非素数。

218 | 🔤 | ●○○

可以被 3 整除?

如果写下任意四个整数（其为正数、0 或负数），其中总有两个整数的差可以被 3 整除，你能证明这一点吗?

219 | 🧩 | ●○○

文本成立吗?

下方有一段由五个句子组成的文本，你需要在省略号处填入数字，使此文本成立。但请注意：如果将 1 填入所有空白处，那么便存在 6 个 1，因此"1 个数字 1"不成立。

这个长方形包含……个数字 1。
这个长方形包含……个数字 2。
这个长方形包含……个数字 3。
这个长方形包含……个数字 4。
这个长方形包含……个数字 5。

你知道吗? 如果测量一个正多边形（n 个顶点位于半径为 1 的圆上）从一个顶点到其他所有（$n-1$）个顶点的线段的长度，可知这（$n-1$）个长度的乘积等于 n。最简单的例子是等边三角形（$\sqrt{3} \times \sqrt{3} = 3$）、正方形（$\sqrt{2} \times 2 \times \sqrt{2} = 4$）和正六边形（$1 \times \sqrt{3} \times 2 \times \sqrt{3} \times 1 = 6$）。这一点很简单便能证明，但是需要使用不那么简单的复数。

220 | 🃏 | ●●●

最多取 100 次

花瓶里有 1 个白球和 10 个红球。此外还备有足够多的红球。依次进行以下步骤。（1）摇晃花瓶。（2）任意取出一颗球。（3）如果取出的球为红色，就将其放回，并往花瓶里再放入一颗红球。然后从步骤（1）开始重复。如果取出的球为白色，就停下来。在最多取 100 次球后便停下来的概率为多少?

221 ●●●

珍珠项链

一个商人有一条珍珠项链，上面穿着 8 颗美丽的珍珠。只要将项链剪断 7 次，将珍珠一一取下，你就可以得到这些珍珠。每将项链剪为两段时，你都需要付钱：要付的金币数量为剪下的两段项链中，珍珠上所带有的最大的数字。想要得到所有珍珠，最少需要付出多少金币？带有数字的项链如图所示。

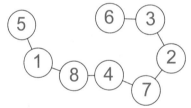

222 ●○○

折纸

保利娜和安东各有一张尺寸为 a cm × b cm 的纸。两人都将纸折成了"方形管子"。安东的管子的容积为保利娜的管子的两倍。那么 a 和 b 的比例为多少？

223 ●○○

排列书籍

一套百科全书的 8 册在书架上的摆放顺序为 3、6、5、7、1、8、4、2。没有任何一册在正确的位置上。"一次交换"是指每只手各拿出一本书，然后将两本书放在彼此的位置上。尝试通过尽可能少的交换将书还原到正确的顺序：1、2、3、4、5、6、7、8。

你知道吗？ 常用的 A 系列尺寸的纸可以用于计算 2 的平方根。取一张 A4 纸，测量其长度和宽度，然后用其长度除以其宽度。如果测量完全精确，那么所得出的数即为 2 的平方根。这是由于该系列纸张尺寸有下列性质：（1）所有纸张的尺寸比相等；（2）Ai 纸的一半为 A(i+1) 纸，例如 A4 纸的一半为 A5 纸。

一条辅助线

请证明在长宽比为 2 ：1 的长方形中，所标记出的角为 45°。可以通过一条正确的辅助线和相似三角形来证明。

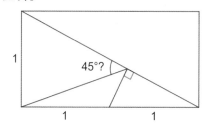

最大的圆

取一张棋盘，并设每个方格的边长为 1。仅经过黑色方格的最大的圆的半径为多少？

困难的方程

以 [x] 表示不大于 x 的最大整数 [对 x 向下取整]。请解出方程 $x^3 - [x] = 3$。

你知道吗？ 由圆推出了许多意想不到的定理。例如：如果三个相同大小的圆在同一点相交，那么其他三个落在两个圆上交点，也同样位于一个半径相同的圆上。试一试吧。

可以被 7×7 整除

如果 a 和 b 都为正整数，并且 a^2+b^2 为 7 的倍数，那么 a^2+b^2 则为 49 的倍数。请证明这一点。

多一次

斯蒂芬连续掷了 n 次硬币。然后小阿尔也投掷了硬币，比斯蒂芬多掷一次。小阿尔比斯蒂芬掷出更多正面的概率为多少？

229

角球台

在这张角球台上，很容易就可以将球从 A 打向 B。图中的球触边了两次。请找出一种方法将球从 A 打向 B，使球在到 B 之前触边十次。

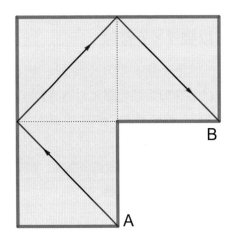

230

下棋

安妮米克与爸爸妈妈轮流对弈，下了三盘国际象棋。如果她连赢两盘，就可以得到更多零花钱。她可以选择顺序：妈—爸—妈或爸—妈—爸。若已知妈妈棋下得比爸爸好，她应该选择什么顺序？

231 ●●○

三个正方形

长方形 $ABCD$ 由三个正方形组成。请证明 $\angle F = \angle A + \angle E$。

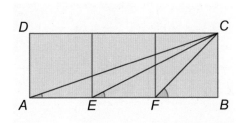

你知道吗？ 题目231正像许多其他题目一样,可以在马丁·加德纳的书中找到。他告诉我们,查尔斯·特里格（Charles Trigg）于1971年对题目231中的定理给出了54种不同的证明。后来陆续出现了更多证明,其中有一种是以折纸的方式证明的。

---

232 |

网格点

如果在线段 *AB* 上没有其他网格点,我们则称平面上的两个网格点 *A* 和 *B* 相邻。平面上最多可以存在多少个两两相邻的网格点?

---

233 |

两次称重

阿米拉有四个长得一模一样的砝码,其中两个质量相同,并且质量轻于另外两个质量也相同的砝码。阿米拉应该如何利用天平进行两次称重,找出最轻的两个砝码（因此也找出最重的两个）?

---

234 |

五个数

找出所有五个一组的正整数（这些数不用两两不相等）,其乘积等于总和。

---

235 |

组成 100

现有两组由数字 1 到 9 组成的等式: 1 2 3 4 5 6 7 8 9=100 和 9 8 7 6 5 4 3 2 1=100。你可以在两个数字之间填入 + 或 −,也可以不填（如果不在 4 和 5 之间填入运算符号,则形成数 45）。怎样才能用尽可能少的运算符号使等式成立? 不允许改变数字的顺序或使用括号。

你知道吗? 人们对于题目 233 一类的谜题展开过许多研究。它们被统称为称重问题。第一个硬币称重问题可以追溯到 1945 年左右。如果将两个砝码放在天平两边,那么共有 3 种可能的结果: 向左倾斜、保持平衡或向右倾斜。通过第二次称重,之前的每种可能性又会导向 3 种可能的结果。因此,可供选择的结论共有 3×3=9(种)。如果 9 个砝码质量相等,而第 10 个砝码更重一些,则永远无法通过两次称重来找到它。若 8 个砝码质量相等,而第 9 个砝码更重一些,则上述方法理论上可以成立。这甚至一点都不难。

1960 年左右,下述称重问题也面世了。现有 12 个砝码,其中有一个比其他的更重或更轻。然后便可以得出 12×2=24(种)可能的结论(不仅要找到这个砝码,还要知道他比其他的更重还是更轻)。这无法通过两次称重达成[最多 3×3=9(种)可能的结论]。理论上,这可以通过 3 次称重完成。毕竟 3×3×3=27 大于 24。虽然还多出来了 3 种可能性,但这绝不是一个简单的问题。

双三角

里亚有五根小棍。它们的长度各不相同。她可以用它们中的任意三根摆成一个三角形。首先她用五根小棍中的三根摆成一个三角形。然后她将另外两根小棍与三角形中的一条边（这根小棍仍然保持原位）再次摆成一个三角形，使这两个三角形彼此不重叠。移动、镜像翻转或旋转后相同的形状算为一种。里亚共可以摆出多少种不同的双三角形状？

船长，我可以过河吗？

奥利弗重 100 kg，斯坦重 60 kg，普克重 40 kg。他们同时在河边散步，并且都想要过河。河边有一艘只能承载 100 kg 的划艇。在四次渡河后，他们都到了对岸。这是怎么一回事？

蛇形游戏

两个玩家在方格板上进行以下游戏。第一个玩家选一个空方格着色。然后从第二个玩家开始，两方轮流进行。一个回合包括选择一个空方格，使它与上一个被着色的方格相邻，并将其着色。这会慢慢形成蛇形。不能再进行回合的一方为败者，另一方则为胜者。哪个玩家在下方的方格板上有必胜策略？对于右侧的方格板，请将深色方格理解为没有方格的孔。

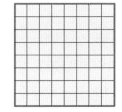
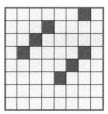

环

图中的环处处等宽，圆弧呈圆形（内半径相等，外半径相等），外周长 21 cm，内周长 19 cm。计算此环的面积。

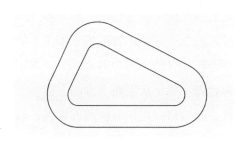

移动硬币

下方可以看到四行四枚硬币。移动一些硬币，使其变为四行五枚硬币。

一分为二

下图中可以看到 5 个相等的直角梯形，有三条边的长分别为 4、6 和 8。你想用一条线将它们分为面积相等的两个部分。

a. 梯形的面积为多少？

b. 若线垂直，判断 p 的长度。

c. 若线经过左上角，判断 q 的长度。

d. 若线经过右上角，判断 r 的长度。

e. 若线与左侧的斜边平行，判断 s 的长度。

f. 若线水平，判断 t 的长度。

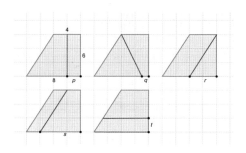

封锁

在以下游戏中，在一张由 25 个方格组成的棋盘上，红方想用两颗棋子封住蓝方。若蓝方不能再落子，蓝方就输了。红方可以率先开始回合。在这一回合中，红方必须将两颗红子各移动 1 格到一个空白方格处（向右、向左、向上或向下，而非对角线）。然后是蓝方的回合。蓝方同样将蓝子沿直线方向移动 1 格。依此类推。共有两个问题：

a. 如果蓝方尽力配合，红方在多少回合内可以取胜？

b. 如果蓝方尽力避免落败，红方是否总能在一定回合内取胜？或是蓝方总能避免落败？

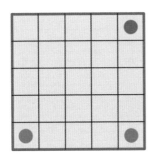

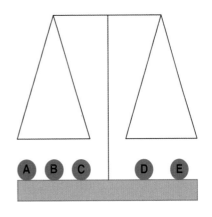

哪两个？

你有 5 个砝码，上面分别印有字母 A、B、C、D 和 E，除此之外它们看上去一模一样。你知道其中两个的质量为 2，另外 3 个的质量为 1。你可以用天平称 3 次。

a. 你能确定哪两个砝码的质量为 2 吗？需要满足以下要求：在其中一次称重时不使用砝码 E。

b. 你能确定哪两个砝码的质量为 2 吗？需要满足以下要求：在第一次称重时，必须将所有五个砝码都放到天平上。

奇怪的数字

在下图中，可以看到上方分别有减法、除法、加法和乘法表达式。四个表达式都成立。

在下方的表达式中，只有运算符号改变了。

你需要在每个○中填入一个数字。它们似乎是非常奇怪的数字。你可以使它们都成立吗？

```
  25            4         8              6
- 19        3 ⟌ 12      + 7           × 71
            ———
  6           12         ——           ———
            ———          15           426
  6            0
```

```
  ○○           ○○         ○○            ○○○
+ ○○         × ○         -  ○        ○○ ⟌ ○
——           ——         ——           ○○○
  ○            ○○         ○○           ○
```

连续平方数

15516190096 和 15516439225 是两个连续的数的平方。那么下一个数的平方是多少？不允许使用计算器，但可以使用笔和纸。

最好在她的表弟旁边

晚餐时，家里 8 个人围着一张长方形餐桌用餐：长边各坐 3 人，短边各坐 1 人。安排座位时，他们决定每个人从一个箱子里抽一张纸。箱子里面共装有 8 张纸，上面分别写着数字 1 到 8。每把椅子上也有一张这样的纸。每个人都依据抽中的号码坐在相对应的椅子上。

现在卡托希望自己最好坐在她的表弟博伊旁边，两人一起坐在一个长边上。

卡托很高兴愿望成真了。她实现愿望的可能性有多大？

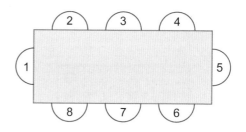

填满立方体

你有一个内部尺寸为 $5\times5\times5$ 的立方体盒子。

你还有尺寸为 $1\times1\times1$、$2\times2\times2$ 和 $3\times3\times3$ 的木制立方体若干。

完全填满 $5\times5\times5$ 的盒子最少需要几个立方体?

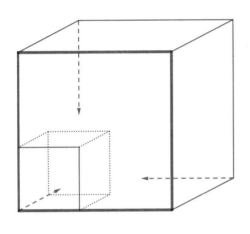

第一挡

安娜玛丽挂一挡以固定速度 v 行驶了一段时长 t。然后她挂二挡以二倍速度行驶了二倍的时长。然后她挂三挡以三倍速度行驶了三倍的时长。然后挂四挡以速度 $4v$ 行驶了四倍的时长。

然后她迅速掉头(忽略掉头的用时)并以固定速度 $5v$ 将车开回到出发点。

她往返路程的平均车速为每小时 60 km。她挂一挡时的车速有多快?

前半部分,后半部分

数字 x 位于区间 $[0,1]$。如果将这个区间分为长度相等的两部分(即 $[0,\frac{1}{2}]$ 和 $[\frac{1}{2},1]$),那么 x 位于前半部分。如果再将前半部分的区间分为长度相等的两部分,那么 x 位于后半部分。以此类推,数字 x 总是轮流位于区间的前半部分和后半部分。x 是哪个数字?

250 | 🧩 | ●○○

成立的句子

请看下面荷兰语的自指句子：IN DEZE ZIN STAAN … LETTERS …（在这个句子中有……个字母……）。

在第一个省略号处填入一个数字的荷兰语单词，在第二个省略号处填入一个字母，使该句子成为一个正确的陈述。

例如：IN DEZE ZIN STAAN TWEE LETTERS R（在这个句子中有两个字母 R）。

你一共能组出多少个成立的句子？

1=EEN	2=TWEE	3=DRIE
4=VIER	5=VIJF	6=ZES
7=ZEVEN	8=ACHT	9=NEGEN
10=TIEN		

251 | 🧩 | ●●○

注满游泳池

第一台水泵可以用正好 1 小时将游泳池注满水。第二台水泵可以用 4 小时将游泳池抽空。但是用第一台水泵注水时用了 1 时 10 分，因为第二台水泵在注水过程中启动并开始抽水。如果第一台水泵在早上 8 时开始注水，第二台水泵是什么时候启动的？

252 | 🧩 | ●●○

几条蛇？

贝阿特丽策有一组奇怪的动物：蜘蛛、兔子、鸡和蛇。它们的头的总数和腿的总数相同。如果她将蜘蛛的头和腿的数量相加，对鸡和兔子也同样如此，那么她就会得到三个相等的数。贝阿特丽策至少有多少条蛇？

253 | ▦ | ●●●

从网格点到网格点

在坐标系中用 14 步从点 (–5,0) 走到点 (5,0)，共存在多少种方式？"一步"的定义为：从一个网格点走到四个相邻网格点之一（向左、向右、向上或向下）。允许多次经过各个网格点，也允许在第 14 步之前经过终点。

100 = [1+(1+2+2+3)×3]×4

最大的正方形

取一个边长为 1 的正方形。在其中有两个正方形和给出的几个长度。你想在正方形之内画一个尽可能大的第三个正方形（在两个小正方形之外）。这个正方形的边长为多少？

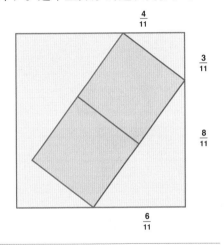

$\frac{4}{11}$

$\frac{3}{11}$

$\frac{8}{11}$

$\frac{6}{11}$

年龄

去年我妈妈的年龄是我的两倍。今年我们的年龄由相同的数字组成，但顺序相反。

我们几岁了？

互换

你有一张 2×3 的棋盘，上面有黑白相间的方格，如图所示。你想将这个 2×3 的棋盘中所有的白格都变为黑格，反之亦然。每一步操作都需要满足以下条件：每次有两个相邻的方格（纵向或横向）同时变换颜色，其中黑格变为红格，红格变为白格，白格变为黑格。图中上方为示例。至少需要多少步才能将所有白格和黑格互换，即从左上角开始直到底部？

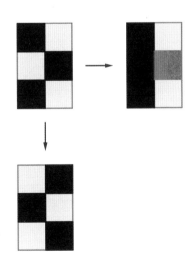

快捷支付

将 100 枚 1 元硬币分装进 7 个袋子，以便你可以用几个袋子精确支付 1 到 100 元之间的任何金额。

彩色袜子

现有 8 只纯色的袜子，共有 4 种不同的颜色，每种颜色 2 只。在忽略颜色的前提下，将袜子配为 4 双。用这种方式可以配出多少种不同的 4 双袜子？（颜色组合一样的视为同一双。）

最多为 0.001

给定一个正数 a，它不一定为整数。请证明在数列 $a, 2a, 3a, \cdots, 999a$ 中，总是至少有一个数与整数之差最多为 0.001。

五角星

在图中可以看到一个五角星，其顶点在单位正方形的边或顶点上。如果五角星中的五边形的面积等于 $\frac{1}{12}$，阴影区域的面积为多少？

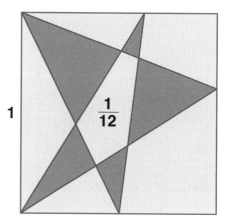

你知道吗？ 题目 261 是著名谜题 "汉诺塔" 的变体，该谜题由法国数学家爱德华·卢卡斯（Édouard Lucas，1842—1891）提出，由其发明的诺塔玩具也于 1883 年在市面上销售。它们并非硬币，而是一根柱子上的圆盘，玩家需要以最少的次数将圆盘从大到小地叠放到另一根柱子上。

261 | 🧩 | ●●○

硬币汉诺塔

有 8 枚欧元硬币，在所有硬币中间钻一个孔，然后将它们按大小或面值（2 元、1 元、50 分、20 分、10 分、5 分、2 分、1 分，1 元 =100 分）从大到小叠放在三根柱子中的一根上，如图所示。你可以将一枚最上方的硬币移到另一根柱子上，但不允许将较大的硬币移动到较小的硬币之上。你需要将所有硬币转移到另一根柱子上（从上到下，硬币大小为从小到大）。你所经手的硬币的总金额最低为多少？

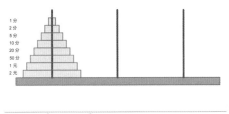

262 | 📖 | ●●○

有没有 0？

是否可以将 10^{10}=10000000000 写为两个数的乘积，并且这两个数（以十进制表示）都不包含数字 0？

263 | 🧩 | ●●○

魔法

被蒙着眼睛的你拿到一摞牌（每张牌的一面为红色，另一面为白色）。有人告诉你："你手中的牌正好有 10 张是白面朝上的。"你把牌洗乱，分为两堆，两堆牌中白面朝上的牌似乎数量相同。你是怎么做到的？

264 | 🎲 | ●●○

骰子与硬币

你有一颗刻着数字 1 到 6 的骰子，和一枚一面为 1、一面为 2 的硬币。如果你同时掷两者，由掷出的两个数字组成的数大于 20 的概率为多少？如果你随机掷两者中的一个并将掷出的数字作为第一个数字，然后掷另一个作为第二个数字，此数大于 20 的概率为多少？

损蚀的门牌号

威廉正走在一条两侧各有 15 栋房子的街道上。他正在寻找门牌号 30。在街道的一侧，由于损蚀，所有门牌号都不可见了。在另一侧，威廉仍然可以认出几栋房子的一部分门牌号：按沿街的顺序（不一定彼此相邻），他看到五栋房子的门牌号上有数字 6、8、8、4 和 6。威廉能否找到门牌号 30？

六边形

在图中可以看到两个大小相等的等边三角形，它们一起围成一个六边形。给定的为六边形的四条边。另外两条边多长？

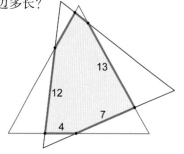

平方数列

将自然数 1 至 15 排成一列，使每两个相邻的数之和都为平方数。

可调节皮带

一条长皮带没有搭扣，两端各有一个孔。你用开口销穿过两个孔将其系住。皮带围起来的圆周长 100 cm。我想在两端多打几个孔，这样可以用开口销围出更小的圆周。你希望可以围出 85 到 99 cm 的任何长度（以整数厘米为单位）。我至少需要再打多少个孔，应该打在哪里？

六倍

凯西和扬纳只有一些硬币（面额有 2 元、1 元、50 分、20 分、10 分、5 分、2 分、1 分）。凯西持有的硬币数量是扬纳的六倍，而扬纳持有的硬币金额是凯西的六倍。她们的硬币加起来至少有多少金额？

你知道吗？ 可以用几个步骤将任意五边形变成正五边形。在图中有一个蓝色的任意五边形。

第 1 步：在每一条边上画一个等腰三角形，使其顶角为 $\frac{1}{5} \times 360° = 72°$。顶角再次形成一个五边形。

第 2 步：在每一条边上画一个等腰三角形，使其顶角为 $\frac{2}{5} \times 360° = 144°$。顶角再次形成一个五边形。

第 3 步：在每一条边上画一个等腰三角形，使其顶角为 $\frac{3}{5} \times 360° = 216°$。顶角现在形成了红色的正五边形。注意 216° 的顶角为外角，顶角沿底边向内"下沉"。

以同样的方式可以用（$n-2$）个步骤将任意 n 边形"调整"为正 n 边形。每一步的顶角分别为 $\frac{1}{n} \times 360°$、$\frac{2}{n} \times 360°$、$\frac{3}{n} \times 360°$……$\frac{n-3}{n} \times 360°$ 和 $\frac{n-2}{n} \times 360°$。这条定理来自捷克数学家卡雷尔·彼得（Karel Petr，1868—1950）。

当 $n=3$ 时，我们便得到了拿破仑定理，可以在本书其他地方的 "你知道吗？" 找到它。当 $n=4$ 时，它被称作凡·奥贝尔定理。

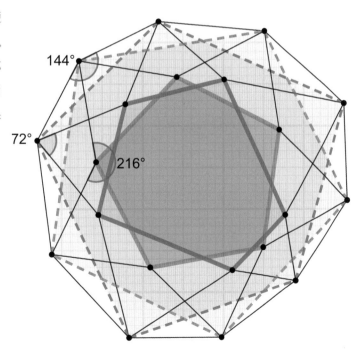

三角行

在一个大广场上，三根杆子和绳子圈成了一个三角形 ABC。基斯从 A 走到 B，然后到 C，最后回到 A。

◎首先他在到 B 的途中经过 P。他从 A 到 P 路程的一半等于他从 P 到 B 路程的三分之一。之后他继续走到 B。

◎然后他在从 B 到 C 的途中经过 Q。他从 B 到 Q 路程的四分之一等于他从 Q 到 C 路程的五分之一。之后他继续走到 C。

◎然后他在从 C 到 A 的途中经过 R。他从 C 到 R 路程的六分之一等于他从 R 到 A 路程的七分之一。最后他继续走到 A。

他走过的所有线段，AP、PB、BQ、QC、CR 和 RA 都是整数米长。

a. 最小的三角形 ABC 的边长分别为多小？

b. 最小的等边三角形 ABC 的边长为多小？

5 在最上

将一张方形纸分成 9 个方格。方格中包含数字 1 到 9，如图所示。你现在可以沿线（垂直或水平，以任意顺序）多次折叠正方形，将其叠为一个方格的大小，使所有数字都彼此重叠。不必在意数字的颠倒或旋转。但是你想要在顶部看见数字 5。

那么就会有一个从上到下的顺序，例如 5、2、8、7、1、4、9、3、6。

题目为：总共存在多少种不同的折叠顺序，使 5 位于顶部？

1	2	3
4	5	6
7	8	9

平方数列

　　是否可以将整数 1 至 121 填入 11×11 的方格表中,使其满足下列条件:

　　◎ 两个相差 1 的数分别在两个拥有共同边的方格中。

　　◎ 平方数 1、4、9……121 在同一列中。

轮流取胜

　　一对朋友甲和乙,一开始每个人都有几元钱。他们轮流掷硬币。如果甲赢了,乙给甲一些钱,使甲的钱比甲现有的多一倍。如果乙赢了,甲给乙一些钱,使乙的钱比乙现有的多一倍。 他们共掷了 4 次硬币。首先甲获胜,然后是乙,之后是甲,最后是乙。现在他们每个人正好有 16 元钱。他们每个人一开始各有多少钱?

毕业了?!

　　维勒曼(女)和桑德尔(男)是好朋友,他们的毕业班上有 20 到 30 名学生。毕业率在 85% 以上。60% 的毕业生是女生,不及格的女生比不及格的男生少 2 名。不幸的是,维勒曼和桑德尔都不及格。总共有多少名学生参加了毕业考试?

会相遇吗？

两只蚂蚁（一红一蓝）同时从钢筋制成的立方体上的一组对角开始爬。它们爬得一样快。每只蚂蚁只经过三根钢筋，即经过最短路线，爬到另一只蚂蚁的起点。它们明显可以通过多种方式爬到对面。每只蚂蚁都随机选择一条路线。它们相遇的概率有多少？

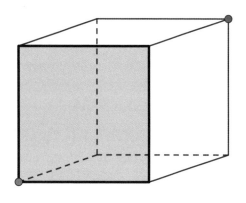

汽油够吗？

比尔想骑摩托从他位于美国中部的家乡到一个 300 km 外的城市。他出发前加满了一整箱 40 L 的汽油。他还想骑摩托回家。骑出 100 km 后，他突然意识到在他回家之前没有加油站，而且油箱里的油无法让他骑完往返。他将油箱里的汽油尽可能多地倒进几个油桶里，然后留在路边。他用剩下的汽油骑回到起点。在那里他再次加满油箱。出发 100 km 后，他将路边的油桶一起带走了。这样他就可以到达他的目的地，并且再次回到他的家乡。他的摩托用 1 L 汽油能跑多少千米？

9 个多边形

9 个面积分别为 1 cm^2 的多边形位于 1 个面积为 5 cm^2 的正方形内。请证明这 9 个多边形之中有一对多边形的公共面积至少为 $\frac{1}{9} \text{ cm}^2$。

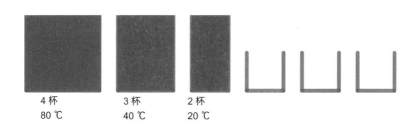

4 杯	3 杯	2 杯
80 ℃	40 ℃	20 ℃

278 | ✂ | ●○○

几杯咖啡?

在上图中可以看到 3 只装有咖啡的壶。第一只装了 4 杯 80 ℃的咖啡，第二只装了 3 杯 40 ℃的咖啡，第三只装了 2 杯 20 ℃的咖啡。此外，你可以使用任意数量的空杯子来装一杯量的咖啡。你现在想在杯子里倒来倒去混合咖啡以倒出尽可能多杯的 60 ℃的咖啡。最多可以倒出多少杯?

279 | 📐 | ●○○

骑自行车的人

一个骑自行车的人以 4 km/h 的速度骑自行车上山。他必须以多快的速度沿着同一条路线下山才能达到 8 km/h 的总平均速度?

280 | 🧩 | ●○○

1+1 等于几?

在你面前有三个女孩。你知道：一个总是说假话，一个总是说真话，而第三个则轮流说真话和假话（也就是对一个问题回答真话之后，对下一个问题回答假话，反之亦然）。

随机选择这三个女孩中的一个。她问另外两个人问题："1+1=2？"在两个人回答（是或否）之后，她再次问这个问题："1+1=2？"然后再得到两个回答。

你现在可以根据四个答案判断，三个女孩中的哪一个总是说真话(真)，哪一个总是说假话（假），谁是轮流说真话和假话的（真 / 假）吗?

剪纸

在一块方形纸板上绘制线条将其分成 4×4=16 个正方形。基斯想要沿着（部分）线裁剪纸板（他可能会拐弯裁剪）并将纸板剪成两个面积相等的 8 个正方形组成的形状。请参见图中的示例。他可以用多少种方法做到这一点？旋转和翻转不算在内。

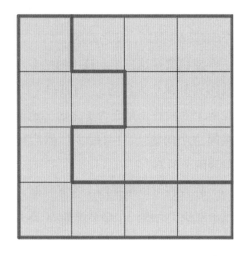

排序

五个数 a、b、c、d 和 e 之间存在以下关系：$a>e$、$b<c$、$c>e$、$d<e$、$a>b$、$b<d$、$c>a$ 和 $a>d$。从大到小排列这些数。

珠宝运输

罗莎想向薇拉借一个昂贵的手镯。两人每天都去同一个健身俱乐部，早上薇拉去，下午罗莎去。罗莎和薇拉在更衣室里各有一个储物柜，可以用挂锁锁上。然而，罗莎没有薇拉储物柜的钥匙，反之亦然。薇拉如何才能安全地将她的手镯交给罗莎？

你知道吗？ 类似的技术也用于加密，例如通过互联网发送的消息，可以对除收件人以外的所有人加密。

284 | A | ●○○

不超过 5 cm²

上图中有两条相隔 1 cm 的平行水平线，在每条线上放一根 5 cm 长的竹签。两根竹签不位于彼此的正上方或正下方，它们甚至可以相隔很远。你想通过移动和旋转将上方的竹签放在下方竹签的位置上（竹签不超出两条线所围出的区域），这样做会使第一根竹签离开它原本所在的线。例如：将上方竹签沿上方线移动，使其正好在下方竹签之上，然后垂直下移至另一条线，正好移到下方竹签的位置上，如图所示。只是在第二次移动时，上方竹签会"经过" $1 \times 5 = 5$（cm²）的面积。现在将两条线之间相隔的距离放大，例如 1 km。竹签的长度保持原状。你现在能将上方的竹签移至下方竹签的位置上，使其经过的面积不超过 5 cm² 吗？

285 | A | ●○○

看时钟

"时钟，墙上的时钟，一天已经过去了多少？"时钟回答道："今天已经度过的时间的三分之二，还要再度过两次。"那么现在几点了？

286 | ✄ | ●○○

翻牌

我有一副牌，一面印有字母，另一面印有数字。牌需要符合以下条件：如果一面印有元音，则另一面印有偶数。我抽出四张牌，看到以下内容：A、D、9、12。应该翻开哪些牌来检查它们是否符合条件？

287

立方体棋盘上的棋子

一个 8×8×8 的立方体由 512 个 1×1×1 的小立方体组成。在小立方体中，我们放置国际象棋棋子"车"，使它们两两不在同一排（从前到后，从左到右，从上到下）。所以没有两枚棋子可以"吃掉"对方。用这种方法可以在大立方体中放置多少枚棋子？

288

平方数？

四个连续自然数的乘积可以为自然数的平方吗？

289

循环数字

六位数 P 的形式为 $\overline{abcabc}$。$Q=137137$ 也是这样的一个数。$P+Q$ 是一个平方数。P 是多少？

290

质数里程

汽车现在的里程数是五个相同的数字。在此之后里程数第一次是五位不同的数字时，在此期间行驶的里程数就是质数。现在的里程数是多少？

你知道吗？ 可以用 3 个数字 2 写出所有的数。英国物理学家保罗·狄拉克（Paul Dirac，1902—1984）在一场用几个数字 2 写出尽可能多的数的游戏中想出了这个方法。他提出的解为：

$$n = -\log_2\log_2\sqrt{\sqrt{\sqrt{\cdots\sqrt{\sqrt{\sqrt{2}}}}}}$$

其中 $\log_2$ 是以 2 为底的对数。因此有 $2^{\log a}=a$。例如你想写数字 17 的话，就可以取 17 个根号。

此处诀窍为一个数字 2 隐藏在（平方）根中而没有被写出来。

291 🧩 ●○○

沙漏

你有两只沙漏。一只可以精确测量 7 分钟，另一只可以精确测量 11 分钟。你应该如何用这两只沙漏来测量 15 分钟？

292 📐 ●○○

船

航海公司 Meltas 在墨尔本和塔斯马尼亚岛之间提供每小时一班快艇的渡轮服务。单程需要 4 小时。如果你乘坐 Meltas 渡轮，会在海上遇到多少艘 Meltas 的船？

293 📐 ●●○

没有四面体

在空间中给出了 30 个点，其中每四个点都不位于一个平面上。是否可以绘制 300 条线段将点两两相连，使其中的每六条线段都不形成四面体的边？

294 📐 ●●●

橡皮筋

在 △ABC 中，∠C = 30°，AC=3，BC=4。一根绷紧的橡皮筋的两端连接在点A和点B处，并且绕三角形缠绕一圈，如图所示。橡皮筋可以沿三角形侧边和前后面上下移动并不产生摩擦力。这根绷紧的橡皮筋的长度为多少？（如果将橡皮筋拉长，由于没有摩擦力，它会弹回去。）

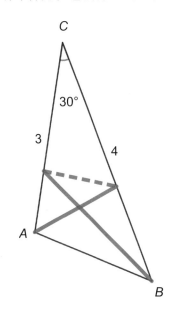

295 ●●○

N 张小字条

安雅和贝亚各有 n 张小字条。她们各自将数字 1 到 $2n$ 以任意顺序写在小字条上，其中每张小字条的正反面都各有一个数。请证明她们总能以某种方式摆放小字条，使她们无须将小字条翻过来就能看到从 1 到 $2n$ 的所有数。

296 ●○○

优美的大树

如图所示，一棵树具有 15 个节点和 14 条边（线段）。现在将数 1 到 15 填入节点中，需要使数字 1 到 14 中的每一个数都为两个相连节点上的数字之差。

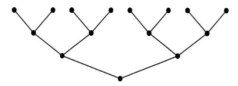

你知道吗？ 2000 多年前，埃拉托色尼（Eratosthenes）估算出了地球的周长。他估算的值与实际的值偏差不到 2%。

297 ●○○

真或假？

本总是说真话，约翰总是说假话。其中一个人说："另一个人说他是约翰。"那么这是谁说的？

298 ●○○

棋盘上的两位皇后

一个白皇后和一个黑皇后在一张 8×8 的空棋盘（有 64 个方格，其中有 32 个黑格和 32 个白格）上有多少种站位而不会互相威胁（皇后可以沿水平、垂直或对角线移动任意格数）？

你知道吗? 上一个题目是另一个著名的棋盘问题的变体,即八皇后问题。这个问题可以追溯到 1848 年,由国际象棋棋手马克斯·贝策尔(Max Bezzel)提出。应该如何在棋盘上放 8 个皇后,使她们中的任何一个都无法威胁到另一个?下面给出了一个解:

只存在 12 种真正不同的解,并且已经在 1914 年被索罗尔德·戈塞特(Thorold Gosset)证明了。

299 ✂ ●●○

更重还是更轻?

你有五个砝码，其中一个的质量与其他的不同。如果允许使用天平称重两次，你该如何判断质量不同的砝码是更重还是更轻?

300 ✂ ●○○

彩色弹珠

一个盒子里有五种不同颜色的 25 颗弹珠，其中每种颜色的弹珠数量不同。每当你取出 20 颗时，其中总有至少 10 颗蓝色的。每种颜色的弹珠分别有多少颗?

301 📐 ●●○

都有 23 个邻居

一个平面上有 93 个点，其中任意三个点都不落在一条直线上。你需要在每两个点之间绘制线段，以使每个点都恰好与 23 条线段相连。你能做到吗?

302 📐 ●○○

有多少额外的交点?

如果取一个三角形并延长其所有边，将不会得到额外的交点。

如果取一个特殊的四边形（例如图中的梯形），将会得到一个额外的交点。

a. 你可以用另一个四边形得到更多交点吗?

b. 如果可以取任意五边形，你最多可以得到多少个额外的交点?

c. 如果可以取任意六边形，你最多可以得到多少个额外的交点?

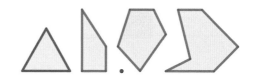

对于此题目存在更难的一个变体，见题目 351。

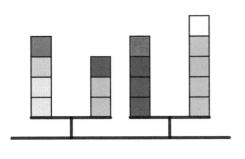

各颜色的立方体有多重?

你有绿色、黄色、蓝色和红色的立方体。所有立方体的质量都为小于10的整数。相同颜色的立方体质量相同,不同颜色的立方体质量不同。

你将一些立方体以两种不同的方式放在天平上,如上图所示。在这两种情况下,天平都保持平衡。绿色、黄色、蓝色和红色的立方体的质量分别为多少?

答案相同的四个表达式

在下面的两个图中,上方的图的中间有一个1。四个表达式的计算结果都等于1。其中从1到9的所有数字都只出现一次。方格中为四组运算。

你是否可以在下方图的中间填入其他数字,使表达式都成立?它是否可以是所有数字,或者是否存在不成立的数字?仅允许使用加减运算。

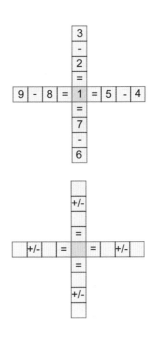

打进决赛

八名网球运动员（1号、2号、3号、4号、5号、6号、7号和8号）参加淘汰赛。他们首先抽签参加四分之一决赛的四场比赛。号码较小的选手总是能赢下号码较大的。四名获胜者将再次抽签参加半决赛。

a.5号打进半决赛的概率为多少？

b.5号打进决赛的概率为多少？

总决赛当然是由1号选手赢下。

蚂蚁爬了多远？

一条60 cm长的松紧带的一端被固定着。一只蚂蚁从固定点出发在松紧带上爬。你握住另一端，将松紧带绷紧。蚂蚁爬出20 cm后，你迅速将松紧带拉至两倍长度（120 cm）。结果蚂蚁立即就到了离起点两倍远的地方，然后继续爬。它又爬了20 cm，然后你迅速将松紧带收回到原来60 cm的长度。蚂蚁再次爬出20 cm，然后你再次将松紧带拉至两倍长度。以此类推。最后蚂蚁将爬到你握住的松紧带的末端。蚂蚁爬了多远？

你知道吗？ 伟大的数学家有时也会犯错。亚历山大·格罗滕迪克（Alexander Grothendieck，1928—2014）曾引用了57作为素数的一个例子。这是一个错误，毕竟57=3×19。从此，57就被称为"格罗滕迪克素数"。

15 $\frac{3}{4}$ ℃的水

你有一个用于存酒的冰箱，有两种温度的分格：12 ℃ 和 18 ℃。这两格里都装有 6 瓶容量均为 1 L 的水，你不需要用到它们全部。冰箱外面有一个空容器，容量正好为 2 L。你可以选择将 2 瓶水倒入容器中，然后搅拌至"平均"温度。你也可以将容器中的水倒回瓶子中。这些瓶子不能再放回冰箱。（假设水的温度在一段时间内保持不变。）然后你也可以多次执行此操作，并且你也可以使用"新的"瓶子。现在请尝试兑出正好 15 $\frac{3}{4}$ ℃的水。

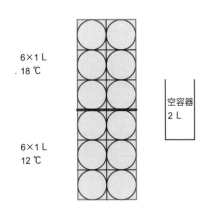

6×1 L
18 ℃

6×1 L
12 ℃

空容器
2 L

一篮鸡蛋

基斯有 3 个篮子和 24 枚鸡蛋。他可以随意将 4 枚鸡蛋分配在 3 个篮子里，例如 (3,1,0) 或 (1,2,1)。然后他将篮子盖上。卡托不知道他是如何分配的。她可以选择一个篮子打开，得到里面的鸡蛋，然后停下来。基斯则得到了另外两个篮子里的鸡蛋。如果卡托觉得太少，她也可以选择第二个篮子打开，然后得到里面的鸡蛋（而非第一个篮子里的）。所以如果第二个篮子是空的，她则什么也得不到。而第一个和最后一个篮子里的鸡蛋是基斯的。他们玩了 6 次这个游戏，最后所有的 24 枚鸡蛋都被分了。基斯应该如何在 3 个篮子里分配鸡蛋，以便最后得到尽可能多的鸡蛋？

309 ●●●

颜色

有多少种方法可以将图中的所有节点涂为黑色或白色，从而使任意两个白色节点都不被一条线段相连？

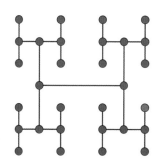

310   ●○○

组成 10 和 100

通过在表达式左侧添加八个运算符号（+、×、-、÷）或括号（顺序不得更改，数字不得组合，例如 1 2 不能是十二），使以下表达式成立：

1 2 3 4 5 6 7 8 9 = 10

1 2 3 4 5 6 7 8 9 = 100

311   ●●○

第六个数

我们可以对四个不同的整数 a、b、c 和 d 以六种不同的方式对其两两求和，即 $a+b$、$a+c$、$a+d$、$b+c$、$b+d$ 和 $c+d$。在所得到的六个数中，其中五个分别等于 5、6、8、9 和 13。判断第六个数和 a、b、c、d 的可能的值。

312   ●●○

滑块游戏

我们进行以下滑块游戏：在长条上的每个方格中都需要填入一个数。有两个方格中已经填入了数。最左边三个阴影格子中的三个数之和为 14。每当阴影向右移动一个格子时，阴影格子中的三个数之和就加 1。判断长条上的 10 个数。

	8								4

你知道吗？ 无理数即不能写为由两个整数组成的分数的数。最简单的例子是 $\sqrt{2}$。有趣的是，如果一个无理数的幂也是无理数，那么答案并不总是如你所料的那样是无理数：它也可能是有理数。我们可以通过以下推理来证明这一点。取两个无理数 $\sqrt{2}$ 和 $\sqrt{2}$。那么对于 $(\sqrt{2})^{\sqrt{2}}$ 存在两种可能：有理数或无理数。在第一种情况下：两个无理数都是 $\sqrt{2}$。但是如果 $(\sqrt{2})^{\sqrt{2}}$ 是无理数，那么在第二种情况下，我们将两个无理数取为 $(\sqrt{2})^{\sqrt{2}}$ 和 $\sqrt{2}$。但这样便有：$[(\sqrt{2})^{\sqrt{2}}]^{\sqrt{2}}=(\sqrt{2})^{\sqrt{2}\times\sqrt{2}}=(\sqrt{2})^2=2$，是有理数。因此 $(\sqrt{2})^{\sqrt{2}}$ 或 $[(\sqrt{2})^{\sqrt{2}}]^{\sqrt{2}}$ 两者之一是有理数，尽管我们（还）不知道是哪一个。

---

313 | ♳ | ●○○

数列

　　一个长方形由（2×3）个正方形组成，编号为 1 到 6。每个正方形背面的数字与正面相同。根据需要将长方形折叠三次，得到六个彼此重叠的正方形。以 1 为最上方的不同的数列有多少种？（折叠可能会让数字翻转，但这无关紧要。）将长方形的分割线称为 a、b 和 c。可以按不同的顺序折叠。

	a	b
1	2	3
4	5	6

（左侧标注 c）

---

314 | ♳ | ●○○

齿轮

　　现有两个圆形齿轮，它们相互啮合。你在这个连接点上给两个齿轮各画了一个点，这两个点彼此完全相对，并且尽可能靠近。大的齿轮有 127 个齿。小的齿轮转多少圈后，这两个点第一次在相同的位置彼此相对？

315 | 🧩 | ●●○

四张牌

艾丽斯从一副 52 张牌中抽出 4 张牌，看了看，然后将它们正面朝下排成一排。她对埃米耶尔说："其中有一张梅花、一张方块、一张红心和一张黑桃，它们是两个 J，一个 10 和一个 5。"她还给出了以下线索："红心在黑桃的左侧，并且在 5 的右侧。梅花在方块的右侧。红 10 并不紧挨在梅花旁边。""左"和"右"不一定意味着"紧挨在旁边"。想了一会儿，埃米耶尔指出了它们分别是哪张牌，以及顺序是什么。你也可以做到吗？

316 | 🧩 | ●○○

硬币周年纪念

欧元硬币有八种面值：1 分、2 分、5 分、10 分、20 分、50 分、100 分和 200 分。每种面值取一个。你可以使用其中的一部分并使用括号和运算符号（+、−、× 和 ÷）来使结果为 60（《毕达哥拉斯》60 周年纪念）。例如 (2+20)×5−50=60。将八枚硬币分为三组，使每组结果均为 60。

317 | 📐 | ●●○

两方一圆

给定一个正方形，该正方形内绘制了一个更小的正方形，其顶点落在大正方形的边上。小正方形内有一个以点 M 为圆心的圆，圆周与四条边相切。如果 $NM=AB$，那么 $\angle ABC$ 为多少度？

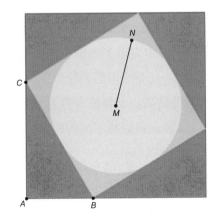

你知道吗？勾股定理存在几种变体，其中之一便是三维推广。取 x 轴、y 轴和 z 轴相互垂直的交叉轴。选取正轴上的点 A、B、C，那么对于四面体 $OABC$，面 ABC、面 OAB、面 OBC 和面 OCA 有：

$$S^2_{面\,OAB}+S^2_{面\,OBC}+S^2_{面\,OCA}=S^2_{面\,ABC}$$

这个定理甚至还可以推广到更高的维度。

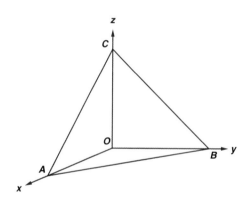

318 ●●○

剪三刀

你沿着网格线从方格纸上剪下一个长方形，然后沿着网格线剪开该长方形，再次沿着网格线将它们两个依次剪开，那么你就得到了四个长方形（也可以是正方形）。

a. 第一个长方形应该剪成什么尺寸，才能使四个长方形的面积比例为 1∶2∶3∶4？使第一个长方形的面积尽可能小。

b. 第一个长方形应该剪成什么尺寸，才能使四个长方形的周长比例为 1∶2∶3∶4？使第一个长方形的面积尽可能小。

319 ●○○

翻转

将四位数 $\overline{abcd}$ 乘 4，得到的结果为 $\overline{dcba}$。求这个数。

（正）多边形？

如图所示，一张草图上画有由两个正八边形和两个等边三角形组成的图形。你可以试着反复排列这种形状。它最终能与初始形状完全重合吗？

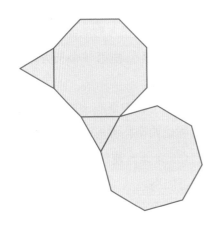

最大的三角形

其中一条（且不超过一条）边长为 10 cm 的三角形的面积最大为多少？

歪棋

如图所示，一张棋盘上的许多方格不见了。一个棋子车随机落在一个方格中。巡逻是棋子车一系列的移动（水平或垂直经过一个或多个方格，但不能是对角线），其中每个方格仅被经过一次，并且最后要回到起始方格。在这张棋盘上可以进行巡逻吗？

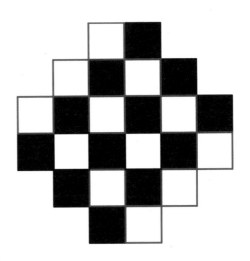

323 | 🖥 | ●○○

分数

伊娜选择了一个正整数 G 并将其写为分数：$G=\frac{a}{b}$（a 和 b 为正整数，例如 $12=\frac{24}{2}$ 或 $12=\frac{36}{3}$）。G 满足：$\frac{a+1}{b-1}-\frac{a-1}{b+1}=\frac{a}{b}$。伊娜选择了 G 为哪个数，她又是如何将其写为分数的？

324 | 🖥 | ●○○

差

从整数 0 到 15 中选择 7 个数，使 1 到 15 中的每一个数都是所选数中 2 个数的差。

325 | 🧩 | ●●○

挖池塘

米沙想在一个 6 m × 15 m 的长方形花园里挖一个正方形池塘，池塘边长为 3 m。池塘的深度需要一致，花园的其余部分由挖出的土平均地垫高。池塘最终需要 2 m 深。米沙应该挖多深？

326 | 🖥 | ●○○

10 个相等的和

将图中出现的 8 个数字再次填入某个空方格中，使所有水平、垂直和两条对角线上的数字之和相等。

	1	4	
2			3
6			9
	7	8	

网络

下图给出了一个计算机网络，其中 8 台计算机中的每台都与其他 3 台计算机连接。这个网络不是很方便，因为如果你想用计算机 A 向计算机 D 发送消息，消息必须经过另外两台计算机，例如经过 B 和 C。你能否设计一个由 10 台计算机组成的网络，使其中每台计算机最多可与其他 3 台计算机连接，并且使消息不必经过两台或更多台其他计算机？

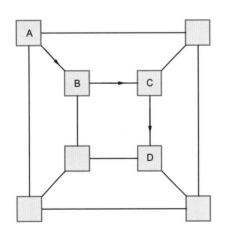

谁赢了？

埃尔维和蒂尼试图用硬币尽可能多地掷出正面。埃尔维掷了 11 次，蒂尼掷了 10 次，但埃尔维掷出的 11 次中只有 10 次算数（她掷出硬币后可以根据结果决定哪一个算数）。谁掷出最多的正面谁就获胜，如果数量相同，则蒂尼获胜。谁获胜的概率更大，这个概率是多少？

车牌号

某国家的汽车车牌号由六位数字（0 到 9）组成。此外，每两个车牌至少有两位数字不同。因此，如果 142857 作为车牌号出现，则 147857 不会出现，因为只有第三位数字不同。这个国家总共有多少个车牌号？

330 | 🧩 | ●●●

在线测验

蒂姆参加了一个在线测验。他做了 5 道选择题，每道题有 4 个选项，做完后他可以看到自己的得分（即 0 分、1 分、2 分、3 分、4 分或 5 分），但是看不到正确答案，也不知道他答对的是哪几道题目。蒂姆当然想知道正确答案是什么。请证明他最多重复做 11 次测验就可以实现这点。

331 | 📐 | ●○○

占多少？

蓝色小三角形的面积占了最大的正方形的多少？

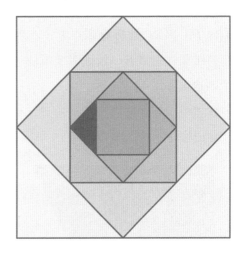

你知道吗？ 每次洗牌后，牌的排列顺序很可能是世界上从未出现过的。数学家卡桑德拉·李（Cassandra Lee）如此表示：如果你从宇宙诞生之初开始每秒洗一次牌，宇宙就会在你洗出所有顺序的百万分之一以前就结束了。换一种说法就是：如果你每秒洗一次牌，那么需要经过 10^{50} 乘宇宙现在的年龄（大约 137 亿年）才能将所有顺序（$52!=1 \times 2 \times 3 \times \cdots \times 51 \times 52 \approx 8.1 \times 10^{67}$）洗出一次。

$112+2+3 \times 3+4 = 127$

从四边形到四边形

如图所示的长方形为一张纸被折叠后所呈现的样子。红色、蓝色、绿色和黄色区域依次沿折线 *CD*、*AB*、*DA* 和 *BC* 被折叠到点 *P* 了。现在将纸张完全展开，请证明纸张是一个四边形。

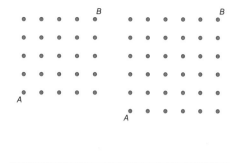

从 *A* 到 *B*

如图所示，有两个方形的点子图，一个为 5 × 5 点子图，另一个为 6 × 6 点子图。你想在不从纸上拿开铅笔的情况下画一条从 *A* 到 *B* 的路线。只能轮流在水平方向绘制 2 格，在垂直方向绘制 1 格。你可以多次经过同一段路线。对两个网格分别提出以下问题：

　　a. "可以成立吗？"

　　b. "如果可以，最少需要多少步？" "如果不可以，为什么？"

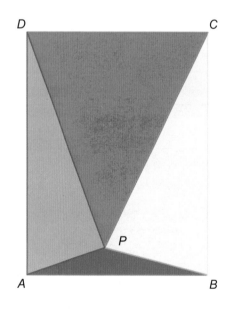

334 | A | ●●○

正方形中的三角形

如图所示，四个等腰直角三角形和一个长方形组成了一个大正方形。绿色、黄色和蓝色的三块面积是相等的。用多少（整数）个红色三角形可以填满整个大正方形？

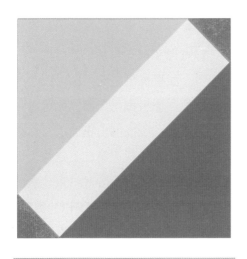

335 | A | ●●○

各种三角形

一个三角形的边长分别为 12、$12+x$ 和 $12+2x$。x 可以取哪些值？

336 | | ●○○

和 = 积？

维姆、埃拉和阿利哈在一家商店各买了三样东西。那家商店里的东西都不超过 10 元，此外，商品的价格都是 0.5 元的倍数（0.5、1、1.5、2、2.5……）。

"这太奇怪了，"维姆说，"如果我将商品的价格相乘，就能得到我所需要支付的金额。""嘿，"埃拉和阿利哈说，"我也一样。"最后他们都支付了不同的金额。

下面是一个例子，以两个价格来说明：3 元和 1.5 元，其中 $3 \times 1.5 = 4.5$ 且 $3+1.5=4.5$。并不难找到三者之一的解：1 元、2 元和 3 元，其中 $1 \times 2 \times 3 = 6$ 且 $1+2+3=6$。

你能找到另外两人购买的三样东西的价格吗？

112+2+3+3×4 = 129

337 ●○○

哪个数字是正确的?

小马丁向西尔维娅展示他写的乘法：4 × 11=48。西尔维娅说："这是一个错误的乘法。"小马丁回答道:"我使一个正确的乘法中的两位数字改变了。"然后西尔维娅说："啊哈，那么我知道哪个数字一定是正确的了。"那么是哪个数字呢?

338 ●○○

4 个盒子

有 4 个盒子，它们可以从小到大叠在一起。你可以将 4 个盒子都分开放在面前，也可以将它们全部叠在一起，那么你面前就只有 1 个盒子了。但是你也可以将它们以不同的组合叠在一起，使你面前有 2 个或 3 个盒子。你可以以多少种不同的方式将这 4 个盒子放在你面前?

339 ●●○

吹蜡烛

你点燃了两支蜡烛，然后掷了一枚硬币。如果掷出正面，你可以吹灭一支蜡烛。如果掷出反面，你可以一次吹灭两支。所以掷出正面后，你必须再掷一次才能吹灭第二支蜡烛。当两支蜡烛都熄灭时，游戏结束。然后再次点燃蜡烛并开始游戏。以此类推。在进行 10 局游戏之后，你预计共掷了多少次硬币?

快多少倍?

弗里茨骑着自行车从 A 地出发，以匀速沿直路骑车到 B 地。到达 B 地之后他立即掉头转身骑车回到 A 地。当弗里茨从 A 地出发时，步行者威廉同样以匀速从 B 地出发步行到 A 地。一小时后，弗里茨和威廉相遇了。又过了半小时，依然在往 A 地步行的威廉被弗里茨超过。弗里茨骑车的速度是威廉步行速度的多少倍?

谁先围出第一个正方形?

取一块 3×3 方格组成的正方形板。安东和贝亚轮流放一枚硬币在方格里。如果方格里已经放有硬币，就不能再放了。第一个使四枚硬币形成正方形的人获胜。贝亚先手。她总能在安东尽力避免失败的情况下获胜吗? 如果是的话，她可以从哪些方格开始?

车对车

在一张 3×3 方格组成的小棋盘上，只有棋子红车和黑车在方格 A1 和 B2 上。它们威胁不到彼此。车只能水平或垂直移动到空方格，同时不能越过另一枚棋子，但可以吃掉另一枚棋子。

a. 双方玩家在符合规则的前提下任意移动己方的棋子车。黑车吃掉红车的概率为多少?

b. 红方先手，黑方后手，之后红方任意移动。红车吃掉黑车的概率为多少?

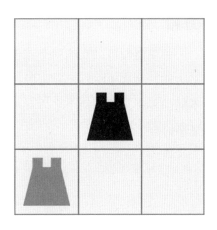

你知道吗？骰子相反两面的点数加起来总是 7。

343 | ▦ | ●●●

灯亮，灯灭

灯以网格结构排列在无限大的板上。每隔一秒，每盏灯都会“查看”它的四盏相邻灯，如果有奇数盏相邻灯亮，则此灯本身也会亮；如果有偶数盏相邻灯亮，则它会熄灭。一开始只有一盏灯亮着。100 秒后有多少盏灯亮着？

344 | abc | ●○○

平方和

一些正整数可以写为两个正整数的平方和，例如 $13=2^2+3^2$。可以用两种不同的方式，写为两个平方和的两个最小的数是多少？

345 | abc | ●●○

有多少分数？

杰姆取了一个正整数 D，并以所有可能的方式将其写为三个正整数 a、b 和 c 的和：$D=a+b+c$；同时，以 a、b 和 c 组成的分数 $a\,\frac{b}{c}$ 中，$\frac{b}{c}$ 是剔除整数后的最简真分数。所以对于数字 11，杰姆取了分数 $4\,\frac{2}{5}$，但没有取 $5\,\frac{1}{2}$（即 $5\,\frac{2}{4}$）或 $6\,\frac{3}{2}$（即 $7\,\frac{1}{2}$）。有一个数 G 可以按这些规则以 G 种方式写为三个数的和。G 是哪个数？

346 | 🧩 | ●●○

红配绿

你有一个红色的桶和一个绿色的桶。红色的桶装了 2021 颗球，编号从 1 到 2021。绿色的桶是空的。你从红色的桶里取了一些球放到绿色的桶里。然后绿色的桶里没有任何一对球，其中一个的编号是另一个的 10 倍。红色的桶里至少还剩多少颗球？

347 ●○○

领带

我的领带都是红色、绿色或蓝色的。
我的领带除了两条以外都是红色的。
我的领带除了两条以外都是蓝色的。
我的领带除了两条以外都是绿色的。
我有多少条领带?

348 ●○○

拼图

埃娃有一套 300 块的游戏拼图。
拼图有 66 块边块,其中包括角块。
拼图的边长分别为多少拼图块?

349 ●○○

咖啡馆

三个朋友从咖啡馆里出来。有两
人喝了啤酒,两人喝了水,两人喝了
葡萄酒。没喝葡萄酒的朋友也没喝水。
没喝啤酒的朋友也没喝葡萄酒。那么
他们分别喝了什么?

350 ●○○

三角形中的线段

当 p 取什么值时,以下陈述成立:
存在一个周长为 p cm 的三角形,在该
三角形内可以绘制一条长度为 10 cm
的线段。

351 ●●●

额外的交点

如果将五边形的所有边和对角线
都延长,可以产生多少个新的交点?
如果是六边形呢? 最后,如果是 n 边
形呢?

两平方数之和

你知道吗? 将整数写为两平方数之和的问题由来已久。

不那么著名的法国数学家阿尔伯特·吉拉德（Albert Girard, 1595—1632）在西蒙·史蒂文 (Simon Stevin, 1548—1620) 作品的法文译本（出版于 1625 年）中写了一段注释。

> **ALB. GIR.** *Determinaiſon d'un nombre qui ſe peut diviſer en deux quarrez entiers.*
>
> I. Tout nombre quarré.
> II. Tout nombre premier qui excede un nombre quaternaire de l'unité.
> III. Le produiſt de ceux qui ſont tels.
> IV. Et le double d'un chaſcun d'iceux.

翻译：

阿尔伯特·吉拉德：判定一个数是否可以写为两个整数的平方和。

I. 任何平方数。

II. 为 4 的倍数加 1 的素数。

III. 这些数的乘积。

IV. 这些数的双倍。

[nombre quarré= 平方数; nombre premier= 素数; quaternaire=4 的倍数]

1640 年皮埃尔·德·费马（Pierre de Fermat, 1601—1665）在圣诞节写信给同事马兰·梅森（Marin Mersenne, 1588—1648）：

> **1°** Tout nombre premier, qui surpasse de l'unité un multiple du quaternaire, est une seule fois la somme de deux quarrés, et une seule fois l'hypoténuse d'un triangle rectangle.

翻译：任何比 4 的倍数多 1 的素数都可以写为唯一两平方数之和，并且是唯一的直角三角形的斜边。

134 = −1+122+3×3+4

费马声称他对这一陈述有无可辩驳的证据。

1754 年莱昂哈德·欧拉在他的文章《证明费马平方和定理：4n+1 形式的每个数都可以写为两个平方和》（*Demonstratio theorematis Fermatiani omnem numerum primum formae 4n+1 esse summam duorum quadratorum*）中发表了对所谓的费马平方和定理的证明。

现在人们仍然在寻找对这个定理的简单证明，它就是：

任何可以写为 4 的倍数加 1 形式的素数都可以写为唯一的两平方数之和。

三分法

在图中你可以看到一个三角形 ABC，其中 $\angle B$ 为直角。点 D 和点 E 落在 BC 上，使 $\angle BAD = \angle DAE = \angle EAC$。此外 $DE=5$，$EC=25$。计算 BD 的长度。

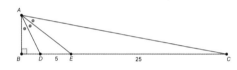

贴贴纸

一台机器给盒子贴贴纸，但它出了故障。若每四个盒子为一组，该机器一定会给第一个盒子贴上贴纸。第二个盒子被贴上贴纸的概率为 $\frac{1}{2}$，第三个和第四个盒子被贴上贴纸的概率分别为 $\frac{1}{3}$ 和 $\frac{1}{4}$。所有盒子最终都装在一个大箱子里。如果你从这个箱子里随机取出一个盒子，这个盒子被贴了贴纸的概率为多少？

填满正方形

下图中用三角形、四边形和五边形互不重叠地填满了一个 2×2 的正方形，且所有形状的所有顶点都落在网格点上。你能照样用一个三角形、一个四边形、一个五边形、一个六边形、一个七边形和一个八边形填满一个 4×4 的正方形吗？

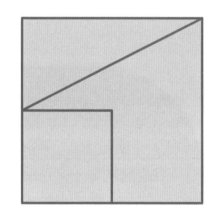

从 25 到 6

观察下方由 25 个字母及运算符号组成的等式：

DRIE × VIER+VIJF=ZEVEN+TIEN

将大部分字母及运算符号删除，留下 6 个字母及运算符号使等式保持成立。（1=EEN；2=TWEE；3=DRIE；4=VIER；5=VIJF；6=ZES；7=ZEVEN；8=ACHT；9=NEGEN；10=TIEN）

---

356 | 🖥️ | ●○○

可以成立吗？

下列加法竖式中不同的字母表示不同的数字。你能使表达式成立吗？或者它无法成立？

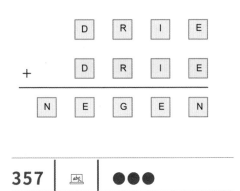

---

357 | 🖥️ | ●●●

阶乘

对于 n 的阶乘，写作 $n!$，表示 $1×2×3×\cdots×(n-2)×(n-1)×n$。

求方程 $k!+n!=m!$ 的所有解，其中 k、n 和 m 都为正整数。

---

358 | 🧩 | ●○○

福尔摩斯的生日

华生问夏洛克·福尔摩斯："你的生日是什么时候，福尔摩斯？""就由你来告诉我吧，"福尔摩斯微笑着答道，"前天我 32 岁，明年我 35 岁。""这不可能。"华生说。但福尔摩斯说的是真话。你能说出夏洛克·福尔摩斯的生日是什么时候吗？

你知道吗？ "幸运数字"是存在的。幸运数字的一个例子是 19。

首先 $1^2+9^2=82$。

其次 $8^2+2^2=68$。

然后 $6^2+8^2=100$。

最后 $1^2+0^2+0^2=1$。反复取其每位数字的平方和，如果最后得到 1，则该数字可以带来幸运。不然就是一个不幸的数字了。

瓢虫与蜡烛

桌子上有一根锥形蜡烛。一只瓢虫站在蜡烛的底部。它从 S 点开始，绕蜡烛表面爬行两整圈，然后再次回到 S 点停下。蜡烛底部的半径为 1 cm，从 S 点到蜡烛顶部的距离 ST 正好为 6 cm。如果瓢虫爬最短的路线，它要爬多远？

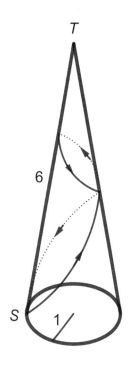

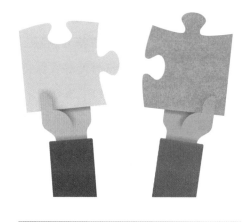

拼图

在一个拼图游戏中，没有直边的拼图块总数是其他拼图块总数的两倍。那么拼图的总块数存在哪些可能？

火车错车

两列火车，一列长 50 m，另一列长 100 m，它们以同样的速度在一条长长的单轨上相向而行，好在有一段 100 m 长的双轨。转辙器运行良好，可以使它们相遇时全速错车。火车上的两个司机在铁道的哪个部分擦肩而过？

电子钟

观察一座以 24 时计时法显示时间的电子钟，例如 07:23 和 22:14。图中用了 20 条线段显示时间 16:09。每个数字都是由 7 条线段中的一部分发光来显示的。什么时候发光的线段最少或最多？

你知道吗？ 如果将一个数翻转，并将其与自身相加，就会生成一个回文数，例如 31: 31+13=44。有时候它不能立刻见效，你必须再迭代一次，或许还要再迭代一次。例如我们可以经过三次迭代，由数字 59 生成回文数：

59+95=154 → 154+451=605 → 605+506=1111

而 1111 就是回文数。

有人说那现在可以由一个给定的数生成一个回文数了，但这无论怎样都成立吗？好像又不是这样的！例如即使经过 700000 次迭代后，数学家们仍然无法由数字 196 生成一个回文数，尽管有时明明已经很接近回文数了。经过 56 步之后，可以生成以下数字：934217310162393261013712428。

我们将无法生成回文数的数称为利克瑞尔数，而 196 就被认为是其中一个，但还尚未有任何数字被证实。"利克瑞尔（Lychrel）"这个名称是由数学家瓦德·范兰丁厄姆（Wade Van Landingham）敲定的，几乎是他女朋友的名字谢里尔（Cheryl）的回文。如果 196 是利克瑞尔数，那么它就不是唯一的利克瑞尔数。你能想通这是为什么吗？

363 | A | ●●○

两座教堂的时钟

威廉每天从家里骑车上学，放学后再骑车回家，路上他都会经过两座教堂。教堂的时钟都在运行，但并不完全准时。在上学的路上，两座教堂的时钟在他经过时显示的时间完全相同，而在回来的路上，威廉经过来时的第二座教堂时时钟显示的时间比他经过来时第一座教堂时时钟显示的时间晚了5分钟。威廉以15 km/h的速度匀速骑行。两座教堂间的距离为多少？

364 | ⚏ | ●○○

最大最小数

将整数1到50分为25组，每组2个数。然后从每组中取两个数中较大的一个。最后，在已经取到的25个数中，取最小的一个。以这种方式可以取到的最大的数为多少？

365 | A | ●○○

圆规技巧

你能否仅通过圆弧（也就是仅使用圆规而不使用直尺）在AB的延长线上找到一个点P，使AB=BP？

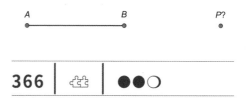

366 | ⚏ | ●●○

猫，猫，猫

姬蒂的家里有很多只猫。

7只猫不吃零食。

6只猫不吃猫罐头。

5只猫不吃新鲜食物。

4只猫既不吃零食也不吃新鲜食物。

3只猫既不吃零食也不吃猫罐头。

2只猫既不吃猫罐头也不吃新鲜食物。

1只猫既不吃零食也不吃猫罐头也不吃新鲜食物。

没有猫会吃所有3种猫粮。

姬蒂一共有几只猫？

你知道吗？$\frac{355}{113}$ 是 π 的一个非常好的近似值。将分数写为十进制后的前 7 位数字与 π 相同：3.141592。一个常见的更简单的近似值是 $\frac{22}{7}$ =3.142……，前三位是一致的。在《圣经》中已经出现过 π ≈ 3 的近似值：制作一个圆形的盆，直径 10 肘*，周长 30 肘。

---

367 | 🎲 | ●●○

菲舍尔任意制象棋

美国传奇棋手博比·菲舍尔（Bobby Fischer，1943—2008）曾提出将第一排棋子（国王、皇后、2 个车、2 个象、2 个马）的初始布置随机化。这是为了使游戏更少依赖于标准开局的理论。菲舍尔在此之上添加了 2 个限制条件：2 个象必须位于不同颜色的格子上，国王必须位于两车之间（可以与其他棋子一起）以进行王车易位，然后黑色棋子以相同的顺序与白色棋子一一相对。该游戏也被称为菲舍尔任意制象棋（Fischer Random Chess）或 Chess960，因为共有 960 种不同的初始布置。

a. 请证明初始布置有 960 种可能。

b. 如果仅放弃第一个限制条件，初始布置有多少种可能性？也就是象可以位于颜色相同的格子上。

c. 如果仅放弃第二个限制条件，初始布置有多少种可能性？也就是国王不必位于两车之间。

d. 如果同时放弃两个限制条件，初始布置有多少种可能性？

＊肘，希伯来人古时的长度单位，以胳臂肘的顶端到中指的尖端为 1 肘，约为现今的 44.5 cm。——编者注

368 | 📐 | ●●●

面积比

我们有一张长方形的纸 $ABCD$。设其面积为 O。将点 A 折叠到点 C，由此形成的纸的面积（图中着色的部分），称之为 O'。以这种方式使面积减少的比例可能为多少（取决于两条边的比例）？换句话说，找出比例 $r=\dfrac{O'}{O}$ 的所有可能值。

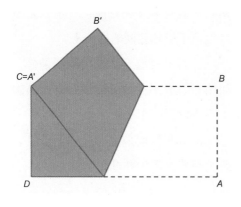

369 | ▦ | ●●○

奇/偶数 ↔ 奇/偶数

如图是一个由等边三角形组成的网格。右侧的 12 个蓝色三角形的周长为 12，而左侧的 3 个红色三角形的周长为 7。我们推测偶数个三角形的周长总是偶数，奇数个三角形的周长总是奇数。请证明或证伪这一点。

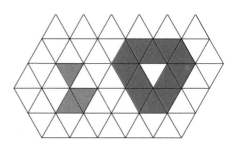

370 | 💻 | ●●●

结果总是 6

取任意正整数，将其乘 9，然后减去 3，最后将此数的每位数字相加。如果结果大于 9，则再次将其数字相加，以此类推。为什么结果总是 6？

371 ●●○

没有公因数

请证明从任意 10 个连续自然数中，都存在至少一个数，与其他 9 个数没有（大于 1 的）公因数。例如：在数 840 到 849 中，$841=29^2$ 与其他数字都没有公因数。

372 ●●○

四个三角形

观察图中的等边三角形。每条边被分为两部分：长度为 1 的部分和长度为 3 的部分。大三角形由三个面积为 a 的三角形和中间的面积为 b 的三角形组成。求 $\frac{a}{b}$ 的值。

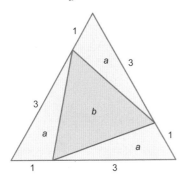

373 ●○○

不交叉

如图所示，一张 5×5 的棋盘上有 5 颗相同的棋子，它们形成了五子交叉图案。最多可以在空棋盘上放多少颗棋子，使其不形成任何五子交叉图案？

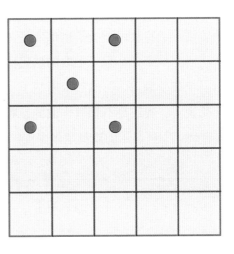

取出哪个砝码?

米斯在两个袋子里各放了四个砝码:一个 10 g 的、一个 20 g 的、一个 30 g 的和一个 40 g 的。因此每个袋子重 100 g(袋子本身几乎没有质量)。米斯一个不注意,乔就从每个袋子里各取出了一个砝码。当米斯将袋子放在秤上时,质量就小于 200 g 了。乔笑着说:"我从每个袋子里都取了一个砝码,从第二个袋子中取的砝码比第一个袋子的重。"然后米斯想了一会儿说:"我还是不知道你取的是哪些砝码。"秤显示的质量是多少?

一起为多少?

数学老师在班上展示了一个装有许多纸牌的箱子。每张牌上都有一个数字:7、9 或 10。他将箱子晃了晃并取出了 11 张牌。他自己看了牌,没有向全班展示。然后他说了 3 句话:

a."3 个数至少各有 1 张牌。"

b."3 个数中的 2 个出现的次数一样多。"

c."11 个数之和可以被 10 整除。"

这 11 个数之和为多少?每个数的牌各出现了多少张?

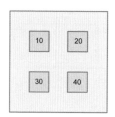
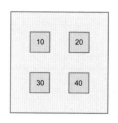

你知道吗? 一个正方形无法被分为 2、3 或 5 个更小的正方形,但所有其他的个数都是可以的。

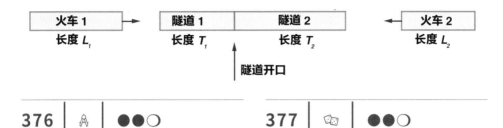

| 火车 1 | | 隧道 1 | 隧道 2 | | 火车 2 |
| 长度 L_1 | | 长度 T_1 | 长度 T_2 | | 长度 L_2 |

隧道开口

376 ⬤⬤○

两列火车过隧道

你看到远处有两列火车由左右两侧驶向隧道。隧道由两部分建筑组成，中间有一段开口，你可以看到隧道里面。火车同时驶入隧道，你可以看到它们的车头同时驶过开口。之后你看到两个车头同时从隧道驶出。过了一会儿，你又看到火车的两个车尾也同时从隧道驶出。如图所示，不过测量值并没有以实际比例表示。已知左部分隧道长度 T_1 是右部分隧道长度 T_2 的 2 倍。两列火车的速度之比 $v_1 : v_2$ 为多少？两列火车的长度之比 $L_1 : L_2$ 为多少？

377 ⬤⬤○

7 张牌

你有 7 张正面相同的牌，其中 2 张底部是白色的、5 张底部是红色的。你将它们以随机顺序正面朝上摆在桌子上，然后随机翻转两张。其中至少有一张白色牌的概率是大于还是小于 $\frac{1}{2}$？

378 ⬤○○

池塘里的砖块

你有一个底部水平、四壁垂直的小池塘。如果你在池塘底部放一块砖块，水位会上升 25%，同时砖块的顶部刚好露出水面。砖块占据了池塘底部多大部分？

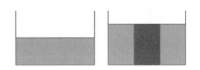

379 | ⚙ | ●○○

红或蓝?

A、B、C、D 四名运动员戴着红色或蓝色的帽子，他们不知道自己帽子的颜色，但他们可以看到其他三个人的帽子。他们都说的真话。

A 说："我看到了至少 1 顶红帽子。"

B 说："我看到了最多 1 顶红帽子。"

C 说："我看到了至少 2 顶红帽子。"

D 说："我看到了正好 2 顶红帽子。"

四个人戴的分别是什么颜色的帽子?

380 | ✂ | ●●○

划分梯形

有一个由三个等边三角形组成的梯形。将这个梯形分为四个全等的部分。

381 | 💻 | ●●○

数字总和

有多少个数，各数位上的数都不等于 0，而各数位上的数之和等于 10?

382 | ⚙ | ●●○

不透明

一个立方体由 3×3×3=27 个小立方体组成。其中有些是透明的，有些是不透明的。如果你视线垂直观察大立方体的任何一面，你都将无法看穿立方体。至少需要多少个不透明的小立方体? 应该如何摆放它们?

383 | ⚙ | ●●○

倒水

在一个 14×14×14 的立方体容器中装有一些水。在此容器中，一个 7×7×7 的空立方体容器被沉到底部，然后一定量的水流入小的容器。之后，小容器的容量与其中的水的体积之比与初始时大容器的相等。初始时大容器中的水位有多高，最后小容器中的水位又有多高?

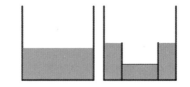

你知道吗？ 如果用直线将任意三角形的每个角分成三个相等的部分，并连接如图所示的这些线的 3 个交点，就总能得到一个等边三角形。

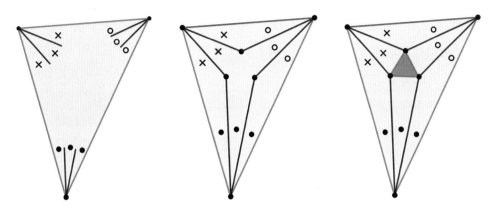

该属性被称为莫利角三分线定理，以法兰克·莫利（Frank Morley，1860—1937）命名，他在 1899 年偶然发现了它。

384		●○○

5 个十字

将 10 根竹签并排摆放（IIIIIIIIII）。取 1 根，跳过 2 根后将其放在下一根竹签上以摆成一个十字。你能以此最终摆出 5 个十字（XXXXX）吗？

385		●○○

鸡块数量

在快餐连锁店可以点 6 块、9 块或 20 块一份的鸡块。如果你想吃 18 块，可以点 3 份 6 块的鸡块。如果你想吃 35 块，可以 6 块、9 块和 20 块的鸡块各点一份。有些数量无法准确地点出来，例如 5 块或 8 块。不能准确点出来的鸡块数量最多可以为多少块？

睡觉

如果你在晚上 10 点到 11 点之间入睡，此时分针与时针重叠，并在凌晨 4 点到 5 点之间醒来，此时两根指针排成一排，你睡了有多久？

386 | 🧩 | ●●○

387 | 🧩 | ●●○

12 根木棍

你有 12 根长 13 cm 的木棍。你需要将它们锯成 3 cm、4 cm 和 5 cm 的小木棍。之后你用它们制作 13 个独立的三角形，边长分别为 3 cm、4 cm 和 5 cm。你是用什么方式锯这些木棍的？

388 | 🎲 | ●○○

袋鼠

在澳大利亚野生动物园中，一名护林员抓住了 90 只袋鼠，给它们做完标记之后，就把它们放了。它们再次分散到整个园区。两个月后，她在同一个野生动物园中抓住了 70 只袋鼠，其中有 20 只被标记过。据你推测，野生动物园里有多少只袋鼠？

你知道吗？ 钟表的分针和时针每天重叠 22 次。

389 | ✂ | ●○○

谁吃到了樱桃？

双胞胎姐妹艾琳和阿斯特丽德为了她们的生日派对，准备了一个正方形大蛋糕。蛋糕上只有一颗樱桃，位于一个角落里。两姐妹都喜欢樱桃，她们无法就谁该得到带有樱桃的蛋糕而达成一致。艾琳有一个提议，她们轮流沿着蛋糕上的一条线切开蛋糕（一直切到底），谁切下最后一刀，剩下的部分上面有樱桃，谁就可以得到这块美味。阿斯特丽德切第一下，姐妹中的谁能吃到樱桃？

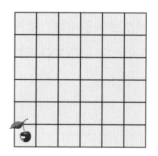

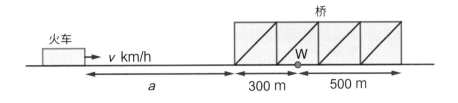

---

390 | A | ●●○

九死一生

一个步行者 W 在全长 800 m 的铁路桥。当她走了 300 m 时，听到身后传来货运列车的汽笛声，该列车正以速度 v km/h 行驶而来。她现在可以做两件事：要么以每小时 10 km 的速度向后跑，要么以相同的速度向前跑。无论朝哪个方向，她都能恰好从桥上下来。当汽笛响起时，火车到桥之间的距离 a 为多少千米？

---

391 | 🎴 | ●●●

乐透球

你有 $2n$ 颗乐透球，其中 $n>1$，球的编号为 1 到 $2n$。你从这些球中取出（$n+1$）颗。请证明你取出的球中存在一个球，其编号等于另外两个取出的球的编号之和，或等于另一个取出的球的编号的两倍。

---

392 | A | ●●○

自动扶梯

从一架静止的自动扶梯走上去需要 90 秒。当它运行时，自动扶梯可以在 60 秒内将静止的人运送上去。同一个人走上运行的自动扶梯需要多长时间？

---

393 | 🧩 | ●●●

密码锁

你房间的门上挂了一个密码锁。如果输入正确的四位数密码，门将立即打开。关门后，密码锁恢复到初始位置。如果输入了错误的四位数密码，则不会发生任何事情，可以重新尝试。有一天，你输入了正确的密码 1234，但门没有任何反应。你需要怎么做才能开门？（顺便说一句，锁没有坏！）

$1×1+2×2×(3+34)$ = **149**

394   ●●○

100 位客人

吃晚餐时，100 位客人围坐在一张桌子旁。每两人之间都有一小束花：两位男士或两位女士就是红花，一男一女就是白花。有没有可能白色花束正好比红色花束多 10 束？

395   ●●○

2001 盏灯

2001 盏灯排成一排，每盏灯下都有一个开关。当你按下一个开关时，只有相邻的两盏灯的状态会发生变化：发光的熄灭，熄灭的发光（当开关位于两端时只有一盏灯）。例如第 6 盏灯下的开关改变灯 5 和灯 7 的状态，第 2001 盏灯下的开关只改变灯 2000 的状态。一开始所有灯都是熄灭的。你可以按下开关来点亮所有的灯吗？

396   🅰   ●●○

奇怪的时钟

我们有一座表盘很普通的时钟。一位钟表匠学徒正在测试时钟的指针。一开始，分针、时针和秒针都指向 12。三根指针都以各自的方式旋转。分针以每分钟 30°（而非 6°）的速度顺时针旋转，时针以每分钟 45°（而非 0.5°）的速度顺时针旋转，秒针以每分钟 60° 的速度逆时针旋转（而非顺时针旋转 360°）。如图所示为过了一分钟后指针的位置。开始后多少分钟，三根指针首次同时位于 6 点到 9 点之间（图中蓝色部分）？

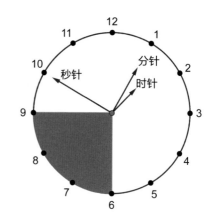

397   🖥   ●○○

魔方

将数字 1 到 8 填入立方体的角上，使每一面四个角上的数字的总和相等。

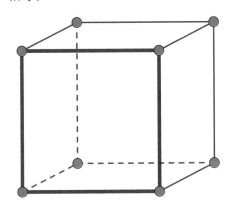

398   🅰   ●●○

全等面

一个四面体的四个顶点中，如果其中三个顶点的三个角之和等于 180°，则它的四个面都是全等三角形。请证明这一点。

399   ⊞   ●○○

棋盘上的跳棋

可以用多少种方法将一个白子和一个黑子放在 10 × 10 方格组成的（空）棋盘上，使白子可以一回合就吃掉黑子？最后一排上的白子可以变成国王。棋子沿对角线方向移动，吃子时从一颗棋子前方或后方的方格跳到该棋子后方或前方的方格。国王依然只能沿对角线方向吃子，但只要跳过棋子，就可以在该棋的前方或后方经过任意数量的方格。

400   🧩   ●○○

骰子

在一颗骰子上，点数 1 和 6、2 和 5 以及 3 和 4 彼此相对。维姆有 8 颗骰子，他将其堆成了一个 2 × 2 × 2 的骰子立方体。如果他斜着看，就能看到 3 个面，即看到骰子的 12 个面。他最大能看到多少点数？最小多少？

你知道吗？ π 这个数可以用许多个 2 来表示。这个公式是由弗朗索瓦·韦达（Franciscus Vieta，1540—1603）提出的，此公式是数学史上第一个给出数 π 精确值的公式。当然，这需要计算具有无限多个因子的乘积。

$$\pi = \cfrac{2}{\frac{\sqrt{2}}{2} \times \frac{\sqrt{2+\sqrt{2}}}{2} \times \frac{\sqrt{2+\sqrt{2+\sqrt{2}}}}{2} \times \cdots}$$

---

401  ●●○

特殊梯形

在四边形 $ABCD$ 中，$\angle A$ 和 $\angle D$ 为直角，$AD=12$，$BC=13$。一个圆与四条边都相切。请计算 AB 和 CD 的长度。

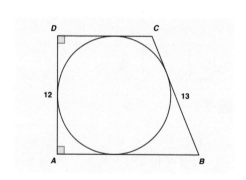

---

402  ●●○

1 和 0 的数列

存在多少组长度为 10 的由 0 和 1 组成的数列，使任意两个 1 都不相邻？

---

403 ●●○

拼出正方形

你有一组 30×36 的长方形拼图。你想用它拼出一个正方形，最少需要多少组拼图？

404 |  ●○○

最短路线

你只能沿 3×3 方格的网格线行走。你希望走一条尽可能短的路线，来经过 24 条正方形边中的每一条；只需要接触到边上的一个点就算是经过。你可以从任何地方开始。例如：图中只走了两条边，但已经经过了七条边。最短路线的距离为多少？

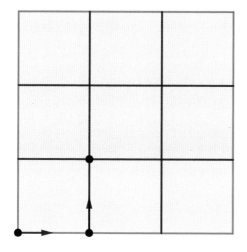

405 | ●●○

偶与奇

找出四个自然数，使此四元组中的两两之和分别可以等于 8、10、12、17、19 和 21。

406 | ●○○

母亲与双胞胎

一个女人在 20 岁时生下了一对双胞胎。当这个母亲 30 岁时，双胞胎 10 岁，也就是加起来 20 岁。什么时候这对双胞胎的年龄之和是母亲年龄的两倍？

407 |  ●○○

概率称重

齐娜有四颗质量相等的弹珠和一个天平。她将所有弹珠都放在天平上，但是以掷硬币来决定将每颗弹珠放在左边还是右边。放有四个弹珠的天平保持平衡的概率为多少？

你知道吗? 如果取一个正方形,例如边长为 2,那么就可以在其中放置 4 个直径为 1 的圆,如图所示。

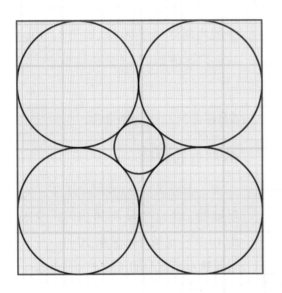

由勾股定理可以计算出与这 4 个圆相切的中心小圆的直径等于 $\sqrt{2}-1$。可以将类似的方法推广到高一维的空间:取一个 $2\times2\times2$ 的立方体,然后在 8 个角上各放置一个直径为 1 的球。这些球相互接触,并且由于对称性,立方体中心有空间放置一个与这 8 个球相切的小球。再次使用勾股定理,可以得出小球的直径等于 $\sqrt{3}-1$。立方体的推广被称为超立方体,现在将立方体推广到 4 维,在其 16 个角上可以放置 16 个超球体,在中间有一个与其他 16 个超球体相切的小超球体。它的直径等于 $\sqrt{4}-1=1$。以此类推。在 9 维中,小球的直径等于 2。在 10 维中,它的直径等于 $\sqrt{10}-1$。这比 2 还大! 小球已经放不进(超)立方体了!

408 | 🔺 | ●○○

三个全等三角形

画出一个可以由一条直线将其分为三个全等三角形的形状。

410 | 💻 | ●○○

成立的乘法

在式子 $54 \times 2 \square \square = \square \square \square 8$ 中的每一个"□"中填一个数字，使此等式包含 0 到 9 中的每一个数字并且成立。

409 | 🧩 | ●●○

说真话的人

在班上，有些学生以总是说真话而出名。其余的有时说假话，有时说真话。向所有学生提问班上有多少人总是说真话，学生们给出了以下答案：2、3、4、6、3、6、3、4、6、5、4、3、6。有多少学生如实回答了这个问题？

411 | 💻 | ●○○

寻找两个数

在两个等式中填入数字 0 到 9。

◎ $A+B+C+D+E+F+G+H=IJ$

◎ $A-B+C-D+E-F+G-H=KL$

数 IJ 的值为多少？数 KL 最大为多少？

你知道吗？ 4 月 4 日（4 - 4）、6 月 6 日（6 - 6）、8 月 8 日（8 - 8）、10 月 10 日（10 - 10）和 12 月 12 日（12 - 12）每年都是一周里的同一天。也就是说，如果其中一天是星期一，那么所有都是星期一。

狐狸能抓到兔子吗?

一只兔子在森林里一个特殊的网格点 K 上,森林中间有一片池塘,如图所示。兔子只能走在网格线上。狐狸最初在点 V,它不愿意冒险进入网格。在兔子走两格的时间里,狐狸可以沿着边缘走七格。在网格以外,兔子跑得比狐狸快。兔子能先于狐狸到达边缘一点并从网格中逃脱吗?

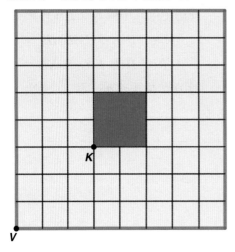

香水

利润守恒

商人在市场上一天卖出了 45 瓶香水。他的进货价格是每瓶 i 元,而他的售价是每瓶 v 元。因此他卖出每瓶香水的利润(扣除成本之前)为($v-i$)元。第二天,他的供应商将采购价格降低了 10%,因此,商人也将其售价降低了 10%。在一天结束时,他的利润与第一天相同。商人在第二天卖出了多少瓶香水?

你知道吗？ 所谓的尼姆游戏存在许多变体。以下是尼姆游戏最著名的版本：取几堆硬币或其他小物件，游戏在两名玩家之间进行，玩家轮流从一堆硬币（或小物件）中任意取出一些，最少 1 枚，最多整堆。谁取走最后一枚硬币，谁就赢了。（在所谓的 misère 版本中，取走最后一枚硬币的玩家输了。）从数学上可以证明，只要潜在的赢家一直采取最优移动，这两种变体都可以做到要么先手赢，要么先手输。美国数学家查尔斯·伦纳德·布顿（Charles L. Bouton，1869—1922）于 1901 年给出了此理论的证明。

还存在一个特殊的变体。将许多枚硬币排成一行，玩家轮流取走任意 1 枚硬币。如果谁从一排的"中间"取走了一枚硬币，就会形成额外的一行。这样一来会形成越来越多行。如果谁取走了一枚边上的硬币，则行数不会改变。最终，行会越来越短，其中一名玩家将不得不在某一行中留下一枚单独的硬币。另一名玩家取走这枚硬币并赢得比赛（其他行可能还留有硬币）。先手玩家在怎样的初始布置下总能获胜？请找出一个能让先手玩家获胜的策略。可以参考下面玩家 A 对局玩家 B 游戏中的前四个可能的回合。

```
o o o o o o o o o o o o o o o o o o o o o o o o o o o o o o o o o o o o o o o
o o o o o o o o o o o o A o o o o o o o o o o o o o o o o o o o o o o o o o o o
o o o o o o o o o o o o A o o o o o o o o B o o o o o o o o o o o o o o o o o o
A o o o o o o o o o o o A o o o o o o o o B o o o o o o o o o o o o o o o o o o
A o o o o o o o o o o o A o o o o o o o o B o o o o o o o o o o o o o o o o o B o
```

玩家 B 在这里玩得很笨，因为下一回合玩家 A 取走最下行右边的硬币就会赢得比赛。

1 到 9 的五个等式结果

如图所示，在九个着色方格中分别填入数字 1 到 9，使两个水平、两个垂直和一个对角线的五个等式成立。

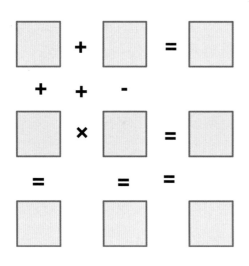

九棵树

你站在围成一圈的九棵树中的一棵树旁。你掷骰子掷出了点数 n，然后你顺时针沿着这圈树走。掷出的点数决定你走向哪棵树，所以例如你掷出 2，你就走过一棵树到第二棵树下。你总共掷了三次骰子，与之相应走了三次。你最终走回到起始树旁的概率为多少？

谁会当选？

一个俱乐部有 101 名成员。7 名候选人已申请竞选主席。在第一轮投票中，4 名候选人被淘汰。剩下的 3 名候选人获得的票数相同。在第二轮中，得票最多的候选人 A 获胜。两轮投票每轮都计了 101 票。A 在第一轮和第二轮一共获得 50 票。候选人们在第一轮和第二轮分别获得了多少票？

风 3 km/h   *A*   *E*   *C*   *D*   *B*

风 6 km/h

| 417 | ❧ | ●●○ |

顺风和逆风

    马利斯从 *A* 骑车到 *B*,罗布从 *B* 骑车到 *A*。他们同时出发,如图所示。在没有风的情况下,他们都以相同的速度 *v* 骑行。马利斯在骑第一段(时间 *t*)时顺风,因此骑行速度比 *v* 快 3 km/h。然后她到达点 *C*。罗布的骑行速度比 *v* 慢 3 km/h,然后到达点 *D*。之后风速突然变大,马利斯骑得比 *v* 快 6 km/h,而罗布比 *v* 慢 6 km/h。在第二段时间 *t* 过后,马利斯到达终点 *B*。罗布当然还没有到达 *A*,而是才到点 *E*。然后罗布伴随着 6 km/h 的逆风还需要骑一段时间 *t* 才能到达 *A*。在没有风时,马利斯和罗布的骑行速度为多快?

| 418 | ❧ | ●○○ |

弹珠

    甲、乙和丙一起玩弹珠,轮流一对一,每个人都将相同数量的弹珠从路边扔向铺路石之间的小壶。然后他们可以轮流用食指将其中一个弹珠弹向小壶,从扔的弹珠离小壶最近的人开始。如果它滚进小壶里,就可以再弹一次。谁把最后一颗弹进小壶里,谁就可以得到所有弹珠。他们一共进行了六局游戏。

    ◎甲－乙,每人1颗弹珠,乙获胜。

    ◎乙－丙,每人2颗弹珠,丙获胜。

    ◎丙－甲,每人3颗弹珠,甲获胜。

    ◎甲－乙,每人4颗弹珠,乙获胜。

    ◎乙－丙,每人5颗弹珠,丙获胜。

    ◎丙－甲,每人6颗弹珠,甲获胜。

    你当然必须有足够的弹珠才能进行每局游戏。他们每个人最少需要多少颗弹珠开始游戏?他们每个人最终分别有多少颗弹珠?

419 | A | ●●○

三根指针重叠

在 0 点或 12 点整时，时钟的三根指针（秒针、时针和分针）正好彼此重叠。这在其他时间也可以吗？如果可以，是什么时间？如果不可以，为什么呢？

420 | A | ●●○

四个圆

四个半径相等的圆彼此相切，并与边长为 4 的等边三角形相切。请计算圆的半径。

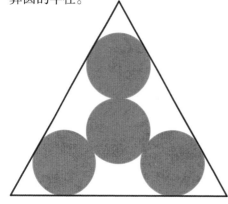

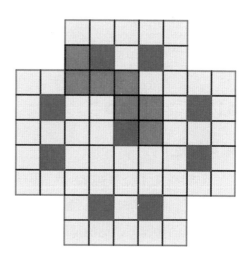

421 | A | ●●○

网格贪吃蛇

网格中的一条蛇（在蓝线之内，9 个蓝色方格之外）由一串相邻的红色方格组成。两个相邻方格垂直或水平地连接在一起。蛇不能与自己相交。图中为一条长度为 7 的蛇。这个图上的蛇最长能有多长？

你知道吗？ 如果 4 个圆中的每个都与其他三个圆相切，则它们的半径之间存在紧密的联系。此问题的公式被称为笛卡尔定理，因为第一个将它写下来的人是哲学家和数学家勒内·笛卡尔（René Descartes，1596—1650）。

如果将圆的半径从 1 编号到 4，则公式如下：

$$\left(\frac{1}{r_1} + \frac{1}{r_2} + \frac{1}{r_3} + \frac{1}{r_4}\right)^2 = 2\left(\frac{1}{r_1^2} + \frac{1}{r_2^2} + \frac{1}{r_3^2} + \frac{1}{r_4^2}\right)$$

该公式还可以推广到更高维度，例如，对于三维的 5 个球，公式左右两侧各有 5 项，右侧的因子由 2 变为 3。

---

422 | ●○○

多少钱？

莉莎数了数她钱包里的硬币，每种硬币至少有一枚（1 分、2 分、5 分、10 分、20 分、50 分、1 元、2 元）。数完之后，莉莎的硬币金额（元）与硬币数量一样多。莉莎的钱包里至少有多少钱？

423 | ●●○

根号五盘

餐厅"根号五盘"的菜单上有五道菜品，每道菜品的价格都是一个正整数。特殊的是，你仅通过看账单的总金额就能判断出点了什么菜品。你可以确定没有任何菜品出现两次。所有五道菜品加起来的金额至少为多少？

424 | 🖥 | ●○○

10000

找出两个乘积为 10000 的数，其中任何一个数都不能含有 0。

425 | 🅰 | ●○○

从 A 到 B 多长时间？

一艘游船在 A 和 B 之间的一条湍急的河流上航行（A 为上游，B 为下游）。游船从 A 航行到 B 需要一小时，从 B 航行到 A 需要两小时。现在这艘游船被一艘更快的新船所取代。新船从 A 航行到 B 需要 45 分钟。新船从 B 航行到 A 需要多长时间？

426 | 🧩 | ●●○

爱尔兰朋友

请证明至少有两个爱尔兰人拥有的爱尔兰朋友数量相同。（爱尔兰人的友谊总是双向的。）

427 | 🎲 | ●●○

红弹珠和蓝弹珠

一个盒子里共装有 20 颗红弹珠和蓝弹珠。你从盒子里随机取一颗弹珠，如果给定以下条件，请判断弹珠为蓝色的概率：

◎ 20 颗红蓝弹珠的分布均匀，其中出现蓝弹珠的概率为出现红弹珠的四分之一。

◎ 20 颗红蓝弹珠的分布均匀，其中出现蓝弹珠的概率是出现红弹珠概率的四倍。

428 | 🧩 | ●●●

全等

一个电脑游戏由 25 个方格组成。在初始状态，每个方格都包含一个随机整数。每回合，你需要选择 11 个方格，并将每个方格中的数加 1。如果你能设法使每个方格中的数相等，你就赢了。证明以任何初始状态开始，经过数回合后都能获胜。

你知道吗？ 早在2000多年前，中国的数学家就已经在《九章算术》和《算术书》中提出了绝妙方法来判断直角三角形内切正方形和内切圆的大小。图形的证明不言自明。

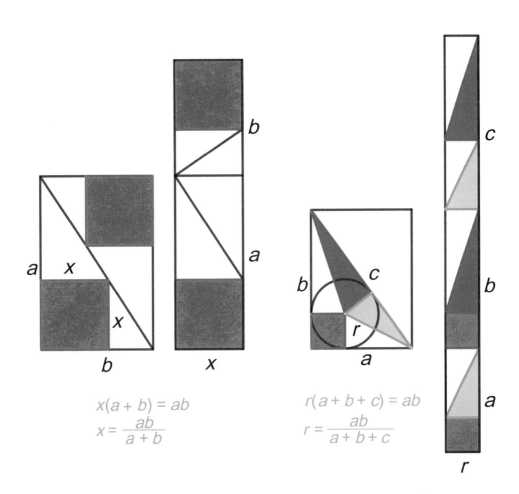

$$x(a + b) = ab$$
$$x = \frac{ab}{a + b}$$

$$r(a + b + c) = ab$$
$$r = \frac{ab}{a + b + c}$$

魔法课

14 名魔法学徒开始了为期 14 天的课程。在课程开始之前，大魔法师带领他们进行了一个逻辑测验。他将他们召集到一起，向他们解释游戏规则，并趁他们不注意在一些学生戴的黑色法师帽上系上了红色蝴蝶结。规则如下：

◎ 至少有一名学徒戴着红色蝴蝶结。

◎ 将课程的天数编号为 1 到 14。每天上课前，大魔法师会让学生们围成一圈。在课程天数正好为戴着红色蝴蝶结的学徒数量的那天，所有戴着红色蝴蝶结的学徒都要走上前。

◎ 学徒们只能通过严密的逻辑推理判断他们是否戴着红色蝴蝶结。例如，他们不允许脱下魔法帽或者伸手去摸。

你可以为魔法学徒们想出一个总能成功的策略吗？

裁剪正方形

将一个正方形剪为 6 个等腰三角形，使其中 5 个的面积相等。

正方形中的长方形

长方形的面积是正方形的 $\frac{3}{8}$。需要多少个蓝色（等腰）小三角形才能覆盖整个正方形？

你知道吗？我们现在使用的十进制系统是基于印度－阿拉伯数字系统而来的。它起源于1世纪到4世纪之间的印度，并在9世纪左右被应用于伊斯兰数学。直到15世纪，这套系统和0到9的符号（部分由于印刷技术）才在欧洲普及起来。该系统最重要的价值是引入了数字0。0的重要性如此之高，以至于荷兰语的"数字"一词"cijfer"都是源自阿拉伯语（发音为"sifr"），意思是"虚空"。

---

432 | ♟ | ●○○

汽油够吗？

　　一辆车能用 1 L 汽油行驶 10 km，你想开着它绕 100 km 的环形公路行驶一圈。途中有三个地方有汽油罐，共装有 10 L 汽油。你可以带着你的空油箱选择从某个油罐所在的位置开始（你和车将被拖到那里）。无论这三罐汽油在哪里，你是否总能驶完整条环形公路，并将剩余两罐油用光？

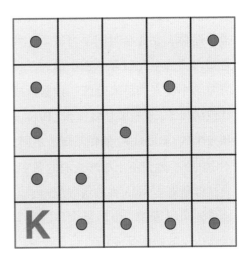

433 | ⊞ | ●○○

棋盘上的皇后

　　将一位或多位皇后放在一张 5 × 5 方格的小棋盘上。棋盘上的皇后占据她所处的方格，并威胁到所有与她呈垂直、水平或对角线上的方格（直到另一个皇后出现）。在如图所示的例子中，横坐标为 A 到 E，纵坐标为 1 到 5，皇后占据方格 A1 并威胁到方格 A2、A3、A4、A5、B1、C1、D1、E1、B2、C3、D4 和 E5。总共需要多少位皇后来占据或威胁到所有方格？无需考虑皇后之间的关系。

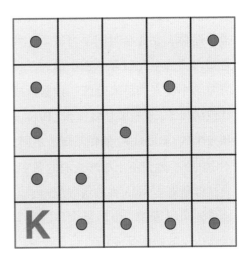

434 ●○○

一排十个

是否存在一排由十个整数组成的数列，该数列中每三个连续的数之和都为负，但该数列中所有数之和为正？

435 ●●●

白雪公主

在逃离邪恶皇后的途中，白雪公主想在七个小矮人的房子里过夜。小矮人们（得益于他们的宝石矿而能够很快退休）在业余时间学习数学，并希望白雪公主先解开一道小谜题。她需要给小矮人们每人分配一顶蓝色或红色的帽子，不过要让糊涂蛋（Dopey）和爱生气（Grumpy）的帽子颜色不同。不幸的是，她猜不出小矮人们的名字。尝试以所有 $2^7=128$ 种方法分配帽子，她肯定可以成功。但她最少只需要尝试多少次就能确保成功？

436 ●○○

最大和最小

将数字 2、3、4、5、6、7、8 和 9 组成四个分数（例如 $\frac{3}{7}$ 或 $\frac{9}{2}$）。将每个数字都使用一次。四个分数之和最大为多少？最小又为多少？

437 ●○○

水煮蛋

我想要一颗水煮蛋，你说你给我煮。我的鸡蛋需要煮 9 分钟。你已经在炉子上放了一锅开水。不幸的是，你没有时钟，只有两个沙漏，一个 4 分钟，一个 7 分钟。我需要等多久才能得到我的水煮蛋？

438 ●○○

彩球

一个盒子装有 1 颗白色、2 颗红色、3 颗蓝色、4 颗黄色、5 颗黑色和 6 颗绿色的彩球。如果你闭着眼取球（每次取 1 颗且不放回），需要取多少次球才能确保你取出了 4 颗颜色相同的球？

你知道吗? 假设一个人不在家，而他每秒以 $\frac{1}{2}$ 的概率朝着家走一步，也以 $\frac{1}{2}$ 的概率朝反方向走一步。那么这个人再次回到家的机会是 100%，但是这个人预期所要花的时间是无限长的。

| 439 | 🧩 | ●○○ |

停车

如图所示为一间停车场的地图。停车场正在装修，这意味着汽车需要从北侧移到南侧。只有位于 5 号车附近的通道可用。管理者想让所有车以相反的顺序停在南侧。你能帮助他吗?

| 440 | 🎲 | ●●○ |

9 间场馆

如平面图所示，一座博物馆有 9 间场馆，里面有 12 扇门。昆滕在左上角，马克西姆在右下角。昆滕想分四步，从一间场馆到另一间场馆，走到右下角。马克西姆想分四步走到左上角。每隔一分钟，他们就穿过一扇门。有时他们可能有两种选择，这时他们会随机选择。有时只有一种选择。他们在同一间场馆里相遇的概率为多少?

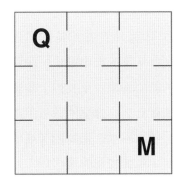

441 ●●○

在哪儿开会?

一个委员会有 15 名成员：6 名来自海牙，2 名来自豪达，7 名来自阿纳姆。豪达位于从阿纳姆到海牙的途中。你可以假设每人的路费与所要行驶的距离成正比。

a. 委员会应在海牙到阿纳姆公路的哪里开会以尽可能减少总路费？

b. 如果委员会新增加了两名来自阿纳姆的成员呢？

你知道吗？ 罗马数字系统中不存在数字 0。

442 ●●●

牌堆

取 45 张扑克牌并将它们分为几堆。现在从每一堆中取出一张牌并将其叠为新的一堆。重复以上步骤。经过几次重复后，牌堆的数量不再发生变化（例如一堆 3 张牌的牌堆消失，就会有 3 张牌的新牌堆出现）。你现在有几堆牌？

443 ●●○

对角线

在正方形中绘制了一个长方形。阴影区域的面积为 8。长方形对角线的长度为多少？

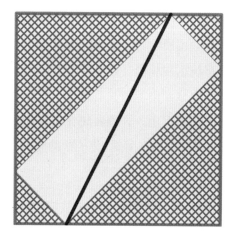

444 ●○○

金条

7 根金条，一共重 15 kg，可以分为质量相同的 3 组，也可以分为质量相同的 5 组。7 根金条的质量分别为多少千克？

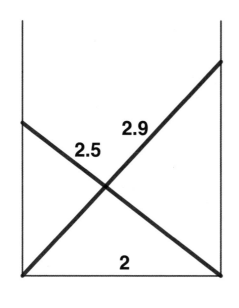

马

取一张 4×4 的方格"棋盘"。需要在棋盘上放多少匹马才能够"威胁"到每个方格？马每步可以横向或纵向移动两格再纵向或横向移动一格。一匹马所占的方格也需要受到另一匹马的威胁。

填空练习

在 2×2 的网格中，填入 4 个整数 a、b、c 和 d（…，-3，-2，-1，0，1，2，3，…），使两行、两列和两条对角线之和分别为 0、1、2、3、4 和 5。

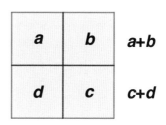

$b+d$

a	b	$a+b$
d	c	$c+d$

$a+d$ $b+c$ $a+c$

小巷里的梯子

如图所示，在一条 2 m 宽的小巷中，放置了 2.5 m 长和 2.9 m 长的两架梯子。两架梯子交叉点距离地面的高度为多少？

448 | 🖥 | ●●○

可以被 17 整除

选择一个可以被 17 整除的正整数，将它最后一位数字去掉并从剩余数中减去被去掉的数五次。为什么最终结果总是可以被 17 整除？例如：$442=26 \times 17$ 和 $44-5 \times 2=2 \times 17$。

---

449 | 🖥 | ●●●

绝非素数

取数字 1 并在其后加上偶数个 3：133、13333、1333333、……为什么这些数不是素数？

450 | 🧩 | ●●○

存衣牌

在一家博物馆里，你可以把外套存放在衣帽间。你的外套会得到一个号码，而你将拿到一个写着相同号码的小牌。你可以在参观后再来取走你的外套。衣帽间工作人员最近经常犯把号码牌读反（上下颠倒）的错误，所以管理层决定删除所有以正反两种方式读不相等的号码（例如 861 和 198）。000 到 999 之间有多少个可用的号码？数字 0、1、6、8 和 9 会导致误读。

你知道吗？每个人都知道几何中的"维度"这个词是什么意思。平面几何是二维的，当我们研究空间几何时，它是三维的。取整数为维度似乎是世界上最理所应当的事情。但是对于数学家来说，也有一些图形的维度并非整数。这些图形被称为分形，随着可以绘制出它们的图形软件的诞生，分形才真正流行起来。一个著名的例子是谢尔宾斯基三角形。它的维度为 1.585。它的形状如图所示，取一个实心的等边三角形，将其中四分之一去掉，然后对剩下的三个实心三角形重复该过程，依此类推，直到无穷次。如果在平面上将正方形的边长翻倍，则得到四个正方形：$2^2=4$。如果在空间中将立方体的边长翻倍，则得到八个立方体：$2^3=8$。这里的指数 2 和 3 就是维度。但是如果将谢尔宾斯基三角形的边长翻倍，则会得到一个包含三个谢尔宾斯基三角形的图形。所以 $2^d=3$，d 为维度。因此 $d=\log_2 3 \approx 1.585$。

★谢尔宾斯基（Waclaw Sierpiński,1882—1969），波兰数学家，以对集合论、数论、函数的理论和拓扑学的出色贡献而闻名。——编者注

451 | A | ●●○

正方形和圆形

如图所示为一个正方形和一个圆形。圆和正方形彼此不重叠的部分具有相同的面积。如果圆的半径为 1，正方形的边长为多少？

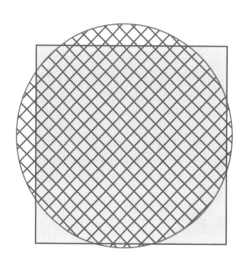

452 | ⚏ | ●●●

（没）有红色三角形

空间中给定了 10 个点，没有任何 4 点在一个平面上，也没有任何 3 点在一条直线上，每对点都由一条线段连接。

a. 请证明其中 25 条线段可以被涂为红色，而没有形成红色三角形。

b. 请证明如果超过 25 条线段被涂成红色，则至少会形成一个红色三角形。

你知道吗？ 数学中有一个著名的问题：由挂谷宗一（S. Kakeya，1886—1947）提出的挂谷集合也称作贝西科维奇集合。如果将一根针在平面上旋转 180°，那么它所擦出的最小面积为多少？令人惊讶的是答案为不存在最小值，该区域可以无限小。此理论于 1928 年由亚伯兰·萨摩洛维奇·贝西科维奇（A.S. Besicovitch，1891—1970）证明。这个问题与题目 284 相关。

24 条街

"24 条街"是一个大城市的购物区，地图如图所示。艾丽斯、贝阿特丽策和卡里都位于十字路口，她们都想走遍所有 24 条街。可以多次穿过一条街道，并且不需要在起点结束。在都走最短的路线的情况下，她们三个中的谁走的距离最短？

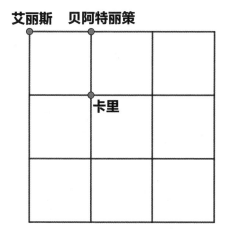

质量总和

将数字 1 到 8 填入图中的加法竖式中。不同的字母表示不同的数字。请找出解。

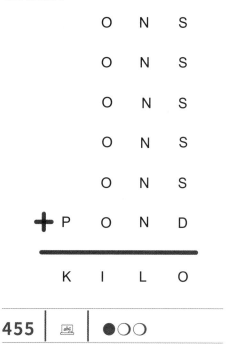

飞镖靶

飞镖靶上有 16、17、23、24 和 39 五个分值。使射击总分为 100 分最少需要射击多少次？

456 🧩 ●○○

都是分

在美国有面值为 1 美分、5 美分、10 美分和 25 美分的硬币；在欧元区有面值为 1 分、2 分、5 分、10 分、20 分和 50 分的硬币。哪些金额在美国可以比在欧洲用数量更少的硬币支付？

457 ▦ ●●○

从 *A* 到 *B*

如果不可以两次经过同一点，可以以多少种方式沿黑色线从顶点 *A* 走到顶点 *B*？不需要走最短路线。

458 🅰 ●●○

火车路段

两列火车在 *AB* 段以不同的速度匀速行驶。一列从 *A* 到 *B* 的火车和一列从 *B* 到 *A* 的火车同时发车。它们在 *C* 路段相遇。如果从 *B* 发车的火车晚点 5 分钟，他们在距离 *C* 路段 2 km 处相遇。如果从 *A* 发车的火车晚点 5 分钟，它们在哪儿相遇？

459 🧩 ●○○

罗马数字二乘六

将 6 根竹签垂直并排摆放，使它们之间留有一定距离。你可以在它们的前面、后面或中间再放 6 根竹签，摆出成立的等式。所有数字均摆成罗马数字，所以最初 6 根竹签都是 I。你可以将一部分竹签拼成例如 XI、IV 或 III 或者运算符号 ×（2 根竹签）、+（2 根竹签）、–（1 根竹签）和 ÷（用 / 代替，1 根竹签）。某处还需要有 =（2 根竹签）。两个例子为：XIII=XIII，VI=II × III。请再给出五组成立的等式。

你知道吗？所谓的"鸽巢原理"或"抽屉原理"在许多证明中被大量应用。其简单的形式如下：如果一个鸽巢中有 9 个鸽舍，有 10 只鸽子飞进来，并且全部飞进其中的鸽舍，那么其中肯定至少有一个鸽舍中有至少 2 只鸽子。这一原理可能首先由 19 世纪的德国数学家彼得·古斯塔夫·勒热纳·狄利克雷（Peter Gustav Lejeune Dirichlet，1805—1859）提出。

---

460 |

17 个直角三角形

将一个正方形分为 17 个相似的直角边长比为 1 : 2 的直角三角形。

---

461 |

不被卡住

你走在一个田字形的街道上，以 B 为起点，每走到一个点你就要转一个 90° 的弯。有时只有一种方向，有时有两种方向。如果存在两个选择，你就会掷硬币，让它决定你的方向。你可以多次经过同一个点，但不能多次经过同一条街道。如果你被卡住了（不能再往前走），你就出局了。你能够走到终点 E 的概率为多少？

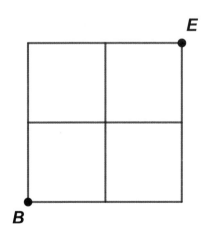

462 ⬤○○

12 根竹签

用 12 根竹签（长度为 1）组成一个边长分别为 3、4 和 5 的三角形。移动 4 根竹签使三角形的面积变为 3。

463 ⬤⬤○

递增数

有多少个数由递增的不同的数字组成？

464 ⬤⬤⬤

恶魔盒子

别西卜有一个大盒子，里面有 13 个小盒子套在一起。每个盒子上都有一个数，这个数等于它所装的盒子上的数之和加 1。大盒子上的数是 666，其他盒子上的数是多少？

你知道吗？ 666 也被称为恶魔之数。这是由于它在《新约》中被称为"兽名数目"。对这个数的恐惧也有一个名称：666 恐惧症（hexakosioihexekontahexaphobia）。

但是 666 还有许多其他故事，例如 666 等于前 36 个自然数之和，也等于前 7 个素数的平方和。

465 ⬤○○

九枚砝码

九枚质量不同的砝码（都为整数克，最轻为 2 g）可分为 2 组 30 g、3 组 20 g、4 组 15 g 或 5 组 12 g。砝码分别多重？

466 ⛏ ●○○

蚂蚁

10 只小蚂蚁在一片草叶上以相同的速度向顶端爬行。当一只蚂蚁爬到顶端时，它就会掉头。当两只蚂蚁"撞"到对方时，它们都会掉头。当一只蚂蚁爬到地面时，它会从草叶上下来。当所有的蚂蚁都回到地面时，总共发生了多少次碰撞？

467 🎲 ●○○

所有的红心？

玩桥牌时，四名玩家每人随机发到 52 张牌中的 13 张牌。玩家两两一组。一组玩家发到所有 13 张红心花色的牌的概率是小于、等于还是大于没有得到任何一张红心的概率？

468 ⛏ ●○○

撕日历

如果今天是星期一，明天的昨天的昨天的明天是星期几？

469 ⚙ ●●○

正多边形

点 P 是正多边形内的任意一点。请证明从 P 到多边形所有边的距离之和不取决于 P 的位置。

470 ⚙ ●●○

平面着色

假设你（在脑海中）用三种颜色为平面着色，也就是说，你将红色、绿色或蓝色中的一种颜色分配给平面中的每个点。请证明存在两个颜色相同的点之间的距离为 1。

你知道吗？ 哈德维格－纳尔逊问题研究为平面上的所有点着色所需的最少颜色，以使相距为 1 的点具有不同的颜色。这个问题可以追溯到 1945 年，至今仍未解决。答案为 5、6 或 7。

471 ⊞ ●●○

山脉

用垂直网格来表示非常简化的"山脉"。如图所示为网格边长 $n=6$ 的例子。通常规则为：从点 A 处开始，"山脉"沿网格线起伏，最终到点 B。在两点之间一切皆有可能，只要"山脉"沿网格线运动并且拥有 3 座山峰。对于 $n=1$、2、3、4、5、6 或 7 时，存在多少种这样的"山脉"？

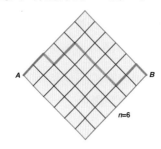

472 🧩 ●○○

最大的盒子

扬有 95 张 1×1 的正方形贴纸。他想将一个 $a \times b \times c$ 盒子的所有 6 个面都用正方形贴纸覆盖。扬可以覆盖的最大体积的盒子的尺寸为多少？

473 💻 ●○○

整除

一个数由十个不同的数字（0 到 9）组成。第一个数字可以被 1 整除，前两个数字组成的数可以被 2 整除，前三个数字组成的数可以被 3 整除，以此类推，直到 10。这个数字是多少？

474 💻 ●○○

识字卡

将数字 1 到 9 填入以下等式中：AAP+NOOT=MIES 和 WIM+ZUS=JET。需要满足以下条件：在同一个等式内不同的字母表示不同的数字。

475 ✂ ●●○

生日蛋糕

马克在生日当天收到了一个正六边形的蛋糕。他平行于一条边将蛋糕切为两块，其中一块的大小是另一块的两倍。如果蛋糕边长为1，那么切口的长度为多少？

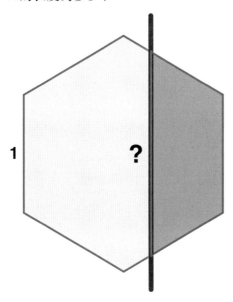

你知道吗？荷兰语中也将饼图称为蛋糕图，而法国非正式地将其称为卡芒贝尔奶酪图，巴西将其称为比萨图。

476 ✂ ●●○

瓶瓶罐罐

四只4L的壶里各装了3L液体：两只装水，两只装酒。你能将所有的水和酒混合成相同的比例吗？你可以将液体从一只壶倒入另一只壶中，直到一只壶满了或另一只壶空了为止。

477 ⸬ ●○○

骰子

吉姆掷了几次骰子。他掷出的点数的平均值为4.2。吉姆至少掷了多少次骰子？

478 | 🧩 | ●●○

邮差

五个人（A、B、C、D 和 E）想给朋友写信：A 写信给 B、C 和 D；B 写信给 C；C 写信给 D；D 写信给 B 和 E；E 写信给 A、B 和 C。一位负责取信和送信的邮差可以轮流经过 A、B、C、D、E、A、B 和 C 来完成差事，总共需要拜访八次。但是拜访次数也可以更少。想要完成差事，邮差最少需要拜访多少次？

480 | 🧩 | ●●●

纸牌游戏

桌子上有十张扑克牌正面朝上从左到右摆了一排。两名玩家轮流翻转。一回合包括选择一张正面朝上的牌，将其翻转，并将此牌右边所有的牌翻转。谁找不到可以翻转的牌，谁就赢了。谁将赢得这场比赛，先手还是后手？

479 | 🎲 | ●●○

有多少黑球？

在一个盒子里有白色和黑色的球。如果你闭眼取一颗球，它是白色的概率为 $\frac{2}{5}$。如果将 108 颗白球加入到盒子中，则取到白球的概率变为 $\frac{2}{3}$。盒子里有多少颗黑球？

481 | 🧩 | ●●●

一排小矮人

一群小矮人有着蓝色或棕色的眼睛，他们都不知道自己的眼睛是什么颜色的。他们需要排成一排，蓝眼睛的都在右边，棕眼睛的都在左边。他们必须一个接一个地排队。此外他们也不允许交流彼此眼睛的颜色。你能给小矮人们提一条建议吗？

憨豆先生的派对

今天是憨豆先生的生日，他邀请所有的朋友来参加他的派对。在派对上有一个值得注意的事实，即每个出席者的在场的朋友的数量都不同。有多少人出席了憨豆先生的派对？

在正方形内移动

取一个由四根同样长的竹签组成的正方形，这些竹签的两端以可活动的方式连接在一起。每根竹签的长度为1。沿对角线还连着两根一样长（长度不为1）的竹签，它们在点M以可活动的方式连接在一起。现在将M向A的方向移动，正方形变成了所谓的风筝形。如果∠M=90°，∠A等于多少度？

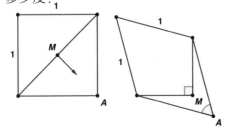

不平行

请证明对于每个凸十边形（即没有大于180°的内角）都存在一条不平行于任何边的对角线。

六边形中的点

在边长为 a 的正六边形内有 7 个随机的点。请证明总是至少有 2 个点之间的距离等于或小于 a。

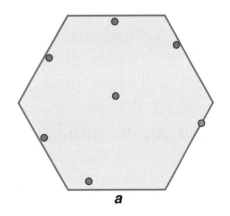

a

486 ●●●

平方

在从 1 到 16 的数中，可以将偶数与奇数两两配对，使每一对加起来都为平方数：2+7、4+5、6+3、8+1、10+15、12+13、14+11 和 16+9。请证明这对于从 1 到 1000 的数也是成立的。

你知道吗？ 关于两个数的立方和有一个特别的故事。当数学家戈弗雷·哈罗德·哈代探访医院里的印度数学家斯里尼瓦瑟·拉马努扬时，他说："我在一辆科奇车（的士）上，看到了一个非常无趣的数字：1729。"

"不，"拉马努扬答道，"这明明很有趣，因为它是可以用两种不同方式写为两个数的立方和的数中最小的数。"

也就是说，$1729=9^3+10^3=1^3+12^3$。从那时起，满足此性质的数也被称为"的士数"。

487 ●○○

长数列

取一个初始正整数，并根据规则组成一组数列：将每个数的最后一位数字与自身相加以组成下一个数。例如：27、34（=27+7）、38（=34+4）。如果想要在 10 步后得到 666（数列中的第 11 个数），应该从哪个数开始？

488 ●●○

三只酒桶

一位酒商有三只酒桶，容量分别为 7 L、9 L 和 20 L。最后一只桶是装满的，另外两只桶是空的。他怎样才能不浪费地准确量出 1 L 酒？他可以将酒倒入一只桶中，直到一只桶空了，或是另一只桶满了为止。

489 ●○○

拼图

玛丽耶有一副拼图，其中包含 67 块凸块，可与其他凹块拼在一起。拼图共有多少块？

490 ●○○

一篮鸡蛋

卖鸡蛋的商人有一只最多可以装 500 颗鸡蛋的篮子。这位商人不想透露篮子里面装了多少颗鸡蛋，但他透露了一点："无论我将鸡蛋分为 2、3、4、5 或 6 颗一盒，总是会剩下 1 颗鸡蛋。只有当 7 颗一盒的时候，才不会剩下鸡蛋。"商人总共有多少颗鸡蛋？

491 ●●○

蓝色弹珠

一顶帽子里有红色、白色和蓝色的弹珠，总共 15 颗。玛丽亚经常从帽子里取出两颗弹珠（每次取出后，她都会把取出的两颗弹珠放回去并摇匀它们），她同时取出一颗红色和一颗白色的弹珠的概率为 $\frac{1}{3}$。帽子里预计有多少颗蓝色弹珠？

492 ●●○

摆餐具

彼得有一个餐具盒，里面有 6 把餐刀和 6 把餐叉。他随机取出 2 个，然后将它们随机摆在餐盘的两侧。他的餐盘右边为餐刀、左边为餐叉的概率为多少？

493 ●●●

总为偶数

选择一组十三位数的号码，将此号码与翻转顺序后的号码相加。请证明最终结果总是包含一个偶数。

494 ●●○

数字游戏

两名玩家进行以下游戏。纸上有一排 10 个数字，其总和为奇数。玩家可以轮流抹掉第一位或最后一位数字并将其添加到他们的分数中。当所有数字都被抹掉时，得分最高的就是获胜者。请证明先手玩家总是可以获胜。

495 ●○○

偶数日期和奇数日期

日期 1999 年 11 月 19 日仅由奇数数字组成，因此我们称之为"奇数日期"。日期 2000 年 02 月 02 日仅由偶数数字组成，因此我们称之为"偶数日期"。2000 年 02 月 02 日之后的第一个奇数日期和 1999 年 11 月 19 日之前的最后一个偶数日期分别是哪天？（单个数字时前面必须加 0。）

496 ●○○

竹签

如图所示有 5 个正方形，由 16 根竹签拼成。移动其中 3 根，使其成为 4 个正方形。每根竹签的两端都需要与另外的竹签相连。请找出两种解。

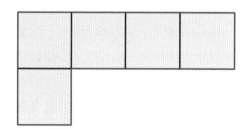

497 ●○○

里面还是外面？

苏珊在平面上画了一个正方形，她还用隐形墨水在平面上画了一个点。你可以画一条直线，苏珊（戴着特殊眼镜）会告诉你点位于直线的哪一侧（或在直线上）。你需要画多少条直线以及应该如何画它们以确定该点是在正方形的里面还是外面（或在一条边上）？

你知道吗？ 一只静止的时钟比一只早点或晚点的时钟更频繁地显示出正确的时间。

498 ●○○

不同的差

你能从整数 1 到 23 中选出 6 个数，使这 6 个数中任意两个数之差都不相等吗？

499 | 🅰 | ●●○

切分长方形

1925 年，兹比格涅夫·莫龙（Zbigniew Morón）成为第一个将长方形划分为不等正方形的人。下图展示了他是如何做到这一点的。最小的正方形的面积是 $1 \times 1 = 1$。你能计算出长方形的尺寸吗？

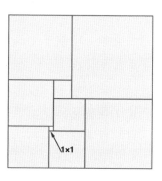

500 | 🧩 | ●○○

存钱罐

安赫利奎在她的存钱罐里存了 1 元硬币。她拿了其中的 $\frac{1}{3}$ 用来买东西。之后的一周，她又拿走了现有硬币的 $\frac{1}{4}$。再过了一周，她拿走了现有硬币的 $\frac{1}{5}$。安赫利奎的存钱罐里至少还剩多少钱？

501 | 🧩 | ●●○

一家餐馆

在一家餐馆里只有六人桌。一拨人数为 n 的顾客进入。当他们都落座后，似乎没有一张桌子完全坐满。然而如果桌子数量更少的话他们就无法都落座。n 的最大值为多少？

502 | 🧩 | ●●●

两种桶

恩斯特有 8 只桶：4 只 HAMÉ 牌的和 4 只 DELTA 牌的。虽然恩斯特无法用肉眼区分这些桶，但他知道 HAMÉ 牌的桶可以放进 DELTA 牌的桶里，反之则不行。除此之外，两只相同品牌的桶总是可以装在一起。恩斯特如何以尽可能少的尝试次数区分出所有的桶？一次尝试包括将两只桶摞在一起（而不是一堆桶）；可以不限次数地将两只桶分开。

503  ●●●

抽奖

三个人 A、B 和 C 一起抽奖。他们不断掷硬币直到连续两次掷出的结果相同。如果掷了偶数次且最后两个结果为正面，则 A 获得奖品。如果掷了偶数次且最后两个结果为反面，则 B 获得奖品。如果掷了奇数次，最后两个结果相同，则 C 获得奖品。这公平吗？

504 | ●○○

斗蚱蜢

两只蚱蜢在长 4.65 m 的赛道上进行跳跃比赛。它们同时出发，并且必须在跳回起点之前接触或经过赛道的终点。大蚱蜢每次跳 30 cm 远，小蚱蜢每次跳 15 cm 远。然而大蚱蜢每跳一次，小蚱蜢会跳两次。谁第一个回到起点？

505  ●●●

黑帽子，白帽子

有 100 人排成一长列。排在最后的人看得到前面的 99 个人，排在最前的人看不到任何人。他们可以听到彼此的声音。从一个装有 100 顶白帽子和 99 顶黑帽子的盒子中，随机给每个人戴一顶帽子（每个人都知道盒子里装了什么）。没有人能看到自己戴的是哪顶帽子。现在我问排在最后的人（他看到的最多），他能不能想出他戴的是什么颜色的帽子，他说不能。然后我问排在他前面的人，这个人也推不出来。于是我顺着这列队伍往前走，最后问排在最前的人他的帽子是什么颜色的，他倒是知道了。他的帽子是什么颜色的？

506 | A | ●●○

多面体

多面体是由有限个多边形组成的封闭的空间图形。你能证明每个多面体至少有两个面的边数相等吗？

你知道吗？ 数学中有这样一条定理：将半径为 1 的实心球拆分为有限数量的几部分，这些部分可以重新组成两个半径为 1 的实心球。这条定理（是的，这是真的，可以证明的）被称为巴拿赫－塔斯基定理。你无法通过实践对其进行证明，因此自己进行测试是行不通的。这是从三维体积定义和数学讨论中得出的结果。

507 |  | ●●○

神圣数

有一些神圣的和邪恶的数。一个数不能既是神圣的又是邪恶的。1 绝对是神圣的。其余数的性质的判断遵循以下规则：两个神圣数之和为邪恶数，两个邪恶数之和为神圣数。哪些正整数是神圣的，哪些是邪恶的，哪些两者都不是？

508 |  | ●○○

长方形

大长方形中的 7 个小长方形的边长都为整数。除此之外这 7 个长方形中的每一个都有一条边长为偶数。你能证明大长方形也有一条边长为偶数吗？

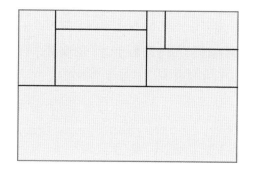

509 |  | ●●●

1010……0101- 素数

在十进制系统中，有多少个素数仅由轮流的 0 和 1 组成？这样的素数看起来为 1010……0101。

一枚硬币有多重?

三个同样重的盒子，每一个都装了一些硬币（每枚硬币的质量都相等）。盒子里硬币的个数彼此之间没有公因数。例如：可以是 5、7 和 12，但不能是 9、15 和 22。装有硬币的盒子分别重 64.5 g、40.5 g 和 24.0 g。请判断硬币的质量和盒子的质量，假设盒子里装有尽可能少的硬币。

一分为四

取一张结实的纸，在上面画出符合以下要求的形状：将此形状剪下后它依然为一个结实的整体，并可以用一条直线将图形分为四个完全相同的形状。或者说：用剪刀沿直线剪开此形状后，它被分为四个独立的相同的形状。请画出一个旋转对称的形状和一个镜像对称的形状。

行军排

一个由 9×9 即 81 名士兵组成的排以 9 m×9 m 的方阵编队行军，前进方向平行于方阵的一条边。这个排的吉祥物是一只小狗，它绕着方阵跑，从一个角落开始，紧挨着外围士兵，并在转弯时不减速。它一开始（倾斜着）向上跑。它的速度是行军士兵的两倍。吉祥物绕方阵一整圈的路线有多长？

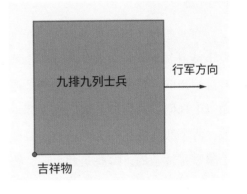

九排九列士兵

行军方向

吉祥物

你知道吗? 6 个星期正好等于 $10!=1×2×\cdots×9×10$（秒）。

513  ●●○

赢还是输?

有个人在公平地掷硬币时下赌注, 总是将他一半的本金押给正面。如果他押中了, 他将得到他的赌注的两倍的钱。如果掷出反面他就会输掉赌注。下注 8 次后, 他输的次数和赢的次数一样多。他的钱比开始时多还是少?

514  ●●○

洗牌

一副牌按顺序从 0 到 51 编号, 以如下方式 "洗牌"。首先将牌分为两等份, 然后轮流取牌组成新的一叠牌, 顺序如下: 0、26、1、27、2、28、3、29、……24、50、25、51。请判断如果多次重复洗牌, 是否能将牌的顺序复原。

515  ●○○

掷骰子

甲、乙和丙各自掷骰子。哪种情况发生的概率更大: 三个人都没有掷出 6, 还是三个人都掷出不同的点数?

516 Ⓐ ●●○

两个正方形

如图所示为两个正方形。如果已知两个正方形的面积之和为 18, 你能算出中点 A 和 B 之间的距离吗?

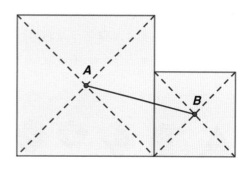

517 | A | ●●○

十二面体

给定一个十二面体（这是下一个
"你知道吗？"中的第四个形状），
这个多面体有 12 面正五边形和总共
20 个顶点。是否可以按以下规则将数
1 到 20 填入 20 个顶点上：每个面顶
点上的数字之和都相等？

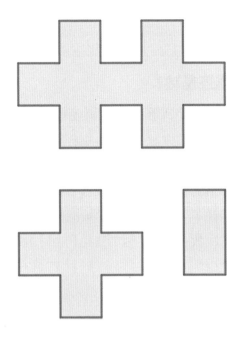

你知道吗？ 只存在 5 个正多面体。
正多面体由形状和大小都完全相等的正
多边形组成，每个顶点看起来都一样，
并且形状是凸的。正方体和正四面体是
最著名的例子，在下面你可以看到所有
5 个正多面体。正多面体也被称为柏拉
图立体。

518 | ⊞ | ●○○

覆盖

如图所示，有 3 种类型的拼
图：3 块大的 9 个方格大小的，3 块
中的 5 个方格大小的，29 块小的 2
个方格大小的。它们总共可以覆盖
$3 \times 9 + 3 \times 5 + 29 \times 2 = 100$ 个方格。你能
用它们覆盖一块 10×10 的方形板吗？

519

5个3

在下图的乘法竖式中，2个三位数相乘。其中只有 5 个 3，它们的位置已经给出，其他数字以 X 表示。使等式成立。

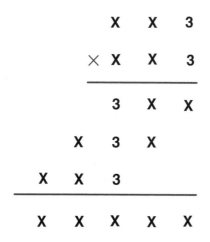

520

不是素数

请证明对于所有正整数 a、b、c 和 d 成立：如果 $ab=cd$，则 $a+b+c+d$ 不是素数。

521

凹数

如果一个数中每对相等的数字之间至少有一个更小的数字，则称这个数为凹数。凹数的一个例子是 43423132051。仅由数字 0、1 和 2 组成的最大的凹数为多少？由数字 0 到 9 组成的最大的凹数有多少位数字？

522

三个相等的货柜

三辆卡车共需要运输 k 个满货柜、k 个半满货柜和 k 个空货柜，但是需要让每辆卡车都承载相同的质量。空货柜的质量不计。你能对所有 $k>1$ 的值找到解吗？

523

正与反

平均而言，想要至少掷出一次正面和一次反面，你必须掷多少次硬币？

1+1+223-34 = **191**

524 ●●●

预约

艾琳和阿夫可约好了在一家咖啡馆见面。不幸的是，她们忘了约定的时间。两人在 7 点到 8 点之间的任意时间进入咖啡馆，最多等待彼此半小时。她们可以在咖啡馆见面的概率有多大？

525 ●●○

每个顶点都是 3 的倍数？

立方体的 8 个顶点上写有数字：7 个 0，1 个 1。允许同时将在一条棱两端的两个数字各加 1。你能使立方体所有顶点上的数字都可以被 3 整除吗？

526 ●○○

翻转号码

将数 $\overline{abc}$ 翻转以获得 $\overline{cba}$。你能找出这样的数字吗：$\overline{abc}=c \times \overline{ba}$？

你知道吗？ 假设你有一壶水和一壶同样满的酒。你将一些酒倒入水壶中，然后将混合物搅拌均匀。之后将等量的混合物倒回酒壶中。那么水壶里的酒和酒壶里的水就一样多了。

527 ●●○

立方体拼图

假设你有无数个 $1 \times 1 \times 4$ 的立方体拼图，你可以用这些拼图组成一个 $4 \times 4 \times 4$ 的（实心）立方体，这需要 16 块拼图。你是否也可以用这些拼图组成一个 $6 \times 6 \times 6$ 的立方体？

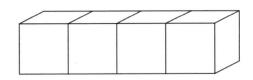

528

忘记乘号

芭芭拉忘了写两个三位数之间的乘号，她现在写下了一个六位数。这个六位数正好是两个三位数乘积的 7 倍。这个六位数是什么？

529

对或错？

取 7 张纸，将其中几张分别剪为 8 块。从产生的纸片中，再次将其中几张分别剪为 8 块。总张数可以是 83 吗？

530

单圈时间

请在 3 秒内回答问题。骑自行车的人需要 2 分 13 秒才能骑完一圈。这位骑手骑 60 圈需要多长时间？

531

实心块

你有一大堆石头，每块石头的尺寸为 $2 \times 5 \times 10$。你能搭出一个 $72 \times 96 \times 200$ 的实心块吗？

532

红球和黑球

你有两个盒子，每个盒子里都装有几颗红球和几颗黑球，两个盒子里总共有将近 100 颗球。从盒子 1 中抽到红球的概率为 $\frac{1}{2}$，从盒子 2 中抽到红球的概率为 $\frac{1}{3}$。如果把所有的球都丢进同一个盒子里，抽到红球的概率为 $\frac{5}{12}$。一开始两个盒子里分别有多少颗红球和黑球？

533

五个连续数

取任意正整数 G 及其之后四个连续的数。请证明无论取什么数为 G，这五个数字的乘积总是能被 120 整除。

第四条线段的长度

在一个长方形内有一个点 P。在连接 P 与长方形顶点的四条线段中，三条线段的长度已经给出。请判断第四条线段的长度。

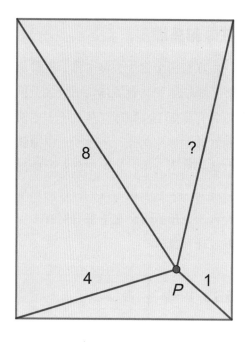

甲币和乙币

在甲国，人们用甲币支付，在乙国，人们用乙币支付。在甲国可以用 10 甲币换 1 乙币，在乙国可以用 10 乙币换 1 甲币。你最初有 1 甲币，没有乙币。现在的问题不是"如何快速致富？"，而是"你可以通过反复兑换使你持有的甲币和乙币一样多吗？"（你只能兑换整数的币，即不能用 5 枚币兑换半枚币或反过来，也不能乱扔钱。）

三堆竹签

你将 32 根竹签分为三堆。可以将竹签从一堆移动到另一堆，但前提是使第二堆的竹签数量翻倍。例如，每堆分别有 10 根、15 根和 7 根竹签。那么你可以将它们改成每堆 20 根、5 根、7 根，或 3 根、15 根、14 根，亦或 10 根、8 根、14 根。无论最开始竹签的数量是如何分配的，你能总是最后将所有的竹签都堆成一堆吗？

537 | 🖥 | ●●○

总是 1

取正整数 1 到 n 并按顺序将它们排成一排：1 2 3 4 …… $(n-1)$ n。将一些加号和减号放在两个数之间（或在 1 之前）。结果需要等于 1，例如 1+2-3-4+5=1。这对每个 n 都成立吗？如果不是，对于哪些 n 成立，哪些 n 不成立？

538 | 🧩 | ●●○

水果

莉萨每周都去买水果。她买 3 个苹果、2 根香蕉和 1 个橙子时支付了 3.90 元。她买 1 个苹果、4 根香蕉和 2 个橙子花了 4.80 元。莉萨应该用多少钱买 3 个苹果、4 根香蕉和 2 个橙子？

539 | 🖥 | ●●○

交换数字

皮特想找到一个数 G，将 2021 与该数相加后，得到一个数字 G'，G' 与 G 所包含的数字相同，但顺序不同。皮特可以找到吗？如果可以，请找出这样的数字；如果不可以，为什么？

540 | ✂ | ●○○

100 个

将一个立方体分为 1000 个立方体并不难，但你能把一个立方体分为 100 个立方体吗？（这些立方体不必大小相同。）

541 | 🖥 | ●○○

素数正方形

在一个 3×3 的正方形中，填入 9 个数字，使其形成 8 个三位数的素数（3 个沿水平方向从左到右，3 个沿垂直方向从上到下，2 个沿对角线方向从上到下）。

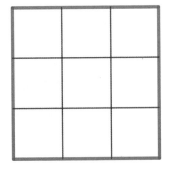

542 ●○○

满的还是空的?

浴缸里有一个冷水水龙头和一个热水水龙头。热水水龙头可以用 12 分钟灌满浴缸,冷水水龙头只需要 9 分钟。当浴缸装满并拔出下水器时,浴缸会在 6 分钟内排空。如果浴缸一开始是空的,下水器已经拔了,两个水龙头都打开了,浴缸会被灌满吗? 如果会的话,灌满浴缸需要多长时间?

543 ●●○

奶酪宴

27 块立方体形状的奶酪堆成了一个 $3 \times 3 \times 3$ 的立方体。最中间的奶酪里有一只老鼠,它想吃掉所有奶酪。首先它吃掉了最中间的一块,然后它开始吃沿水平或垂直方向相邻的奶酪。之后它再吃掉剩余的相邻的奶酪,以此类推。它不会以对角线方向吃奶酪。在用餐期间,奶酪始终保持在原位,不会掉下来。老鼠可以安排出一条用餐路线,使它能一个一个吃掉所有的奶酪吗?

544 ●●○

盈利还是亏损?

凯特和莱昂纳多用四枚硬币玩游戏。凯特押“正面”并付给莱昂纳多 10 分,然后莱昂纳多掷了四枚硬币。如果出现了 n 个正面,凯特从莱昂纳多那里得到 $n \times 10$ 分。如果没有正面,她则什么也得不到。如果他们经常玩这个游戏,最终对凯特是有利还是没有?

545 ●○○

火车交通

一个国家某条火车线路上的火车班次在一段时间内减少了 5%。在此期间,乘坐该路线上火车的乘客人数减少了 15%。那么在此期间,每趟火车所搭载的平均乘客人数的百分比发生了多少变化?

546 ●●○

回文数

回文数是由反方向读时也不会改变的数(例如 151、31877813)。存在多少个十位数的回文数?

破败的城堡

一座正六边形的城堡年久失修，其屋顶和内墙已经破损。城堡周围围栏内的花园呈等边三角形。一名跳伞者降落在三角花园内。他并没有降落在城堡任何一堵墙上，但除此之外，你可以假设他在任何地方降落的概率都是相等的，无论是在城堡墙内还是墙外。他从降落点只能看到城堡其中一堵墙的概率为多少？他看到两堵墙的概率呢？以及三、四、五或六堵墙的概率呢？

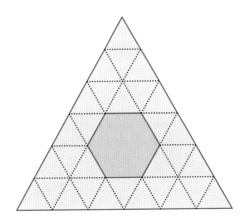

所有颜色相同

一个人将平面中的每个点涂了两种颜色中的一种。请证明此平面中存在无限多个顶点颜色相同的全等三角形。

1 相加

你可以使以下表达式成立吗？在同一个式子内，不同的字母表示不同的数字。

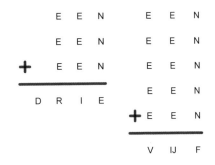

550 | ⚠ | ●●○

覆盖三角形

取一个边长为1的等边三角形板。你有许多边长为0.9的等边三角形。

a. 你需要用多少个小三角形才能完全覆盖大三角形？

b. 你还可以用相同数量的更小的等边三角形覆盖大三角形。这些更小的三角形的尺寸最小为多少？

551 | ✂ | ●○○

所有砝码

一座天平上有两个托盘。将砝码放在一个或两个托盘上，天平将倾斜或保持平衡。你有 40 枚砝码 G，G 的质量从 1 g 到 40 g 不等。除了这 40 枚砝码之外，你还可以选择一些砝码（质量为 1 g、2 g、3 g……）。你需要用一枚或多枚额外的砝码搭配任意一枚砝码 G 一起使天平保持平衡。你应该怎么以最低数量和质量选择这些额外的砝码来实现这一点？

552 | ▦ | ●○○

覆盖两个点

左图为一块 5×5 的正方形方格板，这块板上有 5 个点。你有一个 3×3 的正方形框，你可以把它放在正方形方格板上的任何地方（正好覆盖 9 个方格）。如果你仔细观察，你会发现总是至少有 2 个点被覆盖。在右图中，可以看到一个 8×7 的长方形方格板。你依然有相同的 3×3 的正方形框。你可以把正方形框放在任意你想放的地方，但方格板始终需要满足：正方形框无论放在哪里，始终覆盖 2 个或更多点。这需要多少个点，应该放在哪里？当然，点自然是越少越好。

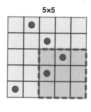

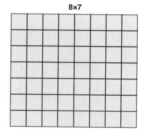

两个五边形

如图所示为一个有 5 条对角线的正五边形，对角线的交叉点再次形成一个正五边形。每条对角线上有 4 个点。图中总共有 10 个点。

◎你可以从 0、1、2、3、4、5、6 中选择 5 个数字填入每个点中，使每条对角线上的数字之和为 10。允许同一数字重复出现。

◎现在你必须使每条对角线上的总和为 20。你可以从 0、1、2、……、9、10、11 中选择十个数，但这十个数需要彼此不相等。

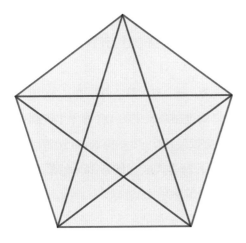

昼蜗牛和夜蜗牛

昼蜗牛白天爬行，晚上睡觉，它距离夜蜗牛 100 m 远。夜蜗牛在晚上爬行（与昼蜗牛爬行方向相同），白天睡觉。白昼和黑夜的时长相等。昼蜗牛的爬行速度是夜蜗牛的五倍，并在第六天白天过完时追上它。假设昼蜗牛先开始爬行，两只蜗牛每天（每晚）爬行的速度分别为多少？

奇怪的骰子

取以下正多面体：立方体（由 6 个正方形组成）、正八面体（由 8 个等边三角形组成）、正十二面体（由 12 个正五边形组成）和正二十面体（由 20 个等边三角形组成）。分别在它们每个面上填入数字 1 到 6、1 到 8、1 到 12 和 1 到 20。同时掷出所有四个"骰子"。

a. 掷出 46 的概率为多少？

b. 掷出 5 的概率为多少？

c. 掷出 6 的概率为多少？

$$1×1+22×(-3+3×4) = 199$$

燃烧1分钟

在一块石板上放着三根引线，两根 5 cm 长的，一根 14 cm 长的。当你点燃一根引线时，它总是每 1 分钟准确地燃烧 1 cm。你可以在引线一端或两端将其点燃。你也可以熄灭正在燃烧的引线的一端或两端。点燃和熄灭的时间可以忽略不计。

例如，你现在可以测量 7 分钟的时间，方法是同时点燃 14 cm 引线的两端，然后等到 7 分钟后它（从中间）熄灭。你还可以通过同时点燃 5 cm 和 14 cm 的引线来测量 9 分钟的时间，从 5 cm 引线熄灭到 14 cm 引线熄灭之间的时间就是 9 分钟。你怎样才能用这三根引线测量出正好 1 分钟的时间呢？

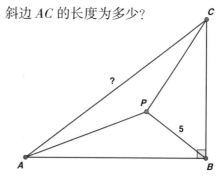

斜边

将一个直角三角形分为三个面积相等的三角形，其中 BP 的长度为 5。斜边 AC 的长度为多少？

12=34？

在四进制系统中，计数方式如下：1、2、3、10、11、12、13、20、21、22、23、30、31、32、33、100、101、……，所以四进制系统中的 123 等于十进制系统中的 27 $\left[(123)_4=1\times16+2\times4+3=(27)_{10}\right]$。使以下表达式成立的 m 和 n 的最小值分别为多少？

$$(12)_m=(34)_n？$$

中间数

用荷兰语写出从 1 到 99 的所有数。例如：8=acht、37=zevenendertig、50=vijftig、22=tweeëntwintig。将它们全部按字母表顺序排列，最中间的（第 50 个）数是多少？

BMI

体质指数（BMI）的公式为 BMI=$\frac{G}{L^2}$。其中 L 为一个人的身高，单位为米，G 为体重，单位为千克。健康体质的定义是 BMI 介于 20 到 25 之间，BMI $\geq$ 30 就属于肥胖。塞斯说："我妈妈原来常说：'如果你的体重千克数与身高减去一米后的厘米数一样，那么你的体质就很健康。'这正是我现在的情况。但我的 BMI 只勉强处于健康范围内。"塞斯有多重，又有多高？

破解密码

组合正确的四个数字可以打开保险箱的锁。以下每一组的四个数字中都包含两个位置正确的数字：1791、1457、5947、4995。保险箱的密码是多少？

艰难的选择

你每个月赚 1500 欧元。你的老板是一个很怪的人，他说："从 1 月 1 日起，你可以从两种加薪方式中选择一种。"

选项 1 为在 1 月 1 日掷硬币，掷出正面每月加 100 欧元，掷出反面则全年不加薪。选项 2 为在 1 月 1 日掷硬币，掷出正面每月加 50 欧元，掷出反面则不加薪；但是，在 7 月 1 日，你再掷一次硬币，掷出正面每月加 50 欧元，掷出反面则不加薪。因此你有可能可以加薪两次，但也可能加薪 0 次或 1 次。你会选择什么？

563 | 🧩 | ●●○

混合

汉斯有一只装了一些热水的碗和一只装有冷水的水壶。如果他把 1 L 冷水从水壶里倒进碗里，碗里水的温度就会下降 24 ℃。然后他再加入 1 L 冷水，使碗中水的温度再降低 15 ℃。现在碗里有多少水？

564 | 🧩 | ●○○

特殊日期

里亚和扬于 1963 年 4 月 11 日在中学相识。扬很快说："这是一个特殊的日子，因为 11×04+19=63。"也就是日期 × 月份 +（世纪 –1）= 年份。

a. 本世纪（21 世纪）满足此条件的第一天是哪一天？

b. 本世纪满足此条件的最后一天是哪一天？

c. 本世纪中的哪一年有 7 天满足此条件？

d. 本世纪只有一天满足此条件的最后一年是哪一年？

565 | ✂ | ●●○

分割土地

一个富人想把他的正方形土地分给他的七个儿子，使每人得到一块三角形的土地。他的儿子都不同龄，年龄最小的得到的最少。其他每个儿子所得的面积都等于自己上一个弟弟所得的面积加上最小的弟弟所得的面积。父亲该如何分割他的正方形土地？

566 | 🧩 | ●○○

埃希特纳赫的舞蹈游行

维姆和阿西亚彼此相距 5 m，二人同时沿直线走向对方。他们行走的速度完全相同，他们的步幅总是 0.5 m。就与之前所有埃希特纳赫的舞蹈游行里的步伐一样，维姆向阿西亚走 3 步，然后向后退 1 步，重复以上步伐。阿西亚也做类似的移动：向维姆走 3 步，然后向后退 2 步，重复以上步伐。他们什么时候第一次同时再走 0.5 m 后，到同样的位置？

567 | 🖳 | ●○○

奇怪的分数

观察图中的数字，并将左边的"等式"中的数字移动一位，右边的"等式"中的数字移动四位，使它们成为两组成立的等式。

$$\frac{221}{11} = 3 \qquad \frac{7777778}{777} = 77$$

568 | 🅰 | ●○○

数三角形

在图中，你可以看到 12 个网格点。你可以在两个网格点之间绘制线段。你能画出多少个网格点构成的直角三角形？

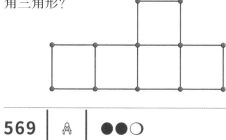

569 | 🅰 | ●●○

隐藏的角

有没有可能在空间中放置 6 根木梁，使从空间中某一个点看不到 6 根木梁的所有 48 个顶点？

570 | 🖳 | ●●○

更大？

帕特里克有 10 个不相等的正整数，他将它们加在一起得到总和 A。他还用 1 除以每一个数，然后将这 10 个数加在一起得到总和 B。最后，他计算乘积 AB。结果总是大于 55，还是也可以等于 55 或小于 55？

571 | 🧩 | ●○○

金手链

达戈贝特有 5 条金链子，每条链子有 4 个接口。他想把它们做成一个手链：一条由 20 个接口组成的闭环。金匠在连接时，每打开再闭合一个接口会收取 10 元的费用。达戈贝特担心这将花费他 50 元。能不能便宜点？

572 | A | ●●○

五根竹签

五根一样长的竹签拼成了这个对称的图形。顶角有多大?

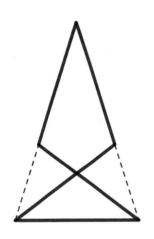

573 | ⚍ | ●●○

喝可乐

胡贝特和皮特每人有一杯 200 mL 的可乐。胡贝特每 2 分钟喝 20 mL,皮特每 2 分钟喝 10 mL。胡贝特很贪心,每 2 分钟检查一次谁杯子里的更多。如果皮特的更多,他就会偷偷交换杯子。交换的时间可以忽略不计。一杯可乐第一次被喝光需要多长时间?

574 | ⚍ | ●○○

糖果

马德隆非常喜欢吃糖果。她不想每天都吃糖,但她并不总能克制住。星期一早上,她买了 10 颗糖果。她星期一和星期二吃掉的糖果的平均量比星期二和星期三的平均量高出 50%。她星期一、星期二和星期三的平均糖果量等于她星期一的糖果量。马德隆是否有一天没吃糖?星期三晚上她还剩有糖果吗?

575 | ✂ | ●●○

分蛋糕

如图所示为一个香蕉和覆盆子的双拼圆形奶油蛋糕。埃里克和苏珊想要一起分这个蛋糕，并使他们每人得到的香蕉和覆盆子的部分大小相同。你应该怎样切一刀公平地把蛋糕分为两半？（小曲线为两个半圆形。）

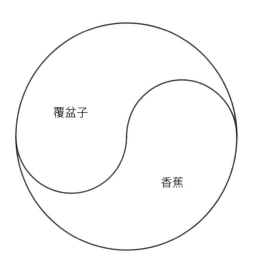

576 | 🂠 | ●○○

多少钱？

你有一袋硬币，面值为1元或2元。你取出50枚硬币。结果发现了什么？其中30枚是1元硬币。然后你不断取出5枚硬币，每次都发现其中有2枚1元硬币。在某个时间点，袋子空了，你所取出的1元硬币与2元硬币一样多。一开始袋子里有多少元钱？

所有正方形

下图中有一系列越来越小的正方形。最大的正方形边长为 1。向右移动，每个正方形的高度都为前一个正方形的一半，且其左下角始终落在前一个正方形底边的三分之二处。求图中正方形所覆盖的总面积。

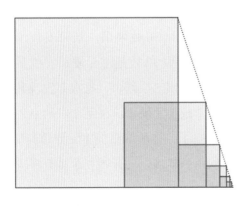

两个六边形

图中大正六边形的面积为 1。在这个六边形中画有六个直角三角形。蓝色小六边形的面积为多少？

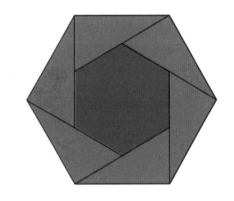

一分为三

取一个正整数 n 并将其一分为三：$n=a+b+c$。需要使以下等式成立：$3a+\frac{1}{3}b+c^3=n$。n 最小为多少？要如何将其一分为三？对于 $n=99$ 找出 a、b 和 c 的一些解。

580 🎴 ●●○

结构工程

使用固定数量的全等正方形来组成具有垂直对称轴的"结构"。图为2、3、4和8个正方形的示例。也就是将几排水平排列的正方形摞在一起。此外你还可以发现可以用2个正方形组成2种不同的结构,用3个正方形组成4种不同的结构。你可以用4、5、6或任意数量的 n 个正方形组成多少种不同的结构?

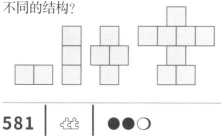

581 🧩 ●●○

骰子变体

工厂的骰子机坏了。它确实在骰子的面上印了点数1到6,但是以完全随机的方式,所以骰子的相对两面不是1对6、2对5和3对4。它可以生产多少种不同的骰子?如果将两个骰子放在一起,它们对应的面上的点数相同,则两个骰子是相同的,否则它们就是不同的。

582 ✂ ●○○

三只酒桶

你有三只酒桶:A 装红葡萄酒,B 和 C 都装白葡萄酒。三只桶里装的酒一样多。将桶 A 中一半的酒倒入桶 B 中并混合均匀,然后将同样多的混合物(也就是桶 B 中现有酒的三分之一)从桶 B 倒入桶 C 中并再次混合均匀。最后将等量的混合物从桶 C 倒入桶 A,使三只桶中的液体与初始时一样多。现在桶 C 中的混合物包含总共 1 L 的红葡萄酒。初始时每只桶各装有多少升酒?

你知道吗? 你可以轻松计算出以 5 结尾的数的平方。将 5 省略并将所得到的数 A 乘 $A+1$,在乘积之后你只需要再写上 25,这就是它的平方了。示例:

$25^2 = [2 \times 3]\,25 = 625$,

$125^2 = [12 \times 13]\,25 = 15625$。

普遍成立:

$(10a+5)^2 = 100a^2 + 100a + 25$

$= a\,(a+1) \times 100 + 25$

$= [a\,(a+1)]\,25$。

583 | 🖥 | ●●○

优美的数列

有一组由四个正整数 a、b、c 和 d($a \geq b \geq c \geq d$)组成的数列,其性质为:如果你从四个正整数中选择一个或多个数并将它们相加,则对于不同的选择,总是会得出不同的结果。找出使这四个数之和最小的数列。

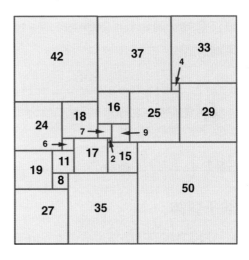

你知道吗? 可以将一个正方形分为许多边长不同的正方形,为此所需的小正方形的数量最少为 21。

你知道吗? 现今依然真的存在拼图设计师。其中最著名的是芦原伸之(Nob Yoshigahara, 1936—2004)。他本人认为这个谜题是他的杰作:问号所表示的是什么数?

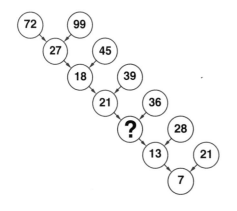

每人几枚硬币

阿曼达和鲍里斯两人的钱包里都只有几枚硬币（1分、2分、5分、10分、20分、50分、1元、2元）。他们两个人有相同金额的硬币。阿曼达先给了鲍里斯1分，然后鲍里斯给了阿曼达2分。阿曼达又给了鲍里斯3分，然后鲍里斯给了阿曼达4分。以此类推。第十三次后，阿曼达没有钱了。他们一开始至少共有多少枚硬币？

加法

仅使用正整数。取1个数 a，然后与2个数 b 相加，得出第一个和：$a+2b$。将3个数 c 与其相加（$a+2b+3c$），然后加上4个数 d，最后加上5个数 e。前3个和分别为 $2a$、$3a$ 和 $4a$，最后一个和也为 a 的倍数。a、b、c、d 和 e 中的两个数相等。是哪两个？

镰刀面积

如图所示为三个半圆。垂直线的长度为8。请判断红色镰刀的面积。

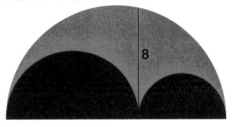

拉拉、利斯、勒斯和洛特各几岁?

今天我去拜访了我的两个姐姐。我的大姐有两个女儿：拉拉和利斯。拉拉的年龄是利斯的两倍。我的二姐也有两个女儿：勒斯和洛特。整整五年前我们曾经见过面，但那时我的二姐还没有孩子。当时拉拉的年龄是勒斯现在年龄的三倍，而当时利斯的年龄是洛特现在年龄的两倍。四个女孩现在分别多大了？

病毒和疫苗

在实验室里，有 125 瓶相同的装有麻疹疫苗的试剂瓶，其中一瓶混入了可怕的天花病毒。不幸的是，无法找出哪瓶疫苗混有病毒。经过推算，制作几个培养皿可以让损失最小化。在一盒培养皿中，放入不同几个试剂瓶中的少量疫苗（或混合物）。这盒培养皿的检测报告提供了 100% 的确定性，即该培养皿中的哪一瓶疫苗中混有天花病毒。但是检测报告需要 24 小时才能得出。实验室主任要求在 24 小时后确定哪瓶试剂里混有天花病毒，并要求使用尽可能少的培养皿。实验室技术人员该如何解决这个问题？

运输集装箱

一片群岛由 64 座岛屿组成，每座岛都有一个港口。每个港口有 63 个集装箱，运往其他 63 个岛屿。你想用一艘船将所有货物运送到目的港口。你从 1 号岛出发，途经 2 号岛一直到 63 号岛（只访问每座岛一次）到达 64 号岛，然后又以相反的方向返回 1 号岛（途经 63 号岛一直到 2 号岛）。船上最少需要容纳多少个集装箱？

你知道吗？ 你可以将一个希腊十字架分为五部分，然后把它们拼为两个同样大小的新希腊十字架。如图所示。

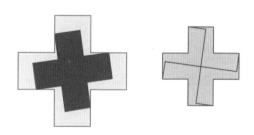

590  ●○○

奇怪的时钟

安娜玛丽送修了她的英式时钟。她重新将它挂在墙上并在中午 12 点校对时间，使指针正好指向 12 点。当时钟运行时，她惊讶地发现两根指针都走快了，而且比正常速度快一倍。下午，她的朋友阿尔特来拜访她时，安娜玛丽说："看看我刚修好的时钟，它又不准了。"阿尔特看了看他的手表（当然它很准时）和时钟。然后他安慰她说："没问题，安娜玛丽，它显示的时间很准。"那么现在几点了？

591 | 🖎 | ●○○

两个相等的数

观察图中的等式，它并不成立。

a. 移动四个数字，使等式成立。

b. 移动三个数字，使等式成立。

$$\frac{23}{1} = \frac{1}{23}$$

592 | 🖎 | ●○○

六个和

在下图中，需要使三个水平的和三个垂直的加法式成立。所填入的九个数需要为连续的正整数。此外，所有六个和需要给出相同的结果，即 30。你应该填入哪九个连续数，分别填入哪里？

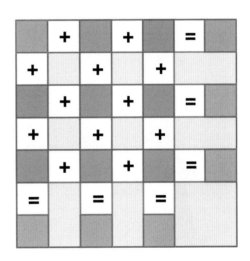

国王巡回

国际象棋中的国王站在一张 2 × 2 的迷你棋盘的角落。国王可以沿直线移动 1 格或沿对角线移动 1 格。国王进行 3 步移动，每步移动到其他 3 个方格之一的概率相等。国王在 3 步之后回到初始位置的概率为多少？

一直到 10

你面前有三只罐子：一只容量为 2 L 的空水罐、一只容量为 7 L 的空水罐和一只装满 11 L 水的水罐。所以你面前的罐子里分别有 0 L、0 L 和 11 L 的水。但是你也希望通过将罐子中的水倒入或倒出的方式来量出 1 L、2 L、3 L、4 L、5 L、6 L、7 L、8 L、9 L 和 10 L 水。可以做到吗？如果可以，你需要倒多少次来实现这一目标？

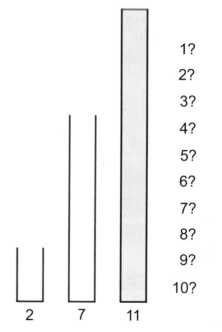

1?
2?
3?
4?
5?
6?
7?
8?
9?
10?

2   7   11

交换柱子

你有两根柱子，其中一根上面套有五个圆盘，每个圆盘中间有一个洞，使其可以套在柱子上。它们从小到大编号为 1 到 5。圆盘都在左边的柱子上，如图所示。你可以将任意数量的圆盘从其中一根柱子上取下，然后将其套在另一根柱子上（不能改变顺序，至少取一个，最多取一整堆）。

a. 你该如何以最少的次数将圆盘排列在右柱上，使顺序从上到下为12345？

b. 使用不同的初始顺序，可能需要更多次移动。无论初始顺序为什么，总能将其按顺序排好的所需最大次数为多少？

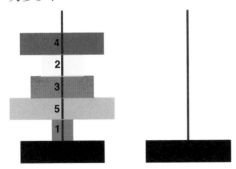

立方体有多大？

一件大型艺术品由四个彼此相邻放置的立方体组成。第一个立方体的边长为 125 cm，第四个立方体的边长为 216 cm，如图所示。中间的两个立方体有多大？

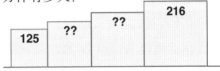

正八面体

取一个正八面体（以 8 个等边三角形为面，共有 6 个顶点）。在每个顶点处都有 4 个面相交。将数字 1 到 8 填入每个面，然后对于每个顶点就可以计算 4 个邻面的数字之和。请在每面填入数字 1 到 8，使所有 6 个顶点的和都相等。

河上的船

你乘着小快艇在河上航行。你从码头出发，逆流而上，从码头可以看到每隔 1 km 都有一个标记。河流相对于河岸的速度为 v，你相对于河流的速度是其两倍。一段时间后，你从一座桥下经过，之后又航行了半小时。然后你迅速掉头，以 $2v$ 的速度向下游航行半小时，回到码头。你已经计算了所有看到的千米标记，并确定你相对于河岸总共航行了 6 km（往返）。见图。

a. 带问号的两个标记上写的是什么？

b. 水流的流速有多快？

c. 你总共航行了多长时间？

44 根竹签

你有 44 根竹签。你可以用它们拼出 7+3=10（荷兰文形式），如图所示。你能用这 44 根竹签拼出另外两组成立的等式吗？ 你必须在这两种情况下用到所有竹签。它们也可以是乘法（×用两根竹签）、减法（–用一根竹签）或除法（/用一根竹签）。

1=EEN 2=TWEE 3=DRIE 4=VIER
5=VIJF 6=ZES 7=ZEVEN 8=ACHT
9=NEGEN 10=TIEN

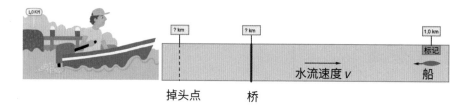

掉头点　　桥

2020
1217
803
414
389

算数列车

在接下来的过程中，所有数都为正整数。

找出逻辑，写出数列的下一个数（想想斐波那契数列：1，1，2，3，5，8，13，21，…，但反过来）：2020，1217，803，414，389，…。

现在写出一组满足相同逻辑的数列，以2021开始并包含尽可能多的项。

谁赢了？

在 4×4 的点子图上，A 从左下角开始并向下一个点画了一条线（仅沿水平方向，即左右，或垂直方向，即上下）。然后从 A 画的线的终点开始，B 也画了一条线。然后 A 再次画一条线。不允许画两条线，谁不能继续画线，谁就输了。A 总能赢还是 B 总能赢？该如何获胜？下图为一个示例，其中 A 走了四步，B 走了三步。B 现在可以封锁 A 并获胜。

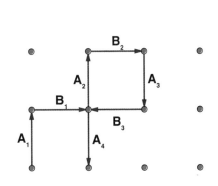

答 案

1 | 仅用一把直尺

首先画出经过点A和点P的直线。由此得到点C后可知∠ACB=90°，因为直径所对的圆周角是直角。然后画出经过点B和点P的直线。由此得到点D后可知∠ADB=90°。再画出AD、BC以及它们的交点E。最后画出EP和它与直径的交点F。这便是我们要画出的线，因为三角形的三条高过垂心P。

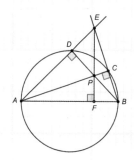

2 | 回合

黑方总可以通过使两行的棋子距离保持一致来获胜。若红方缩短了其中一行棋子间的距离，则黑方可以以相同的移动缩短另一行棋子间的距离。若红方扩大了其中一行棋子间的距离，则黑方可以以相反的移动缩短同一行棋子间的距离，使之与另一行相同。如此红方将会先于黑方无法做出移动。

3 | ABC 加法

答案为：999+111+888=1998。

4 | 15 本杂志

设桌子的表面积为 t。至少有一本杂志的面积不小于 $\frac{1}{15}t$。拿走这本杂志后将剩余的 14 本杂志分为两组，每组 7 本。若拿走其中一组，则桌子表面有面积 a 未被覆盖。若拿走另一组，则桌子表面有面积 b 未被覆盖。这两部分表面彼此不重叠。因此 $a+b$ 不超过 $\frac{14}{15}t$。所以 a、b 其中一个的值不超过 $\frac{7}{15}t$。拿走相应组的杂志，则被覆盖的表面积至少为 $\frac{8}{15}t$。

5 | 26 枚硬币

设袋子里 1 分硬币有 a 枚，2 分硬币有 b 枚，5 分硬币有 c 枚。若从中取出 20 枚硬币，则袋子里还剩下 6 枚硬币。由此可知 $a \geqslant 6+1=7$，$b \geqslant 6+2=8$，$c \geqslant 6+5=11$。因此 $a+b+c \geqslant 7+8+11=26$。由于袋子仅装有 26 枚硬币，则 $a=7$，$b=8$，$c=11$。因此袋子里没有其他面值的硬币。那么 26 枚硬币加起来共值 $1 \times 7 + 2 \times 8 + 5 \times 11 = 78$（分）。

6 | 公交时刻表

总共需要 8 辆公交车和 10 个司机。每辆公交车在到达 A 地或 B 地的 5 分钟后需要由另一个司机发车。下方是示意图。每个数字代表一个司机，每个颜色代表一辆公交车。横坐标上的时间单位为 10 分钟。

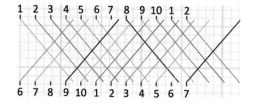

7 | 白与黑

是的，题中的两个条件总可以满足。以下是证明步骤。在球面上选择任意点 P，此点不落在任意圆上。每个圆都以自身将球面分为两个部分；设其中包含点 P 的部分为此圆的 P 部。现在取球面上任一需要着色的部分，并对于每一个圆判断该区域是否属于 P 部。若该区域属于偶数个圆的 P 部，则将其涂为白色；若该区域属于奇数个圆的 P 部，则将其涂为黑色。对于两个相邻的区域，除了将它们划分为两部分的圆以外，这两个区域同时属于其他圆的 P 部或非 P 部。因此两者的判断结果的差为 1，所以其中一个结果是偶数，另一个是奇数，因此其中一个区域为白色，另一个为黑色。

8 | 蜜蜂

设 y 为蜜蜂从巢室 A 到巢室 B 的平均所需的飞行次数，x 为从位于中间的巢室到巢室 B 所需的飞行次数。蜜蜂从巢室 A 出发经一次飞行总会到任一中间巢室，然后再经平均 x 次飞行到 B，因此 $y=1+x$。蜜蜂从任一中间巢室起飞有 $\frac{1}{3}$ 的概率到巢室 A，$\frac{1}{3}$ 的概率到巢室 B 和 $\frac{1}{3}$ 的概率到另一中间巢室。之后它还需要 y 次、0 次或 x 次飞行。因此 $x=1+\frac{1}{3}y+\frac{1}{3}\times 0+\frac{1}{3}x$，即 $2x=3+y$。联立这两个方程可得 $y=5$。因此蜜蜂从巢室 A 到巢室 B 平均需要 5 次飞行。

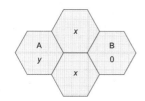

9 | 晚点的时钟

设家里的时钟晚点了 a 分钟，则对于往返路程的行驶时长有：$f=55-(30+a)$，$f=16+a-3$。由此得出 $a=6$。

10 | 三等距

设 a 为所要求的距离，设 $x=1-a$。根据勾股定理可知 $a^2=x^2+\frac{1}{4}$，且 $a^2=x^2-2x+1$ 也成立。因此解为 $a=\frac{5}{8}$。

11 | 同色三角形

取其中一个点并观察从它发出的 65 条线段。那么其中至少有 17 条同色线段，因为 $3\times 16+1\times 17=65$。设此颜色为 a。观察这 17 个点两两之间的线段。这些线段不可以为颜色 a，不然我们将会得到一个 a 色三角形。取 17 个点中的一个点并观察从它向另 16 个点发出的 16 条线段。那么其中至少有 6 条同色线段（设此异于 a 的颜色为 b）。因为 $2\times 5+1\times 6=16$。观察这 6 个点两两之间的线段。这些线段不可以为颜色 a 或 b。取 6 个点中的一个点并观察从它向另 5 个点发出的 5 条线段。那么其中至少有 3 条同色线段（设此异于 a 和 b 的颜色为 c）。因为 $1\times 3+1\times 2=5$。观察这 3 个点两两之间的线段，它们不可以为颜色 c。因此这三条线段都为颜色 d。

12 | 魔法总和

由于 $1+2+\cdots+12=6\times 13=78$，并且每个交点都正好落在 6 条边中的两条边上，所以每条边上的数字之和等于 $2\times 78\div 6=26$。因此 6 个外角上的数字之和也等于 26。而 6 个内角上的数字之和就等于78-26=52。观察任一有 9 个数字的三角形，设 3 个角上的数字之和为 d。对于三角形上的数字之和，有 52+d=3×26-d。因此 d=13。另外 3 个外角上的数字之和也为 13。之后可以通过代入法轻松找到答案。答案如图所示。

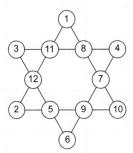

13 | 上楼梯

设上 n 阶楼梯的所有步法的数量为 a_n。则 a_1=1 和 a_2=2。对于每一个 n 有 $a_{n+2}=a_{n+1}+a_n$，因为要登上第 n+2 阶楼梯，必须在第 n+1 阶时上一阶或在第 n 阶时上两阶。如此我们可以得到斐波那契数列：1，2，3，5，8，13，21，34，55，89，144，233，377，…。因此 a_{13}=377，则安妮可以坚持 377 天，足够一年了。

14 | 2X+1 的问题

不能，经此步骤不能让所有数都以 1 结束。若取正整数 n 为 3×5×7=105 的倍数减 1（105k-1），则 n 不能被 3、5 或 7 整除。因此下一个数为 2n+1 也就是 105×2k-2+1=105×2k-1，此数又等于 105 的倍数减 1。因此此数只会变大。

15 | 最短路径

从点 A 至点 B 必须经点 C、D、E、F、G、H 其中之一。从点 A 可以经 7 步至这些点。

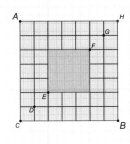

再经 7 步可以从这些点至点 B。从点 A 至点 C 只有一条（最短）路径，因此从点 A 经点 C 至点 B 有一条最短路径。从点 A 至点 D 有 7 条路径（有 7 种选择横向移动一格）。因此从点 A 经点 D 至点 B 有 7×7=49（条）最短路径。从点 A 至点 E 有 7×6÷2=21（条）路径（有 7×6 种选择横向移动两格，但每条路径都计算了两次）。因此从点 A 经点 E 至点 B 有 21×21=441（条）最短路径。经点 F、G、H 的路径同上。因此共有 2×(1+49+441)=982（条）最短路径。

16 | 绝非素数

已知 371=7×53，
3711=3×1237，
37111=37×1003，
371111=13×28547，
3711111=3×1237037，
37111111=37×1003003。
以上所有数都可以被 3、7、13 或 37 整除。若在这些数后面加上 6 个 0，则它们仍然可以被同样的数整除。若将 6 个 0 替换为 111111，则它们依然可以被同样的数整除。因为 111111=3×7×11×13×37。然后再在这些数后面加上 111111，以此类推。因此该类数绝非素数。

17 | 折纸

此折痕落在对角线的中垂线上。由勾股定理得出对角线的长度为 20 cm。根据三角形相似性可知折痕长度的一半为 7.5 cm。因此折痕的长度为 15 cm。

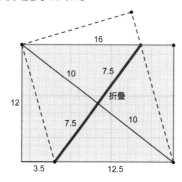

18 | 周长是多少？

若将下图所示的长度相加，则刚好可以得到区域 1 的周长。

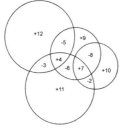

19 | 最小或最大

12 个数字可以以下图方式填入。但此方法不适用于 4×4 的正方形。因为正好有 16个条件（不多不少正好 4ד此行中最小"、4ד此行中最大"、4ד此列中最小"、4ד此列中最大"），分给 16 个数字。数字 1 已经占了 2 个条件："此行中最小"和"此列中最小"，因此至少有一个数字无法满足任一条件。

1	7	8	2
10	4	9	3
11	5	6	12

20 | 排列数字

若将其中的四个数字相加，则得到 $a+b+c+d+e+2f+2g+3h+3i=74$。 由 $a+b+\cdots+h+i=45$ 可 知，$f+g+2h+2i=29$。因此可得 $h+i=29-20=9$，$f+g=20-9=11$，$a+b=17+18-20=15$ 和 $c+d+e=19-9=10$。之后可以通过代入法轻松找到答案。下面给出了一种解，其中 c、d 和 e 可以改变位置。

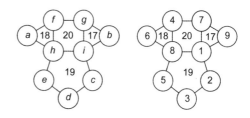

21 | 积与和

这 两 个 数 分 别 是 4 和 6。普 丽 西 拉（24=3×8=4×6）不 晓 得。舒 尔 德

（10=1+9=2+8=3+7=4+6）排 除 了 1×9、2×8 和 3×7，不然普丽西拉会立刻晓得。 若是 3+8=11=1+10=2+9=4+7=5+6，则舒尔德会想到五种可能。因此他晓得两个数是 4 和 6。若是另一个能使之想到四种可能的数，舒尔德只能排除其中两种（普丽西拉 8=1×8=2×4，舒尔德 9=1+8=2+7=3+6=4+5），也就无法说自己晓得。剩余的可能性可以轻易排除：要不普丽西拉会立刻晓得，要不舒尔德只能想到少于四种可能。

22 | 两合

左侧数字表示容量为 5 合的杯子里的水量，右侧数字表示容量为 9 合的杯子里的水量，单位为合。一种方法为：$00\to50\to05\to55\to19\to10\to01\to51\to06\to56\to29\to20$。

23 | 方纸片

若重合部分的面积为 $x\,\mathrm{cm}^2$，则 $x=\frac{2}{7}(72-x)$。因此 $x=16$。

24 | 数与字

答案为：$59^2=3481$ 和 $32^4=16^5$。

25 | 四个三角形

$a+c=\frac{1}{2}kl$ 成立，因为 l 是三角形的高度之和。同理 $b+d=\frac{1}{2}kl$ 也成立。此外还有：$d=4a$ 和 $c=\frac{3}{2}b$。由此可知：$a+c=a+\frac{3}{2}b=b+d=b+4a$。因此 $\frac{1}{2}b=3a$，$a:b=1:6$。

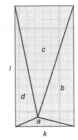

26 | 81 只跳蚤

因为跳蚤只能斜向跳跃，所以总会跳到上一行或下一行。则位于奇数行的跳蚤会跳到偶数行，反之亦然。奇数行共有 45 个网格点，偶数行共有 36 个网格点。因此至少有 45-36=9（个）网格点是空的。实际上确实可以做到让 9 个网格点是空的。为此所有黑色网格点上的跳蚤（在下图中表示为黑点）向右下方跳跃（在下图中表示为箭头），如果跳蚤向右下方跳跃会跌出方格板，则反向跳跃。白色网格点上的跳蚤则斜向两两互换（在下图中表示为线段）。

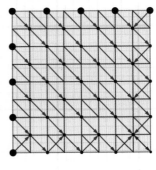

此法可行，因为所有对角线上都有偶数个网格点。因此只有最左列与最上排的黑色网格点上是空的，共有 9 个。

27 | 红色的球

戈妮有 $\frac{1}{2}$ 的概率取到印着数字 1 的红球（那么我取到印着数字 1 的红球的概率则为 0）和 $\frac{1}{2}$ 的概率取到印着数字 2 的红球（那么我取到印着数字 1 的红球的概率则为 $\frac{1}{3}$）。因此我取到印着数字 1 的红球的概率为 $\frac{1}{2}\times0+\frac{1}{2}\times\frac{1}{3}=\frac{1}{6}$。

28 | 骰子

通过几次尝试可以发现，这些点数总和除

了 13 都可以成立。这是因为无论如何都要让点数为 6 的面可见。只用 5、4 和 3 的话点数总和无法大于 12。那么剩下可见两面的点数之和为 13-6=7。可以用 2 和 5，或 3 和 4 达成。但这两组数字互相处于对立面。因此点数之和为 13 无法成立。

29 | 野兔之跃

它可以用 1×7×1（即先跳到目标对角格）+ 7×6×1（先跳到非目标对角格）=49(种) 方法跳 3 次跳到方格板对角的格子里。

30 | 谁叫基斯？

甲、乙、丙的名字可以按以下顺序排列：KKK、KKP、KPK、PKK、KPQ、PKQ、PQK、PQR，其中 K 为基斯，P、Q、R 为其他名字。仅在 KKK、KKP、PKK 和 PKQ 的情况下有一人说了真话的条件成立。因此乙一定叫基斯。

31 | 花园瓷砖

将花园分为 1×1 的方格并如下图所示着色。蓝色区域比红色区域多出 4 格。每块 2×2 的瓷砖可以覆盖相等数量的蓝色和红色方格，每块 3×3 的瓷砖可以覆盖数量相差为 3 的蓝色和红色方格。由于 4 并不是 3 的倍数，所以无法把剩下的地方铺满。

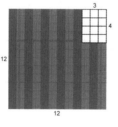

32 | 10 枚硬币

第 n 枚硬币被翻面的次数等于 n 的约数的个数。因此我们要找其约数个数为奇数的 n。若 n 为非平方数，则有偶数个约数，因为若 d 为 n 的约数，则 $n \div d$ 也为 n 的约数，所以可以将它们组成一对。若 n 为平方数，则用上述方法会将 $\sqrt{n}$ 计算两次，因此 n 有奇数个约数。所以最终结果为：反正正反正正正正反正。现在第 1、第 4 和第 9 枚硬币反面朝上。

33 | 位于正中

新正方形在旧正方形的基础上向上移动了距离 a，向右移动了距离 b，以使洞位于正中。剪下 ABC 并旋转到 $A'B'C'$ 的位置即可。

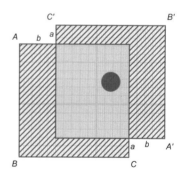

34 | 一包弹珠

最后剩下的一颗弹珠总是红色的。一开始包里有偶数颗黑色弹珠，即 10 颗。每轮取出和放回后，它的数量会减去 2（取出两颗黑色弹珠）或与之前保持一致（取出一红一黑两颗弹珠或两颗红色弹珠）。包里弹珠的总数会不断地减少。因此最后包里总会剩下 0 颗黑色弹珠。当最后两颗黑色弹珠被取出时，包里会放入一颗红色弹珠。所以包里总会只剩红色弹珠，即最后剩下的一颗弹珠总是红色的。

35 | 奶酪

观察位于正中的小正方体。对于它的每一个面都需要切一刀。不管在落刀间隙如何移动奶酪，它都有六个面。因此至少需要切六刀。甚至在落刀的间隙也不需要移动奶酪：两次横切、两次竖切（平行于正面）和两次垂切（垂直于正面）。

36 | 无法实现的费马大定理

取任意正整数 p 和 q，并设 $a=p(p^3+q^3)$，$b=q(p^3+q^3)$，则 $a^3+b^3=(p^3+q^3)^4$。因此设 $c=p^3+q^3$。例如，当 $p=2$ 和 $q=3$ 时，可得 $a=70$、$b=105$ 和 $c=35$，那么 $a^3+b^3=70^3+105^3=343000+1157625=1500625=35^4=c^4$。因此此题有无穷多个解。

37 | 三顶帽子

如果丙看到两顶白帽子，他就能知道他戴的是黑帽子，因为只有两顶白帽子。因此对于甲、乙有以下几种可能：黑黑、黑白或白黑。如果乙在甲头上看到一顶白帽子，那么说明乙本人就戴着一顶黑帽子。若乙戴着白帽子，丙早就能晓得他自己戴的是黑帽子了。但由于乙不知道，所以他看到甲戴的是一顶黑帽子。那么听完这一切的甲可以晓得自己戴着黑帽子。

38 | 棋盘中的棋盘

a. 小棋盘有顶边与底边。这两条边可以落在棋盘上 11 条水平线上。因此共有 11×10÷2=55（组）可能的顶边与底边。对于垂直线也是如此。所以总共有 55^2=3025（个）小棋盘。

b. 格数为 $a×a$ 的正方形棋盘可以从左至右或从上至下以（11-a）种方式落在格数为 $a×a$ 的棋盘上。因此共有 (11-a)^2 种方式。此处变量 a 取 1 到 10 的值。所以总共有 $10^2+9^2+\cdots+2^2+1^2$=385（张）正方形棋盘。

39 | 林中小屋

△ADB 与 △ASH 是相似三角形（且都是直角三角形）。因此 SH=7。根据勾股定理可得：$DS^2=30^2-(x-7)^2=x^2-7^2$。由此可推导出一元二次方程 $x^2-7x-450=0$。给出唯一正数解 $x=25$，则 25 km 为四条相等的路程。

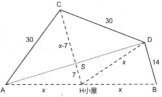

40 | 算数

所求的数为 3211000。

41 | 填字游戏

一种解为：

7	5	7			5	3
5	3				3	7
2	3	7	5	3		
3	3	7			3	7
			5	3		5
		7	7	2	7	

42 | 不足五样

我可以五样商品各买四件，则花费 37+41+47+50+57=232（元）。因此五样商品的总价为 232÷4=58（元）。所以我共有不到 58 元，但满足 57 元组合。因此我共有 57 元。

43 | 装满水桶

不使用容量为 $\frac{1}{4}$ 分米的立方的水桶，则其他水桶的总容量为 $\frac{1}{4} + \frac{1}{8} + \frac{1}{8} + \frac{1}{2} = 1$（dm³）。

44 | 球类游戏

如果托克在一个瓶子中放入一个红球和一个黄球，在另一个瓶子中放入两个红球和两个黄球，那么科内利斯取到相同颜色的球的概率为 $\frac{1}{2}$。只有这样分配，托克才可以长期不亏钱。在任何其他分配中，科内利斯抽到两个相同颜色的球的概率都小于 $\frac{1}{2}$，即 $\frac{2}{5}$（黄/黄黄红红红）、$\frac{1}{4}$（黄黄/黄红红红）、0（黄黄黄/红红红）或 $\frac{4}{9}$（黄红红/黄黄红）（或红黄互换）。

45 | 树上的乌鸦

按照顺时针方向把树编号为 1 到 22。每只乌鸦的编号与它所在的树编号相同。先把所有乌鸦的编号相加：$1+2+\cdots+22= \frac{1}{2} \times 22 \times 23 = 253$，此为奇数。每分钟飞走的两只乌鸦的编号总和的奇偶性前后保持一致（从都是偶数到都是奇数，从都是奇数到都是偶数，从一奇一偶到一偶一奇）。因此所有编号总和将保持奇数。若所有乌鸦落在同一棵树上，那么此时编号总和为偶数，且是 22 的倍数。

所以这些乌鸦永远不可能都落在同一棵树上。

46 | 毕达哥拉斯四重奏

一种解为：

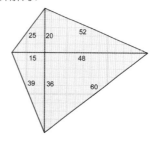

47 | 搬家问题

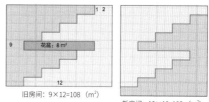

旧房间：9×12=108（m²）

新房间：10×10=100（m²）

48 | 负数指数

四个数都不能为负数。毕竟两个分母为 3 的分数之和不等于两个分母为 2 的分数之和。

49 | 六个数字

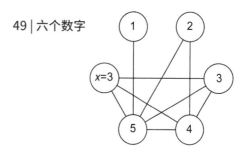

50 | 数字结构

设 8 与 12 之间的数字为 x，则对最上方三个数字有 $8+2x+12=36$，$x=8$。剩下的就很容易了。

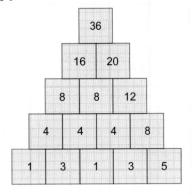

51 | 6 杯

4 个回合后可以得到红红红白白白：白红白红白红→白白红白红红→白白红红白红→红红白白白红→红红红白白白。

5 个回合后可以得到白白白红红红：白红白红白红→白白红白红红→白白红红白红→红红红白白→白白红红红白→白白白红红红。或：白白红白红红→白白红红白红→白白白红红白→红红白白白红→红红白白白红→白白白红红红。

52 | 全麦面包

1 个全麦面包的价格为 2.ab 欧元或 $(200+10a+b)$ 分钱。17 个全麦面包的价格为 x4.7y 欧元或 $(1000x+400+70+y)$ 分钱。因此对 17 个面包的总价，$3400+170a+17b=1000x+400+70+y$，

2930-1000x+170a+17b=y（y<10）。你很快就能发现 $x=1$、2、5、6、7、8 和 9 的选项不成立。对于 $x=3$，$-70+170a+17b=y$。此等式依然无解。

仅在 $x=4$ 时，$-1070+170a+17b=y$。由此得出 $a=6$、$b=3$ 和 $y=1$。因此 1 个全麦面包卖 2.63 欧元，总价为 $17×2.63=44.71$（欧元）。

53 | 谁拿走最后一分钱?

先手玩家第一轮要把硬币分成数量相等的两部分，之后每轮"镜像"对方玩家的移动。如此一来就可以总是获胜。

54 | 音乐会之后

选出 3 个不相等的小于 10 的数字共有 $(9×8×7)÷(1×2×3)=84$（种）可能性（由于没有排列因素，所以分母为 6），因此有 $(8×7×6)÷(1×2×3)=56$（种）可能性是对亨克有利的，所以他获胜的概率为 $\frac{56}{84}=\frac{2}{3}$。

55 | 正九边形

设正九边形的边长为 1。任选三种颜色中的一种，并在正九边形上画一个等边三角形 D，使其连接三个此颜色的区域。D 的大小与所选颜色无关。D 的面积等于 $\frac{1}{2}l(h_1+h_2+h_3)$，其中 l 表示 D 的边长，h_1、h_2 和 h_3 分别表示从点 M 出发的高线。因此我们知道 $(h_1+h_2+h_3)$ 与所选颜色无关。所选颜色的区域的面积正好为 $\frac{1}{2}×1×(h_1+h_2+h_3)$，所以三个着色区域的面积相等。

56 | 再次水平

设酒瓶的底面半径为r，那么两个互相接触的酒瓶底面中心的距离总为$2r$。因此$EB=CE=EH=2r$。△CBE和△CHE为等腰三角形。∠BCH为90°，所以∠EBC和∠EHC相加也是90°。因此∠BEH为180°，B、E和H位于一条直线上。对于B、D和F同理。所以图中位于中心的四个菱形全等。因此点F、I和L位于一条直线上。由此得出位于△KFL中的两个锐角的和为90°。所以K和L位于相同高度。用上述方法同样能得出L和M也位于相同高度。

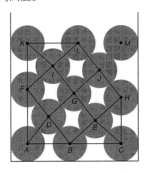

57 | 15 次跳跃

一种解为：

开始	9	14	1
4	6	3	5
12	10	13	11
2	8	15	7

58 | 解析数字

G=11。 写法为：1+1+1+8；1+1+2+7；1+1+3+6；1+1+4+5；1+2+2+6；1+2+3+5；1+2+4+4；1+3+3+4；2+2+2+5；2+2+3+4；2+3+3+3。

59 | 由 0 与 1 组成的序列

若第一个四元组与最后一个四元组相同，那么添加一个 0 或 1 将创建一个新的序列，其中第一个五元组与最后一个五元组相同。

60 | 黑色星期五

如果 1 月 13 日是星期五的话，题中条件只有在闰年才能成立。那么 2 月 13 日星期一、3 月 13 日星期二、4 月 13 日星期五、5 月 13 日星期日、6 月 13 日星期三、7 月 13 日星期五、8 月 13 日星期一、9 月 13 日星期四、10 月 13 日星期六、11 月 13 日星期二、12 月 13 日星期四。由此得出 12 月 31 日是星期一。如果 2 月 13 日或 3 月 13 日是第一个季度的星期五的话，则在平年和闰年中都至少有两个季度没有黑色星期五。

61 | 礼物桶

起初有 90 L 的填充物和 10 L 小礼物。设填充物的消耗为 V L。补充小礼物至 10 L 后桶内的填充量为 (100-V) L。其中有 (90-V) L 的填充物。由此得出：90-V=0.8(100-V)。因此V=50。所以此时礼物桶是半满的。

62 | 皮特的猜想

三个连续的数 P-1、P 和 P+1 中必有且仅有一个为 3 的倍数。既然此数非 P（$P>3$），那么 $P-1$ 和 $P+1$ 之一可以被 3 整除。此外 $P-1$ 和 $P+1$ 是连续的偶数。因此其中一个可以被 2 整除，另一个可以被 4 整除。由于 P^2-1 即 $(P-1)(P+1)$ 可以被 8 整除，也可以被 3 整除，所以可以被 24 整除。

63 | 还剩两杯

假设汉斯和约翰已经把两杯饮料来回混合了几次，但杯中果汁的浓度尚不相等。设两杯中果汁的浓度分别为 c_1 和 c_2，杯中饮料总量分别为 i_1 和 i_2。如果他们将第二杯中的一部分液体，设为 p，倒入第一杯，那么第二杯的果汁浓度不变，而第一杯的果汁浓度则变为 $c_1^{\cdot}=(c_1 i_1+c_2 p)\div(i_1+p)$。由于混合之前有 $c_1 \neq c_2$，所以 $c_1^{\cdot}=(c_1 i_1+c_2 p)\div(i_1+p) \neq (c_2 i_1+c_2 p)\div(i_1+p)=c_2$。也就是说，如果混合前两杯的浓度不相等，那么混合后也无法相等。因此无法混合均匀。在实际中，两杯饮料的果汁浓度最终将足够接近。

64 | 6 个砝码

设红色、白色和蓝色砝码为红$_1$、红$_2$、白$_1$、白$_2$、蓝$_1$ 和蓝$_2$。设两次称重为 I 和 II，等于号表示两侧砝码质量相等，大于号（小于号）表示左侧砝码比右侧砝码重（轻），最后由重和轻表示某砝码的质量。

Ia：红$_1$ 蓝$_1$＝红$_2$ 白$_1$

IIa：红$_1$＜红$_2$→红$_1$ 重，白$_1$ 重，蓝$_1$ 重

IIb：红$_1$＞红$_2$→红$_1$ 重，白$_1$ 重，蓝$_2$ 重

Ib：红$_1$ 蓝$_1$＞红$_2$ 白$_1$

IIa：白$_2$ 蓝$_1$＝红$_1$ 白$_1$→红$_1$ 重，白$_2$ 重，蓝$_2$ 重

IIa：白$_2$ 蓝$_1$＞红$_1$ 白$_1$→红$_1$ 重，白$_2$ 重，蓝$_1$ 重

IIa：白$_2$ 蓝$_1$＜红$_1$ 白$_1$→红$_1$ 重，白$_1$ 重，蓝$_1$ 重

Ic：红$_1$ 蓝$_1$＜红$_2$ 白$_1$

$2^3=8$（种）可能性中剩余的 3 种可能性属于 Ic，以与 Ib 相同的方法进行称重。

65 | 木轮运输

当中间的木头正好从后方滚出来的时候，女士需要拉住重物使它停下。此时重物在前两个木头上向前移动了 $\frac{L}{2}$ 的距离，木头也都向前滚动了 $\frac{L}{2}$ 的距离。因此重物总共向前移动了 L 的距离。此时女士需要捡起滚出来的木头向前移动 $2L$ 的距离至重物的前端，再后退 L 的距离至重物的后端，以再次捡起滚出来的木头。然后她继续推动重物，并重复上述过程。女士的移动距离是重物的 3 倍，因此她总共移动了 600 m。

66 | 五个朋友吃晚餐

设五个朋友为甲、乙、丙、丁和戊。甲可以坐在乙和丙、乙和丁、乙和戊、丙和丁、丙和戊或丁和戊之间，所以有 6 种方式。第一种可能性中，丁和戊可以以两种不同的顺序入座，这对于所有 6 种方式都成立。因此共有 12 种方式入座。无法再遵守约定的第一个月则为第二年的一月。

67 | 圆上多点

首先从圆上的一个点开始。顺着一个方向移动，之后的点之间的距离为 1 cm、2 cm、1 cm、2 cm，以此类推。可以得到正好 200 个点。若将这些点顺着一个方向小幅度移动，则又得到 200 个点。可以一直这样重复下去。因此对于 n 有如下结论：$n=k\times200$，其中 k 为正整数。

68 | 象棋多米诺

如下图所示将棋盘格编号。将下图复制三次以得到一张完整的棋盘。左下角为黑格。左侧覆盖黑格的水平骨牌所覆盖的两格总和为 -1。设此类骨牌的数量为 z。左侧覆盖白格的水平骨牌所覆盖的两格总和为 +1。设此类骨牌的数量为 w。垂直骨牌所覆盖的两格总和为 0。设此类骨牌的数量为 v。那么被覆盖棋盘格的数量为 $-1×z+1×w+0×v=w-z$。而所有棋盘格的总和为 0。因此 $w-z=0$，$w=z$。

0	1	-2	3	-4	5	-6	7
0	-1	2	-3	4	-5	6	-7

69 | 全部加 1

若将 a 中的全部数字都加 1，可以得到 $a+11$。若将 b 中的全部数字都加 1，可以得到 $b+1111$。由 $a^2=b$ 可得 $(a+11)^2=a^2+1111$。通过计算得出 $22a=990$，因此 $a=45$，$b=2025$。而 $45^2=2025$ 和 $56^2=3136$ 当然成立。

70 | 生成数字

最小的六个生成 1 的数为 1、4、7、10、34、37。最小的生成 10 的数为 1333。毕竟从 10 开始倒推可以得出数字之和为 30。最小的数字之和为 30 的数是 3999。将其除以 3 得到初始值 1333。可以生成所有数 G。取 G 个 1 组成一个 G 位数作为初始值。将其乘 3 生成 G 个 3 组成的 G 位数。数字之和为 $3G$，将其除以 3 最终生成 G。

71 | 羊吃草

设 G 为放羊的时候这片草原上草的数量，g 为每天新生长的草的数量，e 为一只羊每天的食草量，s 为放的羊的数量，d 为直到草被吃光为止的天数。则 $G+dg=dse$。由此得出：$G+20g=20×10e$ 和 $G+10g=10×15e$。两式联立可得 $g=5e$ 和 $G=100e$。因此每天新生长的草只够喂养 5 只羊。那么 25 只羊中只有 5 只羊可以靠新生长的草喂养，而剩下的 20 只羊只能靠吃 G。所以它们把 G 吃完将用 $d=\frac{G}{20e}=5$（天）。

72 | 拼图

拼图有 35 块，所以它的尺寸为 5×7。设形状 A 到 E 的数量分别为 a、b、c、d 和 e。唯一的角块为 A，因此 $a=4$。由于边块互相契合，所以边块上的凹陷的数量与凸起的数量相等，因此 $2a+b=b+2c$，所以 $c=4$。边角块的总数量为 $a+b+c=20$，因此 $b=12$。由于凹陷的数量与凸起的数量相等，所以 $2a+b+c+3d+2e=2b+2c+d+2e$，因此 $d=4$。由于拼图有 35 块，$35=a+b+c+d+e$，所以 $e=11$。

73 | 一套多少钱？

设 1 支铅笔、1 块橡皮和 1 个卷笔刀的价格分别为 p、g 和 s，以分为单位。那么成立：$10p+4g+s=298$ 和 $7p+3g+s=223$。两式相减可得 $3p+g=75$，因此 $g=75-3p$。此外还有 $s=298-10p-300+12p=-2+2p$。由此得出 $p+g+s=p+75-3p-2+2p=73$（分）。

74 | 哎呀，怎么摆的来着？

如果你从写着黑白的盒子开始，那么抽第一盒的时候就可以知道了。因为在这个盒子里要么有两颗白色弹珠，要么有两颗黑色弹珠。例如你抽到了白色弹珠，那么你就知道了黑白盒子里有两颗白色弹珠。由于两颗黑色弹珠不在黑黑盒子里，所以它们在白白盒子里，因此黑黑盒子里有一黑一白两颗弹珠。

75 | 两块最重的石头

将石头分成两两一组进行 16 次称重。那么得到 16 块"较重的"石头。再将其分成两两一组进行 8 次称重。将此步骤重复三次，分别再进行 4 次、2 次和 1 次称重。那么经过五个步骤 31 次称重（16+8+4+2+1=31）找出了最重的石头。第二重的石头只能被最重的石头"比下去"。设符合条件的五块石头为 a、b、c、d 和 e，将 a 与 b 进行称重比较，较重的与 c 进行比较，这其中较重的再与 d 进行比较，最后将较重的与 e 进行比较。经过四次称重可以找出五块石头中最重的石头，即 32 块石头中第二重的石头。因此总共需要经过 35 次称重。

76 | 握手

七个人（设为 A、B、C、D、E、F 和 G）总共有 7×6÷2=21（组）。每轮都有七组人彼此握手。若无重复则可以经三轮完成握手。可以为：ABCDEFG、ACEGBDF 和 ADGCFBE。因此七个人共需要换两次座位。

77 | 求角度

通过在四条边上都画出 15° 的角，可以得到一个具有多种对称性的图形。之后可以依次求出图中各个角度的大小。由此得出 △KAB 与 △PKD 是全等三角形。因此 $DK=AB=DC=KC$。所以 ∠DCK 是等边三角形，而所求的的 ∠CDK 为 60°。

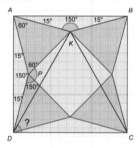

78 | 锯木板

最多可以锯出 32 块这样的长方形木板：32×5×8=1280 (cm²)。剩下的 36×36-1280=16 cm² 的面积不够锯出一块长方形。如果将右侧的小正方形放入大正方形中四次，则可以得出解（其他解由翻转与旋转正方形得出）和剩下的四块面积各为 4 cm² 的小正方形。左侧给出了一种解，其中间部分剩下了一块面积为 16 cm² 的正方形。

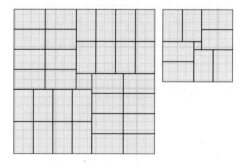

79 | 整数还是分数?

对于所有分数,如果 $\frac{a}{b}$ ($a<b$) 是不可化简的,那么 $1-\frac{a}{b}$ 也是不可化简的。也就是说,此类分数两两相加和为 1。对于所有偶数分母 $2k$,$\frac{k}{2k}$ 是可化简的。但当分母为 2 时,$\frac{1}{2}$ 不可化简。因此所有不可化简分数的总和是一个整数加上 $\frac{1}{2}$,所以总和为分数。

80 | 颜色总和

$$
\begin{array}{r}
2\ 1\ 1\ 6 = 46^2 \\
7\ 9\ 9\ 4 \\
+\ 7\ 2\ 1\ 9\ 5 \\
\hline
8\ 2\ 3\ 0\ 5
\end{array}
$$

81 | 不为 3 的倍数

每个数或为 3 的倍数,或为 3 的倍数加 1,或为 3 的倍数加 2,可以写成 $3k$、$3k+1$ 和 $3k+2$。若三个数属于三种不同的类型,那么就出现了问题,因为 $(3p)+(3q+1)+(3r+2)$ 为 3 的倍数。若至少有三个数属于同一种类型,那么这三个数之和为 3 的倍数。因此每类数不能超过两个。由于最多只能在两个类型中各取两个数,所以最多可以有四个数,例如 2、2、3、3。

82 | 四等分

亨克分完钱之后四个男孩分别拥有的钱数可以表示为 (81,81,81,81)。因此,在克拉斯分完钱之后有 (54,54,54,162)。如果继续倒推,可以得出 (36,36,108,144)、(24,72,96,132)

和 (48,64,88,124)。最后一个结果为游戏刚开始时他们各自拥有的钱数。

83 | 在电车上

应该看向两个女孩旁边,而不是看向男孩旁边:如果那里坐着一个女孩,则说明陈述正确;如果那里坐着一个男孩或没有坐人,则这一陈述无法被证伪。

84 | 激光射线有多长?

在激光射线接触镜子的任何一点时,射线与此镜面之间的角度都为 60°。折射后的激光射线也以 60° 离开镜面。从图中可以看出,激光射线经过五次折射后回到点 S。通过用 a(或含 a 的式子)来表示图中六段射线的长度,我们可以得出整条射线的长度:$(3-a)+a+(3-a)+a+(3-a)+a=9$。

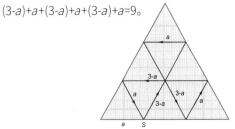

85 | 沿着街区

设街区的长度和宽度分别为 a m 和 b m。设基斯住在长度为 a m 的一条边上,并距离他所走向的街角 x m 远。之后他远离自己家 $(x+b)$ m,又接近了 x m,再又远离了 $(a-x)$ m,最后接近了 $(b+a-x)$ m。因此他总共远离了 $(a+b)$ m。因此 $a=80$,$b=40$(或者反过来)。

86 | 7 种颜色

设 7 个点为 A、B、C、D、E、F 和 G。其中一种解决方案为：ABC、ADE、AFG、BDF、BEG、CDG、CEF。如图所示。

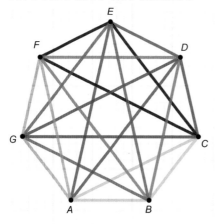

87 | 总和为 1

设每行的数之和为 r_1、r_2 和 r_3。取数之和为 k 的一列。那么这一列中的数为 kr_1、kr_2 和 kr_3，其中 $kr_1+kr_2+kr_3=k$，$r_1+r_2+r_3=1$。最后一个式子包含表中的所有 6 个数。

88 | 倒数总和为 1

可以在每组倒数之和为 1 的数中加入一个数，组成一个新的数组。从第一组开始，将每个数字乘 2，那么其倒数就是除以 2，因此总和为 $\frac{1}{2}$。然后取数字 2（不与其他数相等），将其倒数与 $\frac{1}{2}$ 相加。总和又变成 1。这样，从 3 个数的数组（2、3 和 6）开始，总可以使数组中数的数量加上 1。对于 2 个数的数组不成立。

89 | 大于 1

一种解为：

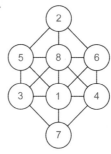

90 | 电影院

男孩们可以以四种方式选择三个座位，使座位两边都为女孩：女男女男女男女女、女男女男女女男女、女男女女男女男女、女女男女男女男女。在每种情况下，男孩们都可以以 $3\times2\times1=6$（种）方式坐在三个座位上。然后女孩们可以以 $5\times4\times3\times2\times1=120$（种）方式坐在五个座位上。所以他们有 $4\times6\times120=2880$（种）坐法。

91 | 剪贴

以下图左侧方式裁剪。

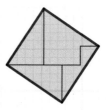

92 | 取走多少？

具有必胜策略的玩家必须在最后一轮剩下两根竹签，使另一玩家必须剩下一根竹签。要剩下 2 根竹签必须在上一轮剩下 $2\times2+1=5$（根）竹签。然后对手玩家剩下 4 根或 3 根竹签，然后下一轮就可以剩下 2 根竹签。由每轮剩下 (2n+1) 根竹签倒推出数量：2、5、11、23、47、95、191、383、767、1535。埃尔尼第一轮如果剩下 1535 根竹签，就可以获胜。

93 | 红绿路

最短路径经过 12 条绿色的路和 12 条红色的路，全长 2592 m。例如：*BAFAEFDEDCFBCGKGHKIHIJKCJ*。在每个五边形中的每个点上，都有奇数条道路汇合。对于左侧五边形的起点和终点（*B* 和 *C*），这不成问题，问题出在其他四个点上。通过重复走两条路径（*AF* 和 *ED*），可以让四个点上有四到六条"路径"汇合。这会在途中发生两到三次。对于右侧五边形也是如此。所以没有更短的路径了。

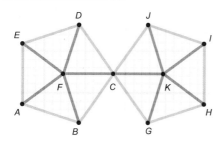

94 | 哪个月份？

设阿妮塔以月为单位的年龄为 p^2 个月（p 为素数）。如果 $p=2$ 或 $p=3$，则阿妮塔只有 4 或 9 个月大，应该还无法思考素数问题。所有更大的素数都是奇数，因此 $p+1$ 和 $p-1$ 都是偶数，所以 $(p+1)(p-1)$ 可以被 4 整除。此外，p 不能被 3 整除，因此 $p+1$ 或 $p-1$ 可

以被 3 整除。由于 $(p+1)(p-1)$ 即 p^2-1 可以被 3 和 4 整除，所以也可以被 12 整除。因此阿妮塔以月为单位的年龄 p^2 为 12 的倍数加 1。所求的日期属于二月份。

95 | 风中的棋盘

假设棋盘有 41 个白色方格和 40 个黑色方格。白色方格上的 41 张纸现在需要落在 40 个黑色方格上。这是做不到的。

96 | 三角形

四个小三角形与大三角形互为相似三角形，因此存在一个数 c，使得五个三角形中的每一条水平的边都等于 c 乘面积的平方根。所以大三角形的面积为 $(3+5+5+5+4)^2=484$。

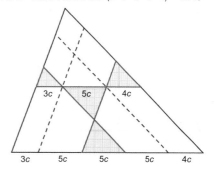

97 | 三元组的乘积

253 是 11 和 23 的乘积。所以这张卡片上写着这两个数。因此我们要找到六个数 a、b、c、d、e 和 f，其中 $a+b+c=11$、$d+e+f=23$ 和 $G=abc=def$。d、e、f 之一必须为 1（没有 1 的话 *def* 至少为 $2×2×19=76$，但同时 *abc* 最多为 $3×4×4=48$）。取 $d=1$。当 $e=1$ 时，可以得出 $f=21$、$a=1$、$b=3$ 和 $c=7$ 的"解"，

最终得出 $G=1×3×7=1×1×21=21$。但是这代表盒子里只有两张卡片。当 $e=2$ 时，可以得出 $f=20$ 和 $G=1×2×20=40$。这在 $a=2$、$b=4$ 和 $c=5$ 时成立且 $G=2×4×5=40$。真正的答案为盒子中有六张卡片：$1×1×40=1×2×20=1×4×10=1×5×8=2×2×10=2×4×5=40$，总和为 42、23、15、14、14 和 11。对于 $e=3$ 到 $e=19$，乘积至少为 $G=57$。因此在 abc 最大为 48 的情况下不成立。

98 | 总和等于乘积

存在两种解：$(100,2,1,1,1,\cdots,1,1,1)$，其中有 98 个 1；$(34,4,1,1,\cdots,1,1)$，其中也有 98 个 1。

99 | 1 和 2

a. 从列表中取一个数，将每个 1 替换为 2，每个 2 替换为 1，便得到两个不同的数字（一个以 1 开始，一个以 2 开始）。在脑海中将列表上的这两个数划掉。从列表中继续选择下一个数并执行相同步骤。最终不会只剩下一个号码，因为它缺少它的"搭档"。所以列表中所有的数的数量为偶数。

b. 如果将所有数从小到大排列，前半部分的数以 1 开始，后半部分的数以 2 开始。所以最中间的两个数是以 1 开头的最大数和以 2 开头的最小数：12222222221111111111 和 21111111111222222222。

100 | 钟摆

设 x 为铁砣每分钟下降的距离，y 为每次报时铁砣额外下降的距离。第二次上发条的周期比第一次长了 30 分钟（30 小时 10 分钟 -29 小时 40 分钟 =30 分钟，或 1810 分钟 -1780 分钟 =30 分钟），但少敲了 3 次钟（192-189=3），因此 $30x=3y$，$y=10x$。所以在这两个周期里，铁砣下降了 $1780x+192y=3700x$。一个周期约为 30 小时，因此下一次将在第 5 天开始。截止到第 4 天的午夜时，经过了 1625 分钟，报了 198 次时。铁砣相应的下降距离为 $1625x+198y=3605x$。到最后下降还剩 $3700x-3605x=95x$ 的空间，还可以运转一个多小时。设这 1 小时后多出来的分钟数为 m。那么我们有 $60x+mx+10x=95x$。因此 $m=25$。所以铁砣会在第 5 天凌晨 1:25 被第四次向上提起。

101 | 硬币

由于对称性，克里斯廷掷出正面（正$_{克}$）比莫妮克掷出正面次数多的概率等于克里斯廷掷出正面比莫妮克掷出反面（反$_{莫}$）次数多的概率。正表示在一次掷硬币中出现正面的次数，而克里斯廷在她的 4 枚硬币中掷出了正$_{克}$。之后莫妮克在她的 3 枚硬币中掷出了正$_{莫}$= 正 - 正$_{克}$。然后莫妮克的 3 枚硬币中的反面为反$_{莫}$=3-(正 - 正$_{克}$)。我们想得到：正$_{克}>$反$_{莫}$，因此正 >3。对于一次 7 枚硬币的投掷中出现大于 3 个正面的概率 $p($ 正 $>3)$ 有：$p($ 正 $>3)=1-p($ 正 $\leqslant 3)=1-p($ 反 $>3)$。由 $p($ 正 $>3)=p($ 反 $>3)$ 可以得出 $p($ 正 $>3)=\frac{1}{2}$。

102 | 双人座位

设班上有 m 个女生和 j 个男生，有 $\frac{1}{3}m=\frac{2}{3}j$ 个座位已满，此外还有 $(\frac{2}{3}m+\frac{1}{3}j)$ 个座位被单人坐了，因此 $\frac{1}{3}m+\frac{2}{3}m+\frac{1}{3}j=m+\frac{1}{3}j\leqslant 15$，

$3m+j \leqslant 45$。由$j=\frac{1}{2}m$可以得到$\frac{7}{2}m \leqslant 45$，$m \leqslant 12$。由$m=2j$可以得到$7j \leqslant 45$，$j \leqslant 6$。这个班上有12个女生和6个男生，总共18个学生，4个座位由双人使用，10个座位由单人使用，1个座位没有人坐。

103 | 多少条链子？

a. 对于在 10 个位置上的三颗白色珠子，有 $\frac{1}{2} \times (10 \times 9 \times 8) \div (1 \times 2 \times 3) = 60$（种）可能性。$10 \times 9 \times 8$ 表示所有的三个位置。但是这里以不同的顺序分配了三颗珠子，即 $3 \times 2 \times 1$ 种可能性，因此必须除以它。你也可以把面前的链子倒着放，即为同一条链子，所以再除以 2。

b. 在闭合的链子中，三颗白色珠子可以以三种方式穿起来：彼此相连，分为 1 颗珠子和 2 颗珠子的两组，各 1 颗珠子的三组。在第一种情况下，所有的红色珠子都彼此相连。在第二种情况下，红色珠子可以有三种穿法：1-6、2-5 和 3-4。在第三种情况下，有四种穿法：1-1-5、1-2-4、1-3-3 和 2-2-3。所以总共可以穿成 8 条闭合的链子。

104 | 长子

长子 9 岁，另外两个孩子 2 岁。如果列举三个数乘积为 36 的所有可能性，则有两种情况下的总和相同，即 13（2、2、9 和 1、6、6）。邻居的门牌号是 13 号，并且可以从长子是唯一的这一事实中推断出他应该选择两种情况中的哪个。

105 | 毕达哥拉斯总和

其中一个解为：795+468=1263。

106 | 现在是几点？

现在是 6:48。那么时针指向 6 之前 $\frac{48}{60} \times 5 = 4$（个）分钟刻度的位置，分针指向 6 之前 18 个分钟刻度的位置，相差 14 分钟。

107 | 两次

沿虚线裁剪。在较简单的解中，将三角形 1 旋转 90° 到三角形 2 的位置。在第二种解中，将三角形 1 和三角形 2 组合起来旋转 45° 到三角形 2 和三角形 3 的位置。

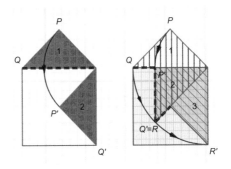

108 | 永远的 2020

选择八个总和为 2020 的数。例如：213+43+111+203+150+305+412+583=2020。

将这些数填入下表中：

	213	**43**	**111**	**203**
150	150+213	150+43	150+111	150+203
305	305+213	305+43	305+111	305+203
412	412+213	412+43	412+111	412+203
583	583+213	583+43	583+111	583+203

包含 16 个和的部分就是所要找的数字方块。

可以看到在每次选择四个数时，都会组成由 2020 拆分出来的所有八个数字。所以总和始终是 2020。

109 | 分割正方形

n 次后的剩余部分的面积为 $\left(\frac{8}{9}\right)^n$。洞的数量是 $1+8+8^2+8^3+\cdots+8^{n-1}$。这个等比数列的总和为 $\frac{8^n-1}{8-1}$。

110 | 拼写数字

数字 10 (TIEN) 可以用 10 根竹签拼写出来。

111 | 帽子里的球

任意取出 2 颗，若 12 颗球颜色相同，则概率为 1；若 12 颗球颜色各不相同，则概率为 0；若有六组不同颜色的球各 2 颗，则 12 颗球的概率为 $p=1\times\frac{1}{11}$，而 11 颗球的概率为 $q=\frac{1}{11}\times 0+\frac{10}{11}\times\frac{1}{10}=\frac{1}{11}$；若有四组不同颜色的球各 3 颗，可得 $p=1\times\frac{2}{11}$ 和 $q=\frac{2}{11}\times\frac{1}{10}+\frac{9}{11}\times\frac{2}{10}=\frac{2}{11}$。以此类推，若有三组不同颜色的球各 4 颗，可得 $p=q=\frac{3}{11}$，若有两组不同颜色的球各 6 颗，可得 $p=q=\frac{5}{11}$。

112 | 说谎的人

将这五个好朋友分为两个阵营：说谎的人和说真话的人。艾丽斯说埃娃在说谎，所以艾丽斯和埃娃属于不同的阵营。艾丽斯又说戴维说的是真话，所以戴维和艾丽斯属于同一个阵营。从克里斯特尔的陈述中可以推断出艾丽斯和克里斯特尔属于不同的阵营，而巴斯和克里斯特尔属于同一个阵营。所以其中一个阵营里有艾丽斯和戴维，另一个阵营里有埃娃、克里斯特尔和巴斯。由于大多数人总是说谎，所以艾丽斯和戴维只说实话。

113 | 第四个正方形

根据勾股定理可知，$(a+b)^2=16$、$a^2+c^2=5$、$b^2+c^2=13$ 和 $(2c)^2+(b-a)^2=A$。由此得出 $A+16=2a^2+2b^2+4c^2=2\times 5+2\times 13=36$。因此 $A=20$。

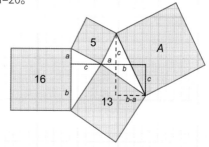

114 | 黑与白

如果棋盘上有一行或一列的白色朝上的筹码多于黑色朝上的筹码，则将其行或其列翻面。尽可能多地重复以上步骤。由于每次移动后白色朝上的筹码数量都会减少，因此这种步骤不可能无限重复下去。最后将不再有某一行或某一列中白色朝上的筹码多于黑色朝上的筹码了。

115 | 年龄相反

a.2031、2042、2053、2064，彼此相隔 11 年。
b. 假设父亲的年龄为 $\overline{ab}$（因此在 2020 年 $\overline{ab}=51$），女儿的年龄为 $\overline{ba}$。两者之差为 $10a+b-10b-a=9(a-b)$。所以差为 9 的倍数。

116 | 可以被 37 整除

$\overline{abc}=100a+10b+c$。用同样的写法表示 $\overline{bca}$ 和 $\overline{cab}$。将三个三位数相加得到 $111(a+b+c)=37\times3(a+b+c)$，因此其总和可以被 37 整除。

117 | 拼图

a. 如左图中所示有面积相等但形状不同的四个部分。

b. 不可能剪成六个部分，因为四个三角形只能组成三种不同的形状。

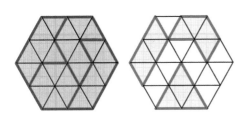

118 | 数字总和

一种解为：

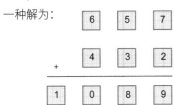

119 | 相等的组

n 个砝码的总质量为 $1+2+\cdots+(n-1)+n=\frac{1}{2}n(n+1)$，只有其为偶数时才能分出两个相等的组。所以 $n(n+1)=4k$。如果 $n=4p+1$ 或 $n=4p+2$，则 $n(n+1)$ 不是 4 的倍数。还剩下 $n=4p$ 和 $n=4p+3$ 两种情况。

首先设 $n=4p$，其中 $p=4$。然后将总质量分为质量相等的 G_1 和 G_2 两组：$G_1=(1+16)+(2+15)+(3+14)+(4+13)=4\times17=68$ 和 $G_2=(5+12)+(6+11)+(7+10)+(8+9)=4\times17=68$，其中 $G_1=G_2$。

最后，设 $n=4p+3$，其中 $p=4$。然后将总质量分成如下质量相等的 G_1 和 G_2 两组：$G_1=(1+2)+(4+19)+(5+18)+(6+17)+(7+16)=3+4\times23=95$ 和 $G_2=3+(8+15)+(9+14)+(10+13)+(11+12)=3+4\times23=95$，其中 $G_1=G_2$。因此清楚了此结构后，可以对所有 p 进行如上分组。

120 | 一次称重

两堆弹珠中的一堆数量为偶数，因为弹珠的总数 101 为奇数。皮埃尔将这偶数堆弹珠分为数量相等的两堆并将其放在天平的两个秤盘上。如果天平倾斜，则不同的弹珠在偶数堆中，否则在奇数堆中。

121 | 减重

他每周减掉 500 g 体重（$-5\times300+2\times500$）。4 月 23 日星期五，他的体重降到 80 kg 整（不低于）。4 月 25 日星期日，他的体重再次升到 81 kg。4 月 29 日星期四，他第一次降到 79.8 kg，但他没有在秤上测量（看到）这个体重。5 月 9 日星期日晚上，他的体重升到 80 kg。5 月 16 日星期日，他终于在秤上看到体重降到 79.5 kg。

122 | 最快的是谁？

拉了一段时间之后，绳子的末端由 P 移到 P' 了。绳子由 BKP 移到 B''KP。由于 B、B'' 都位于圆弧上，B''K=B'K，因此 PP'=BB'。此时小船的前端已经由 B 移到 B''。所以

$BB''>BB'''>BB'=PP'$。因此小船比拉船的人更快。

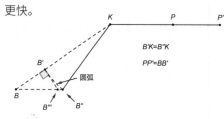

$B'K=B''K$

$PP'=BB'$

圆弧

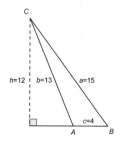

123 | 舞伴

设男$_1$为一位与最多女士（m位）跳过舞的男士，女$_2$为一位没有与男$_1$一起跳过舞的女士，男$_2$为一位与女$_2$跳过舞的男士，男$_2$共与n位女士跳过舞，因此$m \geq n$。n位女士中有一位（女$_2$）没有与男$_1$一起跳过舞，所以男$_2$最多与（$n-1$）位与男$_1$跳过舞的女士跳过舞，因此$m \geq n > n-1$，所以肯定有一位女士与男$_1$跳过舞而与男$_2$没有。设这位女士为女$_1$，那么这四位符合题目的要求。

124 | 三角形的边

对于面积成立：$\frac{1}{2}(b-1)c=24$，或$b=1+\frac{48}{c}$。并且由于$b>c$，所以c的取值可能性仅为1、2、3、4和6。结合$b=1+\frac{48}{c}$和$a=7c-b$，我们得到三元组(a,b,c)：$(-42,49,1)$、$(-11,25,2)$、$(4,17,3)$、$(15,13,4)$、$(33,9,6)$。其中只有$(15,13,4)$成立，因为在其他可能性中$a<0$或边长不满足两条短边长度之和大于第三条边的条件。此三角形如右侧图所示。

125 | 25 块拼图

设一张由 50 个黑色方格和 50 个白色方格相间排列组成的棋盘。这些拼图将分别覆盖 3 个黑色方格和 1 个白色方格（黑黑黑白，如图所示）或 1 个黑色方格和 3 个白色方格（白白白黑）。完全覆盖棋盘共需要 25 块拼图。如果有奇数块"黑黑黑白"拼图，则有奇数个黑色方格被覆盖。剩下的是偶数块"白白白黑"拼图，因此有偶数个黑色方格被覆盖。那么总共有奇数个黑色方格被这些拼图所覆盖。这是不成立的。如果有偶数块"黑黑黑白"拼图，则有偶数个黑色方格被覆盖。但剩下的是奇数块"白白白黑"拼图，因此有奇数个白色方格被覆盖。那么总共有奇数个白色方格被这些拼图所覆盖。这也是不成立的。

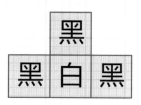

126 | 9 个数字

由于 a 是一位数，$a<10$。由于 ab 和 ab^2 都是两位数，$b<10$。由 $ab \geq 10$ 可以得出 $a>1$。如果 $b \geq 8$，那么 $ab^2 \geq 2 \times 8^2=128$。这是三位数，因此是不成立的，所以

$b<8$。由 $ab^2<100$ 和 $ab^8 \geqslant 10^7$ 可以得出 $ab^8 \geqslant 10^7=10^5 \times 10^2>10^5 ab^2$。因此 $b^6>10^5$ 且 $b>6$。所以 $b=7$。那么 $ab^2=49a<100$。因此 $a=2$。所以数列为 2，14，98，686，4802，33614，235298，1647086，11529602。这组数列符合题目的要求。

127 | 聪明的运算

总共可列出 $3 \times 3 \times 3=27$（个）数。若将这些数按下例方式两两相加，则平均值均为 222。例如 $(123+321) \div 2=222$（$1 \to 3$，$2 \to 2$，$3 \to 1$）。最后只剩下 222 这个数。因此这 27 个数字的总和为 $27 \times 222=5994$。

128 | 一百万次跳马

一次跳马后，马由白格落到黑格上（反之亦然）。当跳马次数为偶数（一百万）时，马落在与他开始时相同的颜色上。但是左上角和右上角的颜色不相同，因此无法做到。

129 | 粘骰子

大骰子的 2 个面需要每个面有 4 个点数 5，剩下 4 个面需要每个面有 2 个点数 6 和 2 个点数 4。然后将它们粘在一起，使点数 1、点数 2 和点数 3 都朝向内部。

130 | 倒水

最少通过七次倒水可以达到 (4,4,0)：(8,0,0) → (3,5,0) → (3,2,3) → (6,2,0) → (6,0,2) → (1,5,2) → (1,4,3) → (4,4,0)。

131 | 缆车

每人喝了 $\frac{8}{3}$ 瓶即 $2\frac{2}{3}$ 瓶水。因此一位男士分给了女士 $\frac{1}{3}$ 瓶水，另一位则分了 $2\frac{1}{3}=\frac{7}{3}$（瓶）水，后者是前者的 7 倍。因此理应给一位 1 枚硬币，给另一位 7 枚硬币。

132 | 高分降级

得 57 分的俱乐部有可能降级。假设有两家俱乐部互相之间在主场和客场平局并输掉了剩余的所有比赛。他们最终以每队 2 分降级。假设剩下的 16 家俱乐部互相之间赢了主场的比赛，但输了客场的比赛。那么每家俱乐部得 $15 \times 3=45$（分）。但是他们在主场和客场都赢了两个最低分的俱乐部，因此又得 $4 \times 3=12$（分）。所以总共有 16 家俱乐部得 57 分。因此，其中之一由抽签决定降级。一家与其他 15 家一起位居榜首的俱乐部竟然会被降级！

133 | 最短距离

设所要求的点 X 为五个点（从左到右依次为 P_1、P_2、P_3、P_4 和 P_5）的"中点"。设点 X 从左向右移动。当其从点 P_1 的左侧向右移动时，每段距离（XP_1、XP_2、XP_3、XP_4 和 XP_5）都将减小，因此总和也将减小。经过点 P_1 后，XP_1+XP_5 保持不变，但其他三段距离继续减小，总和也是如此。经过点 P_2 后，XP_2+XP_4 也成为常数，但 XP_3 继续减小，总和也是如此。因此直到 X 与点 P_3 重合前，总和都是在减小。从右到左移动 X 也是如此，总和持续减小，直到 X 与点 P_3 重合。因此点 P_3 给出了总和的最小值。

134 | 并非平方

选择 100 个 10 的不同次幂，其中所有幂的指数都为奇数。这些数的总和以奇数个零结尾，因此并非自然数的平方。

135 | 奇妙的分数

答案为：$\frac{5832}{17496} = \frac{1}{3}$，$\frac{4392}{17568} = \frac{1}{4}$，$\frac{2769}{13845} = \frac{1}{5}$。

136 | 蛋黄

在并非单黄蛋的鸡蛋中，有一半是双黄蛋，另一半没有蛋黄。因此平均每个鸡蛋都有 1 个蛋黄。所以 5000 个鸡蛋中也共有 5000 个蛋黄。

137 | 隧道里的火车

如果没有去餐车，你将在隧道中经过 10000÷20=500（秒），因此你在火车上向前走了 (500–495)×20=100（m）。所以火车的长度至少为 100 m 长，而餐车位于火车的前方。

138 | 吊桥

首先父亲和母亲一起过桥（2 分钟），然后父亲带着手电筒返回（1 分钟），之后马克和玛丽克过桥（10 分钟）。妈妈带着手电筒返回（2 分钟），最后和父亲一起过桥去找孩子们（2 分钟）。总共用时 17 分钟。

139 | 国际象棋比赛

由于所有棋手与其他棋手只进行一场比赛，因此共进行了 $\frac{1}{2}$ ×8×7=28（场）比赛，共有 28 个得分点（胜负 1-0 或平局 $\frac{1}{2} - \frac{1}{2}$）。现假设获胜者得到 x 分，那么所有棋手最多可得 $x+(x- \frac{1}{2})+(x-1)+(x- \frac{3}{2})+(x-2)+(x- \frac{5}{2})+(x-3)+(x- \frac{7}{2})=8x-14$（分），因为他们之间的得分都各不相同。由此得出 $8x-14 \geqslant 28$，因此 $x \geqslant 5 \frac{1}{4}$。所以获胜者需要至少获得 $5 \frac{1}{2}$ 分。这确实也是成立的：棋手 1 战胜棋手 5、6、7、8，棋手 2 战胜棋手 6、7、8，棋手 3 战胜棋手 7、8，棋手 4 战胜棋手 8。其他比赛以平局结束。

140 | 六等分的区域

对于图中区域 C_1 和 C_2：$C_1= \frac{1}{2} ch_1=C_2=C$。以此类推可以证明：$A_1=A_2=A$ 和 $B_1=B_2=B$。此外，$\frac{1}{2} ch_2=2A+C=2B+C$。所以 $A=B$，同样 $A=C$，$B=C$。

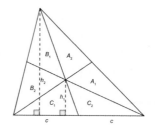

141 | 除法错误

设这个数为 x。那么可以得到下式
$$\frac{\frac{x}{2}}{\frac{1}{3}} - 60 = \frac{x}{2\frac{1}{3}}$$
因此这个数是 56。

142 | 纸上的铅笔

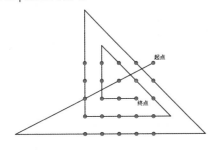

143 | S- 数与 27- 数

◎每一个 S- 数 $\overline{abcdef}$ 都可以指向一个 27- 数:假设 $a+b+c=d+e+f$ 并观察 $\overline{(9-a)(9-b)(9-c)def}$。

这 是 一 个 27- 数，因 为 $(9-a)+(9-b)+(9-c)+d+e+f=27+d+e+f-a-b-c=27$。两 个 不同的 S- 数指向两个不同的 27- 数。

◎每一个 27- 数 $\overline{abcdef}$ 都可以指向一个 S- 数:假 设 $a+b+c+d+e+f=27$ 并 观 察 $\overline{(9-a)(9-b)(9-c)def}$。

这是一个 S- 数，因为 $(9-a)+(9-b)+(9-c)=27-a-b-c=27-(27-d-e-f)=d+e+f$。两个不同的 27- 数指向两个不同的 S- 数。

所以这两个集合的大小相等。

144 | 取钱

对于一张 500 元的钞票和 h 张 100 元的钞票，$500h+100=3(500+100h)$，由 此 得 出 $h=7$。所以女士本来想取 1200 元。

145 | 下沉问题

在图示第二张图中，所有的水都还刚好在大立方体中。在第三张图中，有 $500-(1000-512)=500-488=12$（$cm^3$）的水从大立方体

中溢出。剩下的水中有 $488-(8×10×10-8×8×8)=200$（cm^3）流入小立方体。

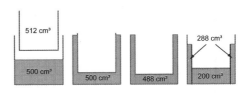

146 | 扔骰子

假设勒内的骰子上的点数 a 被点数 7 所取代，则点数 7 在 36 种组合中出现 6 次。勒内在这些情况中为赢家。用点数 a 取代点数 7，他则在 $(a-1)$ 种情况中为赢家。因此，他多赢了 $[6-(a-1)]$ 次，即 $(7-a)$ 次。所以 $(7-a)÷36=\frac{1}{9}$，因此 $a=3$。

147 | 时光倒流?

本世纪的第一个回文日期是 2001 年 2 月 10 日（10022001），最后一个是 2092 年 2 月 29 日（29022092）。本书出版前的最后一个回文日期是 2020 年 2 月 2 日。

148 | 四边形

将四个四边形分别分成两个三角形，使得到的八个三角形两两组成四对，其中每组的三角形面积相等（等底等高）。所求的面积为 $(a+d)=(a+b)+(c+d)-(b+c)=24+36-21=39$。

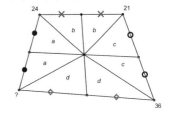

149 | 等腰三角形

设△ABC底角角度为x（以度为单位）。取位于下方的等腰三角形的顶角为x，其他的角很容易就能以x来表示。当位于上方的三角形为等腰三角形时，有$180°-2x=\frac{3}{2}x-90°$。由此得出$x=(\frac{540}{7})°=(77\frac{1}{7})°$。因此顶角为$(25\frac{5}{7})°$。如果取$\angle A$为位于下方的三角形的底角，那么这个三角形和整个三角形的内角角度都为36°、72°和72°，不符合题意。

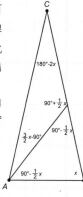

150 | 魔法六边形

如果将七条直线上的所有数字相加，则每个数在总和中出现两次。设s为每条线上的数之和，由此得出$7s=2\times\frac{1}{2}\times14\times(1+14)$。所以$s=30$。

151 | 总是大于9

将不等式左侧展开后得到$3+\frac{a}{b}+\frac{b}{a}+\frac{b}{c}+\frac{c}{b}+\frac{c}{a}+\frac{a}{c}$。又因为$(a-b)^2\geq 0$，$a^2+b^2\geq 2ab$，所以$\frac{a}{b}+\frac{b}{a}\geq 2$。对于$b$和$c$、$c$和$a$也是一样。那么，$3+\frac{a}{b}+\frac{b}{a}+\frac{b}{c}+\frac{c}{b}+\frac{c}{a}+\frac{a}{c}\geq 3+2+2+2=9$。

152 | 积与和

由$km=10(k+m)$可以得到$k=\frac{10m}{m-10}$。因此只有下列数对满足条件：(11,110)、(12,60)、(14,35)、(15,30)、(20,20)。

153 | 64

一种可能的解是将1到8从上到下填入第一列中，将数字9到16填入第二列中，以此类推。两个邻居方格之间的差值始终为1、7、8或9，因此最大差值为9。任何其他的填写数的方法都无法使其最大差值为8。对此取填入了1和64的两个方格并标记从1经邻居方格到64的最短路径。最大步数为7（从一个边上的方格到一个对边上的方格）。因此，路径上的最大差值为$7\times 8=56$。最终最多只能达到$1+56=57$的方格，而无法达到64的方格。因此邻居方格间的最大差值最小为9。

154 | 七分之四

无论7个数中奇数和偶数的比例如何，总会有3对不同的偶数-偶数或奇数-奇数数对。将这些数对中的数两两相加，得到3个偶数e_1、e_2和e_3。现在每个偶数都为4的倍数或为4的倍数加2。在3个数e_1、e_2和e_3中至少有2个数为4的倍数或至少有2个为4的倍数加2。将这2个数相加，得到1个4的倍数，其为最早7个数中的4个数之和。

155 | 高速公路

约兰达让她的姐姐也于星期一上午11点从艾恩德霍芬出发，下午4点抵达格罗宁根。

约兰达自己于下午 1 点从格罗宁根出发，于下午 4 点抵达艾恩德霍芬。他们在公路上互相擦肩而过。这就是所要求的地方。

156 | 倒扣的杯子

如果一次翻转 4 个杯子，可以使 4、3、2、1 或 0 个杯子朝上的同时使 0、1、2、3 或 4 个杯子倒扣。然后分别可以得到多 4 个朝上的杯子，多 2 个朝上的杯子，不多不少没有变化，少 2 个朝上的杯子或少 4 个朝上的杯子。即在每次翻转之后，朝上的杯子的数量都为偶数。所以无法使 25 个杯子都朝上。

157 | 国际象棋比赛

设参加比赛的棋手人数为 n。第一轮比赛结束后剩下了 $m=n-5$ 名棋手。这 m 名棋手以所有可能的组合进行了比赛，总共为 $\frac{1}{2} m(m-1)$ 场比赛。退赛的 5 名棋手各打了一场比赛。他们如果与 5 个"未退赛棋手"交手了，那么就是 5 场比赛。也有可能是 4 场（即一对"退赛棋手"互相交手）或 3 场（即两对退赛棋手互相交手）。所以比赛的总场数为 $\frac{1}{2} m(m-1)+5$、$\frac{1}{2} m(m-1)+4$ 或 $\frac{1}{2} m(m-1)+3$。上面的三个式子均须等于 140。能够给出整数解的唯一式子是其中第二个式子，$m=17$。因此 $n=17+5=22$。

158 | 土豆

扬有 $2^{11}=2048$（种）可能的方式选择 11 个土豆中的任意个土豆（他可以选择或不选择每个土豆，因此对于每个土豆有 2 种可能性）。这 2048 种可能性中的每种的质量都在 0 到 2000 g 之间。所以存在两组土豆 A 和 B，其质量相等（精确到克）。一些土豆

可以同时在这两组中。将这些去掉。那么 A 和 B 两组中剩下的土豆就质量相等。

159 | 一把正方形

共有 11 种不同的抓法：$1×5×5$、$1×4×4+9×1×1$、$1×3×3+3×2×2+4×1×1$、$1×3×3+2×2×2+8×1×1$、$1×3×3+1×2×2+12×1×1$、$1×3×3+16×1×1$、$4×2×2+9×1×1$、$3×2×2+13×1×1$、$2×2×2+17×1×1$、$1×2×2+21×1×1$、$25×1×1$。

160 | 瓷砖广场

4 个红色三角形的面积相等。首先计算 $\triangle DES$ 的面积。注意到 $\triangle DES$ 与 $\triangle CED$ 相似。对于 $\triangle CED$ 有 $CD=40$，$DE=30$，根据勾股定理可以得出 $CE=50$。对于 $\triangle CDE$ 有比例 $CE:CD:DE=50:40:30=5:4:3$。

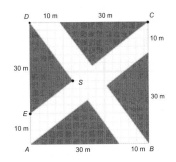

所以上述比例也对 $\triangle DES$ 的 3 条边成立。由 $DE=30=5×6$ 可以得到 $DS=4×6=24$ 和 $ES=3×6=18$。$\triangle DES$ 的面积为 $\frac{1}{2}×18×24=216$。4 个红色三角形的面积之和为 $4×216=864$。因此黄色小路的面积为 $40×40-864=736$（m²）。

161 | 最大的数

设第一位数为5。假设第二位数是4，并总共出现3次。那么不难看出，最大的数是54342415，一个八位数。如果想组成一个更多位的数，那么除了5以外的任何数字最多可以出现2次。对于数字5，如果它也是最后一位数，就可以出现更多次。由四个5组成的最大的数是54352515。所以能找到的最大数由11个数字组成：11223344555。有了以上条件，就可以开始构造这个数了。以54为前两位数开始构造可能的最大的数。因此可以设数字3为第三位数，之后又可以设5为第四位数，2为第五位数。总之要尽可能构造更大的数。第十一位数也为5。第十位数为1。然后得到54352****15，那么还剩下1、2、3和4。安置这些数字的最优方法为54352413215。这是满足条件的最大的数。

162 | 混合问题

我们用 $a \to b$ 表示液体从桶 a 转移到桶 b。一个可能的解为：$1 \to 5$、$4 \to 5$、$5 \to 1$、$5 \to 4$、$2 \to 5$、$3 \to 5$、$4 \to 2$、$4 \to 3$、$5 \to 4$、$1 \to 5$、$5 \to 1$、$3 \to 5$、$4 \to 5$、$2 \to 4$、$5 \to 2$、$5 \to 3$。

163 | 五边形中的五个数字

在不漏掉可能解的前提下，将两个解表示为：$a=1$ 和 $b=4$，以及 $a=1$ 和 $c=4$。对于第一个解，可以得到等式：$1=4e-1$、$4=c-1$、$c=4d-1$、$d=ce-1$、$e=d-1$。由此得出：$c=5$，$d=\frac{3}{2}$，$e=\frac{1}{2}$。同样对于第二个解，我们得到：$b=3$，$d=\frac{5}{3}$，$e=\frac{2}{3}$。

164 | 称重

砝码的质量分别为 5 g、10 g、15 g 和 20 g。平衡状态为 5+10=15、5+15=20 和 5+20=10+15。

165 | 跑步比赛

没错，这是有可能的。那个月他们之间的顺序可能是：阿德—本—科尔（10 天）、本—科尔—阿德（10 天）和科尔—阿德—本（10 天）。

166 | 滑块拼图

你可以拼出 NEE-JA，但是拼不出 YES-NO。这是由于 JEE 和 NEE 中的两个字母 E 互换了。而另一组拼图则不存在这种性质。另请参阅本书第 54 页的"你知道吗？"。

167 | 1989 的倍数

在每组由 51 个连续的数组成的数列中，都存在恰好一个 51 的倍数（$51p$）和一个 39 的倍数（$39q$）或两个 39 的倍数（$39q$ 和 $39r$）。如果存在两个 39 的倍数，则取 $51p$ 和与其不相等的 39 的倍数，设其为 $39q$。那么这两个数的乘积为 $1989pq$。如果只存在 1 个 39 的倍数（设其为 $39q$）并且不等于 $51p$，则这两个数的乘积为 $1989pq$。如果只存在一个 39 的倍数同时也是 51 的倍数，那么无论如何该数总是 17×13×3=663 的倍数（$663r$）。它不一定是 1989 的倍数。然后选出一个不等于所选数字的 3 的倍数（$3s$）作为第二个数。那么其乘积为 1989

的倍数 3×663*rs*=1989*rs*。

168 | 折纸

顺序为：A、D、G、H、F、B、E、C。

169 | 填满正方形

一开始，存在 5 个只能通过奇数步（1、3、5、7 和 9）到达的方格和 4 个只能通过偶数步到达的方格。使用 1、3、5、7 和 9 号，可以到达方格 1、3、5、7 和 9（并非按此顺序）。使用三个偶数号，可以到达方格 2、4 和 6。因此最下面的棋子必须为偶数，因为它必须要能够回到它出发的方格。

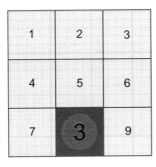

170 | 数字盒子

a 和 *b* 给出的结果是 *a*(*a*+*b*)。所以芬恩得到了 9×(9+7)=144。而阿莉达写下了两个数字 5，因为 5×(5+5)=50。

171 | 他们住在哪儿？

皮特只有可能住在 2 号（只存在一个偶素数）。埃尔丝和卡切分别住在 43 和 47 号（差为 4 的奇素数）。

172 | 生病的棋盘

开始时有 8 个生病的方格就足够了，即使一条对角线上的 8 个方格生病。那么与之相邻的 2 条对角线上的所有方格也会生病，因为它们都有两条边与生病的方格相邻。之后下一个相邻的对角线上的方格也会生病，以此类推，直到最后两个对角方格。有没有可能使一开始生病的方格数量更少呢？根据以下推理，这是不可能的。先来观察生病的方格的周长。如果一个方格生病是由 2 个相邻的生病的方格传染的，则其周长比原来的周长减少 2，但又因为新生病的方格而增加 2。所以总周长保持不变。当其由 3 或 4 个相邻的方格传染时，总周长甚至会减少。流行病为了使所有方格生病，最后的周长必须为 4×8=32。因此初始周长应该至少如此。这只有在一开始存在 8 个独立的生病的方格时才有可能成立。如果它们有一部分彼此相邻，那么一开始就必须要有更多的方格。

173 | 荒谬的天平

将砝码编号为 1 号到 7 号。将 1 号放在横梁较长的一侧，将 2 号、3 号和 4 号放在较短的一侧。如果保持平衡，则所要找的砝码在 5 号、6 号和 7 号中间。如果 1 号较轻，即为所要找的砝码，不需要第二次称重。如果 2 号、3 号和 4 号较轻，所要找的砝码就在其中。假设所要找的砝码在 2 号、3 号和 4 号中间（对于 5 号、6 号和 7 号也是如此），将 2 号、5 号、6 号放在横梁较短的一侧，将 3 号放在较长的一侧（5 号和 6 号绝非所要找的砝码）。如果保持平衡，那么 4 号就是所要找的砝码。如果 2 号一侧较轻，则为 2 号。如果 3 号一侧较轻，则为 3 号。

174 | 巧克力

设艾莎收到的巧克力的数量为 c。因此可得 $\frac{1}{2} \times \frac{1}{2} \{ \frac{1}{2} [\frac{1}{2} (\frac{1}{2} c-1)-1]-1\}-1=1$。解为 $c=62$。她每天剩下的巧克力的数量依次为 30、14、6、2、0。

175 | 所有桥都关闭

"至少存在一条所有桥都关闭的路"的概率等于 1 减去"每条路上都至少有一座桥开放"的概率。在某条特定的路上，"至少有一座桥开放"的概率等于 1 减去该路上"所有桥都关闭"的概率。对于有三座桥的两条路，我们有 $1-(\frac{1}{2})^3=\frac{7}{8}$。对于有两座桥的路，我们有 $1-(\frac{1}{2})^2=\frac{3}{4}$。因此，"至少存在一条所有桥都关闭的路"的概率为 $1-\frac{7}{8} \times \frac{3}{4} \times \frac{7}{8} = \frac{109}{256}$。

176 | 长条骰子

一个骰子上相反面的点数之和总是 7。两个粘在一起的骰子的 4 条长边上的点数为：上面 (a,b)，前面 (c,d)，下面 $(7-a,7-b)$ 和后面 $(7-c,7-d)$。因此所掷出的平均点数为这 8 个点数的总和除以 4，即 $28 \div 4=7$。3 个粘在一起的骰子的 4 条长边上有：上面 (a,b,c)，前面 (d,e,f)，下面 $(7-a,7-b,7-c)$ 和后面 $(7-d,7-e,7-f)$。掷出的点数平均为这 12 个点数的总和除以 4，即 $42 \div 4=10\frac{1}{2}$。

177 | 毕达哥拉斯之树

以 O_i $(i=1,2,\cdots,13)$ 表示编号形状的大小。将勾股定理应用四次后得到解：$81=O_3+O_7=O_5+O_6+O_9+O_{10}=O_5+O_6+O_9+O_{12}+O_{13}$。

178 | 1.5 倍

设所要求的数为 x，并设最后一位数字为 b，那么存在某个数 a，使 $x=10a+b$。需要满足的条件为 $b \times 10^n+a= \frac{3}{2} (10a+b)$，即 $(2 \times 10^n-3)b=28a$。这个方程的右半部分可以被 4 整除，而左边的因数 $(2 \times 10^n-3)$ 为奇数，因此 $b=4$ 或 $b=8$。右半部分同时也能被 7 整除，所以因数 $(2 \times 10^n-3)$ 也当如此。符合以上条件的 n 的最小值为 $n=5$。当 $b=4$ 时，可以得到 $a=(2 \times 10^5-3) \times \frac{4}{28} =28571$，因此 $x=285714$。

179 | 去掉 6

首位为 6 的数 x 可以写成 $x=6 \times 10^n+y$，其中 $y<10^n$。如果我们去掉 6，则剩下的就是 y。已知 $y= \frac{x}{25}$，代入 x 的公式得到 $x=625 \times 10^{n-2}$，其中 $n=2,3,4,\cdots$。所以解有 625、6250、62500，依此类推。

180 | 募捐

设初一、初二、初三的学生人数分别为 x、y、z，则有 $\frac{1}{2} x \times 1+ \frac{1}{3} y \times 1.5+ \frac{1}{4} z \times 2= \frac{1}{2} (x+y+z)=200$。所以初中部的学生总数为 $x+y+z=400$。

181 | 燃烧灯芯

在时间点 0 和 2，灯芯 1 被点燃，在时间点 4 和 6，灯芯 2 被点燃。设它们在第一次

点燃 t 分钟后燃尽。若灯芯 1 只有一端被点燃，它将在 $t+(t-2)=2t-2$ (分钟) 后燃尽。同样对于灯芯 2 有 $(t-4)+(t-6)=2t-10$。因此有 $2t-2=2(2t-10)$，所以 $t=9$。

182 | 红发与黑发

将红发与黑发的女孩分别表示为红与黑。

航行方向	左岸	右岸
	红红红黑黑黑	—
→	红黑黑黑	红红
←	红红黑黑黑	红
→	黑黑黑	红红红
←	红黑黑黑	红红
→	红黑	红红黑黑
←	红红黑黑	红黑

最后一次与倒数第二次互相对称。因此再经过五次航行后，可以得到最终结果：

→	—	红红红黑黑黑

183 | 千子棋

如果贝尔特使棋盘的宽度为 1000 列，高度为 3 行，他就可以赢得比赛。首先当他开始时，他必须在每一列的第二行下一枚棋子。这样，他需要每次将两枚棋子下在一列中。当埃尔尼在另一列落子后，贝尔特需要在这之上下两枚棋子。如果埃尔尼在他落过子的同一列落子，贝尔特则需要将两枚棋子下在空的一列中。这样贝尔特就会在 1000 个回合后获胜。如果埃尔尼先手，贝尔特只需要每次将两枚棋子下在埃尔尼的棋子上面。以此类推。这样贝尔特也可以在 1000 回合后获胜。

184 | 马

这样的跳马是不可能的。假设有一条经过所有 28 个方格的路线，马从左上角的方格开始。见下方的棋盘。由于马从任何一个白色方格只能跳到一个黑色方格，而黑色方格的数量与白色方格一样多，所以马在行进过程中必须交替落在黑色方格和白色方格上。连续落在两个黑色方格上则表示也需要在其他地方连续落在两个白色方格上，而这是不允许的。所以在第 0、2、4、6……26 次跳马后都是落在白色的方格上。而在下方"正常"着色的棋盘上，同样在第 0、2、4、6……26 次跳马后，马会落在白色的方格上。但是这样我们就可以得出结论，两张棋盘有着相同的 14 个白色方格！这显然是不正确的，因此不存在这样的路线。

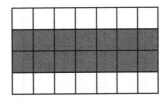

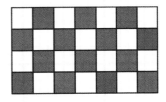

185 | 分割三角形

设大三角形的面积为 O。图中可以看出：$x+3(a+b+c)=O$, $2a+b+c=\frac{1}{4}O$, $a+c=\frac{1}{3}(x+b+c)$ 和 $b=3a$。联立可以得到 $a=\frac{1}{52}O$、$b=\frac{3}{52}O$、

$c=\frac{2}{13}O$ 和 $x=\frac{4}{13}O$。由于 $O=4\sqrt{3}$，则面积 $x=\frac{16}{13}\sqrt{3}$。

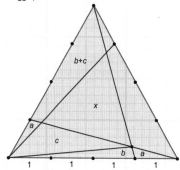

186 | 神奇总和

如果将下列表达式中的括号打开，则可以得出格拉西亚所有的积的总和：$(1+\frac{1}{1})\times(1+\frac{1}{2})\times\cdots\times(1+\frac{1}{10})=\frac{2}{1}\times\frac{3}{2}\times\frac{4}{3}\times\cdots\times\frac{11}{10}=11$。在格拉西亚的积中以 1 表示所有没有被选中的分数。因此只有仅由数字 1 组成的积不在格拉西亚的积的总和里。将其减去，得出答案为 11-1=10。举一个小例子，取 $(1+\frac{1}{1})(1+\frac{1}{2})(1+\frac{1}{3})=1+\frac{1}{1}+\frac{1}{2}+\frac{1}{3}+\frac{1}{1}\times\frac{1}{2}+\frac{1}{2}\times\frac{1}{3}+\frac{1}{1}\times\frac{1}{3}+\frac{1}{1}\times\frac{1}{2}\times\frac{1}{3}=4$，则总和为 3。

187 | 交换硬币

萨尔有 2 元、1 元、2 分和 50 分的硬币（共值 3.52 元）。苏斯有 1 分、2 分、5 分、10 分、20 分和 50 分的硬币（共值 0.88 元）。萨尔用她的 2 分硬币交换了苏斯的 50 分硬币。然后萨尔有 4.00 元，而苏斯有 0.40 元。

188 | 填空题

从素数列中取两两之和：(2+3)、(3+5)、(5+7)、(7+11)……那么问号所表示的数就是 19+23=42。

189 | 蚂蚁从板上掉下来

如果蚂蚁以 S 为起点，它可以通过两种方式返回 S：通过较短路径，即 →↓←↑，或通过较长路径，即 →→↓←←↑。蚂蚁走短路径的概率为 $(\frac{1}{2})^4=\frac{1}{16}$，蚂蚁走长路径的概率为 $(\frac{1}{2})^6=\frac{1}{64}$。因此蚂蚁从 S 出发并回到 S（沿途不经过 S）的概率为 $\frac{1}{16}+\frac{1}{64}=\frac{5}{64}$。在蚂蚁从板上掉下来之前，蚂蚁可以任意次从 S 走到 S。蚂蚁从 S 走到 S 了 n 次然后掉下来的概率为 $(\frac{5}{64})^n\times\frac{1}{2}$。所以蚂蚁在 S 从板上掉下来的总概率 $p=\frac{1}{2}\sum_{n=0}^{\infty}(\frac{5}{64})^n$。由这个表达式可以得出 $\frac{5}{64}p=p-\frac{1}{2}$。因此 $p=\frac{32}{59}$。

190 | 桥应该在哪里？

设河流的宽度为 a。画出垂直于河流方向的 $AA'=a$，然后画出 $A'B$ 得到点 S。找出点 T 使 ST 垂直于河流。由于 $AT=A'S$，路线 $ATSB$ 是最短路线。之所以 $AT'S'B$ 的路线更长，是因为在 $\triangle A'S'B$ 中有 $A'S'+S'B>A'B$。

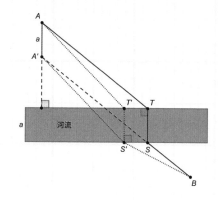

191 | 红绿蓝

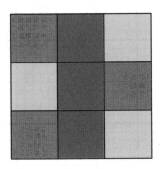

192 | 可以被 11 整除

将每个年龄除以 11 后取其余数。那么则有 11 种不同的年龄分类：0、1、2……9、10。此外，这条街上至少住有 101 个人。现在存在两种情况：

◎某种年龄分类中至少包含 11 个人。那么此分类中 11 个人的年龄之和可以被 11 整除。

◎每种年龄分类中最多包含 10 个人，且必须至少包含 1 个人，不然最多仅有 $10×10=100$（个）人。现在从每种分类中取一个人。这些人的年龄之和（除以 11 后）为 $0+1+2+3+…+9+10=55$，因此可以被 11 整除。

193 | 16 个交叉数字

1 到 16 的和为 $8×(1+16)=136$。两行两列的数之和是 $4×39=156$。位于交叉点的四个数被计算了两次，所以它们加起来为 20。现在将这些数分别取为 1、2、8 和 9，并将它们填入图中的四个交叉点上。经过几次尝试后便可以轻松得出解。若在交叉点上填入 2、

3、7 和 8 可得出另一种解。

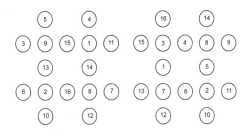

194 | 组合木梁

下图给出了一种使用更短绳子（表示为加粗线）的解。你用一根 $4×20+4×10\sqrt{2}<137$（cm）的绳子即可。

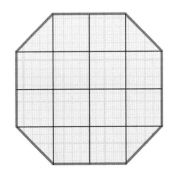

195 | 奶酪块

奶酪每次被切割，会被一分为二。因此经过 k 次切割后的奶酪块数量最多为 2^k。所以汉斯至少需要切 9 刀。汉斯也的确可以用 9 次完成切割。他可以通过三刀切出 8 块 $8×8×1$ 的奶酪块。再切三刀后，则有 64 块 $8×1×1$ 的奶酪块 。最后再切三刀后，他就得到了 512 块 $1×1×1$ 的奶酪块。

196 | 布谷鸟钟

从差一刻七点（7+1+8+1+9+1+10+1=38）开始听了四小时。或者从差一刻十点（10+1+11+1+12+1+1+1=38）开始是听了四小时。

197 | 公因数

如果两个数是另一个数的倍数，那么它们的差也是这个数的倍数。所以我们需要找到一个能整除 95508−90958=4550 和 90958−86415=4543 的数。这个数字还需要能整除差值 4550−4543=7，因此所要求的公因数为 7。

198 | 几对好朋友

在新班级中，设两个班上共有 v 对好朋友。那么则存在许多种分班的方法。通过观察所有分班，可以找到一个使 v 最小的方法。现在做出以下陈述：这种分班方法为满足条件的解。假设实施了这个方法后，某学生在她的新班级中还有两个或以上的好朋友。如果让她转班，那么她在另一个班上最多只有一个好朋友。因此在这个新的分班方法中，v 的值小于旧分班方法中的值（至少减2，最多加1），所以存在一个可以使 v 更小的分班方法。但由于我们取的是使 v 最小的分班方法，因此提出了一个悖论。所以在使 v 最小的分班方法上任何学生都没有两个或以上的好朋友。

199 | 画出任何角度?

没错，皮特说的对。他可以用圆规和直尺画出一个 75° 的角（画一个等边三角形，每个角为 60°，然后将一个 60° 的角分为四个 15° 的角，将 60° 和 15° 的角相加得到 75° 的角）。之后他可以通过将四个 19° 的角相加（共 76°）并减去 75° 得到 1° 的角。那么便可以画出任何角度。

200 | 瓷砖涂色

五块瓷砖可以组成加号 "+" 的形状（一块瓷砖和四个相邻的瓷砖），彼此之间的距离≤2，因此必须涂成不同的颜色。所以至少需要五种颜色。下图中可以看到五种颜色就可以满足条件了。任意两个相同的颜色（1 到 5）不会比 "跳马" 的距离，即距离 3 更靠近。

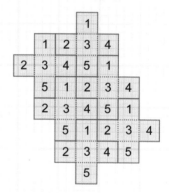

201 | 大卡车

假设在时速 60 km 和时速 90 km 的速度下，后方卡车的时速比前方的卡大 30 km。后车需要驶过两辆卡车长度的总和。当行驶方向相反时，时速 90 km 的卡车以时速 150 km 的速度超过另一辆卡车。此时它也需要驶过同样长的距离。因此，超车的时间是前一次的五倍。

202 | 可以多一个立方体吗?

大立方体可以分为 13×13×13=2197(个) 小立方体。它们无法全部都被点 "覆盖",所以答案为：是的。

203 | 移动根号

需要满足 $\sqrt{a+\frac{a}{x}}=a\sqrt{\frac{a}{x}}$。两边取平方并约分后有 $x=a^2-1$。因此对任意 a 都存在一个解。例如取 a=17 和 x=17^2-1=288，则有

$\sqrt{17+\frac{17}{288}}=\sqrt{\frac{17\times 288+17}{288}}=\sqrt{\frac{17\times 289}{288}}=17\sqrt{\frac{17}{288}}$。

204 | 剪成 100 段

将电线缠绕在一块矩形纸板上（宽 10 cm，厚度不计），将纸板沿宽的中线剪开，就可以通过剪一刀达成目标。注意线头应该位于纸板的中间。

205 | 骰子

总共有 8 个空白的角落（点数 1 的 4 个、点数 2 的 2 个和点数 3 的 2 个）。所以概率为 $\frac{2}{8}=\frac{1}{4}$。

206 | 平均分

由于总共有偶数块石头，所以会有 0、2 或 4 堆奇数块石头。因此在第一步中，可以重新分配两堆石头，然后在下一步中，再重新分配另外两堆石头。现在四堆石头的数量为 a、a、b、b，其中 $a+b$= 20。那么可以取一堆石头 a 和一堆石头 b，经过一步 10、10、a、b 得到 10、10、10、10。

207 | 谁更大?

下式成立：$(\sqrt[10]{10})^{30} = 1000 < 1024 = (\sqrt[3]{2})^{30}$。

208 | 六分之五

下图给出了一种解。两个三角形相似，因此三个角相等。通过将小三角形放大 $\frac{3}{2}$ 倍，小三角形的边 12 和 18 也存在于大三角形中。

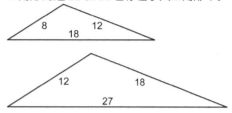

209 | 最简分割

对于 6×6 的正方形不存在最简分割。每条将正方形分为两个矩形的分割线，都必须与至少一个多米诺骨牌相割，才能使分割为最简。由于分割线两侧的两个矩形都由偶数个方格组成，因此分割线必须与偶数个多米诺骨牌相割，所以与分割线相割的骨牌数量至少为 2 个。共存在 5 条水平和 5 条垂直的分割线。所以至少需要 10×2=20(张) 多米诺骨牌，但 6×6 的正方形中只能放下 18 块！

210 | 素数

唯一的解为：775×33=25575。

211 | 给 6 根线打结

取另一侧的一根线头。它只能和另外 4 根线头系在一起。然后取另一根线头。那么它就只能和另外 2 根线头系在一起。因此总共有 8 种方法可以使线形成一个大环。

212 | 分蛋糕

先由 A 切下他所认为的蛋糕的 $\frac{1}{n}$（n 为人数）。现在如果 B 认为这块蛋糕太大了，则从这块蛋糕上切下来一部分。之后可以再由 C 切下一部分，以此类推。最后切过这块蛋糕的人必须取走这块蛋糕剩余的部分。因为如果有人剩下小于 $\frac{1}{n}$ 的蛋糕，其他人便会停止切割，最后切蛋糕的人便会得到小于 $\frac{1}{n}$ 的蛋糕。没有人会愿意取走小于 $\frac{1}{n}$ 的蛋糕。如果 A 切下的蛋糕小于 $\frac{1}{n}$，然后 B 也这样做，以此类推直到倒数第二个人，那么最后一个人将得到大于 $\frac{1}{n}$ 的蛋糕。所以在切蛋糕的过程中，肯定有人会在蛋糕大小等于 $\frac{1}{n}$ 时取走它。然后便是由剩下的 $(n-1)$ 个人来分（将切下的小块重新拼在一起的）蛋糕。那么就可以继续重复之前的步骤。最简单的方法当然是大家每刀都切下 $\frac{1}{n}$ 的蛋糕。

213 | 整天下雨

下图中矩形包含了整个假期的天数，两个椭圆分别表示上午或下午下雨的天数。字母 a、b、c 和 d 分别表示不同子集的元素的数量。由以上信息可以得出：$a+b+c+d=21$，$a+b=14$，$b+c=10$，$d=a+c$。由此得出：$b=9$，表示整天下雨的天数。

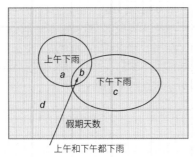

214 | 四个部分

设未知的面积为 x。$\triangle DAP$ 和 $\triangle DCP$ 的面积比等于 $AP:CP$。这是由于它们的高相等。对于 $\triangle BAP$ 和 $\triangle BCP$ 的面积比同样如此。因此 $\frac{x}{45}=\frac{20}{30}$，即 $x=30$。

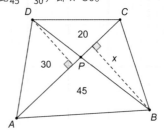

215 | 摄影定胜负

名次为：卡雷尔第一，布鲁诺第二，阿克塞尔第三。

216 | TAM 拼图

下面为一种解。小写字母表示使用的规则。

$A^d \rightarrow TAM^b \rightarrow TAMT^c \rightarrow TAMTA^d \rightarrow TTAAMMTTAM^a \rightarrow AAM^a \rightarrow M$

217 | 曲线

将正方形涂为黑白相间的颜色，如同一张棋盘。如果将位于正中的正方形涂为白色，则有 17 个白色正方形和 18 个黑色正方形。每条曲线经过正方形的顺序为白—黑—白—黑—……在行进途中的任何时候，经过的白色正方形的数量等于经过的黑色正方形的数量，或经过的白色正方形比黑色正方形多 1 个。因此这条线无法经过所有 17 个白色正方形和 18 个黑色正方形。

218 | 可以被 3 整除?

将整数分为三个集合：形式为 $3p$、$3p+1$ 和 $3p+2$（$p=\cdots,-3,-2,-1,0,1,2,3,\cdots$）。每个数都包含于这三个集合中的一种中。在四个整数中，至少有两个包含于同一个集合。而同一集合中的两个数的差可以被 3 整除。

219 | 文本成立吗?

依次填入数字 3、2、3、1、1。

220 | 最多取 100 次

如果设 X 为抽到白球的回合，则设所求的概率为 $P(X \leq 100)$。设之后抽到白球的概率为 $P(X>100)$。这两个概率相加为 1，因此有 $P(X \leq 100)=1-P(X>100)$。在 100 回合后抽到白球的概率等于前 100 回合都抽到红球的概率。所以有 $P(X>100)= \frac{10}{11} \times \frac{11}{12} \times \frac{12}{13} \times \cdots \times \frac{108}{109} \times \frac{109}{110} = \frac{10}{110} = \frac{1}{11}$。所要求的概率为 $1-\frac{1}{11}=\frac{10}{11}$。

221 | 珍珠项链

给 7 段项链一一赋值，两端的值最大，如图所示。每段最终都要被剪断，剪断某段的价格至少为该段的值。因此，总价格至少为 6+3+7+7+8+8+5=44。这也是成立的：总是将价格最高的一段剪断。这样一来你所需要支付的正好为该段的价格。

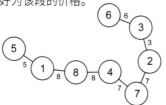

222 | 折纸

两人折出的管子的管口正方形的边长分别为 $\frac{1}{4}a$ 和 $\frac{1}{4}b$。容积的比例 $\frac{1}{16}a^2b \div \frac{1}{16}b^2a= \frac{a}{b} =2$。因此 a 为 b 的两倍（反之亦然）。

223 | 排列书籍

可以通过五次交换完成：通过两次将 1、3 和 5 还原，再通过两次将 2、6 和 8 还原，最后通过一次将 4 和 7 还原。

224 | 一条辅助线

过 A 点画一条垂直于 BD 的辅助线 AR。△ABD 和 △BRA 相似。那么 $\frac{AR}{BR}=\frac{AD}{AB}=\frac{1}{2}$，因此 $AR=\frac{1}{2}BR$。又因为 $AP=PB$，所以 $QR=\frac{1}{2}BR$。所以有 $AR=QR$。所以 $\angle AQR=45°$。

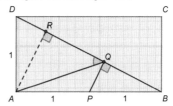

225 | 最大的圆

由勾股定理得出半径 $r=\sqrt{\left(\frac{1}{2}\right)^2+\left(\frac{3}{2}\right)^2}=\frac{1}{2}\sqrt{10}$。如图所示。

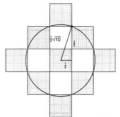

226 | 困难的方程

由 $x^3=3+[x]$ 可以得出 x^3 必须为整数 n。因此：$n=3+[\sqrt[3]{n}]$，其中 $n>3$。仅当 $n=4$ 时存在解：$x^3=4$，$[x]=1$。

227 | 可以被 7×7 整除

任意数 a 可以表示为 $a=7p$、$a=7p\pm1$、$a=7p\pm2$ 或 $a=7p\pm3$。那么则有 $a^2=49p^2$、$a^2=7q+1$、$a^2=7r+4$ 或 $a^2=7s+2$。对于 b^2 同样如此。仅当 $a^2=49p^2$ 和 $b=49t^2$ 时，两者之和为 7 的倍数，那么此总和便可以被 49 整除。

228 | 多一次

如果小阿尔刚好比斯蒂芬多掷一次，那么她不是掷出的正面更多就是反面更多。两者不能同时成立，不然她需要至少多掷两次。由于这两种情况发生的可能性相同，因此她掷出更多正面的概率为 $\frac{1}{2}$。

229 | 角球台

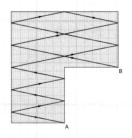

230 | 下棋

如果安妮米克需要在三盘棋中连续赢下两盘，她必须要赢下第二盘棋。所以她应该选择妈—爸—妈，因为她赢下爸爸的概率比赢

下妈妈的大（毕竟妈妈棋下得比爸爸好）。

231 | 三个正方形

将图形扩展到两倍大并画出两条辅助线（表示为虚线）。现在 $\triangle ABC$ 与 $\triangle EHC$ 相似，因为它们是直角三角形，并且两组直角边的比例为 $1:3$。所以 $\angle BAC=\angle CEG$ 并且 $\angle BFC=\angle BEC+\angle CEG=\angle BEC+\angle BAC$。

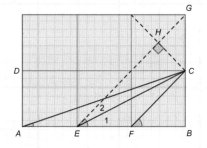

232 | 网格点

根据 x 坐标和 y 坐标的奇偶性，将网格点分为四组，也就是 x 偶 y 偶、x 偶 y 奇、x 奇 y 偶和 x 奇 y 奇。如果两个点 P 和 Q 在同一组中，那么线段 PQ 的中点也是一个网格点，所以 P 和 Q 互不相邻。因此最多可以从每组中选出一个点，比如 (0,0)、(1,0)、(0,1) 和 (1,1)，或其他类似的四个网格点。

233 | 两次称重

设砝码为 1、2、3 和 4。那么最重的两个砝码有六种可能的组合：12、13、14、23、24 和 34。首先将 1 和 2 放上天平。如果 1 和 2 质量不同，则将 3 和 4 放上天平。然后便可以得出组合 13、14、23 和 24 哪组最重。如果 1 和 2 质量相同，则 3 和 4 的质量也相同。然后将 1 和 3 放上天平。根据天平的倾斜（不可能达到平衡），便可以知道哪两个最重，哪两个最轻。这就给出了最后的两种可能性：12 或 34。

234 | 五个数

设一组解中的五个数由小到大为 a、b、c、d 和 e，则 $a+b+c+d+e=abcde$。并且有 $a+b+c+d+e \leq 5e$ 和 $abcde \geq a^4 e$，因此 $a^4 \leq 5$，那么 $a=1$。将其代入可得 $abcde=bcde \geq b^3 e$，所以 $b^3 \leq 5$，那么 $b=1$。再次代入 $abcde=cde \geq c^2 e$，则 $c^2 \leq 5$，那么 $c=1$ 或 $c=2$。继续代入 $c=1$，可得 $de \leq 5e$，则 $d=1$、2、3、4 或 5。若代入 $c=2$，可得 $2de \leq 5e$，则 $d=1$ 或 $d=2$。所以对于组合 (a,b,c,d) 有 (1,1,1,1)、(1,1,1,2)、(1,1,1,3)、(1,1,1,4)、(1,1,1,5)、(1,1,2,1)、(1,1,2,2)。将这些可能性代入 $a+b+c+d+e=abcde$，可以得到 (1,1,1,2,5)、(1,1,1,3,3)、(1,1,1,5,2)、(1,1,2,1,5)、(1,1,2,2,2)。第一组、第三组和第四组经过数字置换后相同。所以共存在三组解。

235 | 组成 100

使用最少运算符的解为：123-45-67+89=100 和 98-76+54+3+21=100。

236 | 双三角

连接两个三角形处的小棍有五种可能性（称其为小棍 1）。对于第二根，无论取哪根，摆放在第一根小棍的哪端都无所谓（称其为小棍 2）。想要摆完第一个三角形，第三根小棍还有三种可能性（称其为小棍 3）。对于第二个三角形的第二根小棍，还剩下 2 种可能性。对于最后一根小棍，则有 1 种可能性。所以总共有 5×1×3×2×1=30(种) 可能性。

237 | 船长，我可以过河吗？

奥利弗和斯坦在河的此岸，普克在对岸。划艇在普克的岸边。然后是这样的：普克过河（第 1 次），然后普克和斯坦过河（第 2 次），然后普克再次过河（第 3 次），最后奥利弗过河（第 4 次）。奥利弗和普克的位置互换也成立。

238 | 蛇形游戏

将第一个方格板上的 64 个方格分为 32 对（存在多种方式）。若每次玩家 1 选择一个方格时，玩家 2 选择此对中的另一个方格，就可以获胜。所以在普通棋盘中，玩家 2 有必胜策略。而在第二个方格板上，玩家 1 可以获胜。除了最后一行左数第二个方格，再次将所有方格分为两两一对。玩家 1 先将这个方格着色，之后在玩家 2 的每回合后，将同一对中的另一个方格着色。

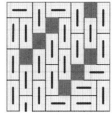

239 | 环

三个圆弧正好形成了一个完整的圆（外半径

R cm，内半径 r cm）。此外，有三段总长度为 x cm 的直线段。因此有 $2\pi R + x = 21$ 和 $2\pi r + x = 19$。将其相减得到宽度 $R - r = \frac{1}{\pi}$。圆弧处的面积 A_c 也等于宽度 $(R-r)$ 乘外圆周和内圆周的平均值，即 $A_c = \frac{1}{2}(2\pi R + 2\pi r)(R-r) = \pi(R+r)(R-r) = \pi(R^2 - r^2)(\mathrm{cm}^2)$。那么环的总面积 A 就等于宽度 $(R-r)$ 乘外周长和内周长的平均值，即 $A = \frac{1}{2}(21+19) \times \frac{1}{\pi} = \frac{20}{\pi}$。

240 | 移动硬币

移动四枚硬币。

241 | 一分为二

a. 面积 $O = \frac{1}{2} \times (4+8) \times 6 = 36$。

b. $p \times 6 = 18 \rightarrow p = 3$。

c. $\frac{1}{2} \times (8-q) \times 6 = 18 \rightarrow q = 2$。

d. $\frac{1}{2} \times r \times 6 = 18 \rightarrow r = 6$。

e. $(8-s) \times 6 = 18 \rightarrow s = 5$。

f. 设水平线的长度为 u。那么由图可知：

$\frac{1}{2}u \times \frac{3}{2}u = 30$。

因此 $u = 2\sqrt{10}$。

那么 $t = 12 - \frac{3}{2}u = 12 - 3\sqrt{10}$。

242 | 封锁

a. 回合 1：红子移至 b1 和 d1，蓝子移至 e4。

回合 2：红子移至 c1 和 d2，蓝子移至 e3。

回合 3：红子移至 c2 和 d1，蓝子移至 e2。

回合 4：红子移至 c1 和 d2，蓝子移至 e1。

回合 5：红子移至 d1 和 e2，蓝方落败。

无法在更少的回合内取胜。

b. 将 5×5 棋盘涂为黑白相间的"棋盘"。称左下角的方格为 a1，右上角为 e5。

那么三枚棋子都位于白格。仅在这种情况下，也就是三枚棋子位于同色方格时，红方才有可能获胜。

◎第一回合，两枚红子需要移至黑格，然后蓝子也跟着移至黑格。以此类推。

红方在第一回合将棋子移至 b1 和 d1，然后使它们每回合都向上移动。如果红子都位于黑格，则该行上的其他三个方格为白格。但是蓝子也移至黑格，因此蓝子不会位于红子所在行的三个白格之一，也不会落在 c 列的白格中。

◎当蓝子移至下一行的中心方格时，红子可以移至它旁边和它前面，与蓝子组成一个三角形。然后红子每回合都与蓝子组成同样的三角形，以使蓝子慢慢移至边缘，最后移至 d 列的角落。

◎如果蓝子移至下一行的边缘（例如右边），那么红方将两颗红子向右移动。如果蓝子往回移动，红子则向前移动一排，如果蓝子向左移动，红子就可以与蓝子组成一个三角形，将蓝子逼至边缘后封锁至角落。

在国际跳棋或国际象棋棋盘的一小块上稍微尝试一下，就可以发现，红方总是能在最多七回合内将蓝方封锁至上方角落并获胜。

243 | 哪两个？

将三次称重编号为 I、II 和 III。运算符号表示天平两侧砝码的质量关系。括号里是结论

[在 a、b 两种情况下都有 $5 \times 4 \div 2 = 10$（种）可能的结论），例如 (ABCDE)=(11212)。

a. I. A=B. II. C=D. III. AB<CD(11221)、AB>CD(22111)、AB=CD 不成立。
   I. A=B. II. C>D(11212)
   I. A=B. II. C<D(11122)
   I. A>B. II. C=D (21112)、C>D(21211)、C<D(21121)
   I. A<B. II. C=D (12112)、C>D(12211)、C<D(12121)

b. I. ABC=DE 不成立。
   I. ABC<DE(11122)
   I. ABC>DE
   II. A=B. III. A=D(11212)、A>D(22111)、A<D(11221)
   II. A>B. III. C=D(21112)、C>D(21211)、C<D(21121)
   II. A<B. III. C=D(12112)、C>D(12211)、C<D(12121)

244 | 奇怪的数字

罗马数字可以使表达式成立。

V	I	I	I	X	C C L
+I V	X	V	− I	I V / M	
X		X	I X	/ M	
					0

＊这里只给出了部分解。阿拉伯数字与罗马数字的对应关系为：1—Ⅰ、2—Ⅱ、3—Ⅲ、4—Ⅳ、5—Ⅴ、6—Ⅵ、7—Ⅶ、8—Ⅷ、9—Ⅸ、10—Ⅹ、50—Ｌ、100—Ｃ、1000—Ｍ。

245 | 连续平方数

若 $a_1 = n^2$ 为第一个数，则第二个数为 $a_2 = (n+1)^2$。那么对于下一个数有

$a_3 = (n+2)^2 = n^2 + 4n + 4 = 2(n^2 + 2n + 1) - n^2 + 2 = 2a_2 - a_1 + 2 = 15516688356$，也就是从第二个平方数的两倍中减去第一个平方数再加 2。

246 | 最好在她的表弟旁边

如果卡托抽到 1 或 5（概率为 $\frac{1}{4}$），那么博伊坐在她旁边的概率为 0。

如果卡托抽到长边的角，即 2、4、6 或 8（概率为 $\frac{1}{2}$），那么博伊坐在她旁边的概率为 $\frac{1}{7}$。

如果卡托抽到长边的中间，即 3 或 7（概率为 $\frac{1}{4}$），那么博伊坐在她旁边的概率为 $\frac{2}{7}$。

所以总概率 p 为：

$$p = \frac{1}{4} \times 0 + \frac{1}{2} \times \frac{1}{7} + \frac{1}{4} \times \frac{2}{7} = \frac{1}{7}。$$

247 | 填满立方体

1 个 3×3×3（体积为 27）的立方体，7 个 2×2×2（总体积为 56）的立方体和 42 个 1×1×1（总体积为 42）的立方体可以填满 5×5×5（125）的立方体盒子。一共需要 50 个木制立方体。

248 | 第一挡

对于整个去程 s，$s = vt + 2v2t + 3v3t + 4v4t = 30vt$。对于回程（设时长为 t'），$s = 5vt'$。那么 $5vt' = 30vt$，因此 $t' = 6t$。当平均车速 $v = 60$ 时，$60 = 2s \div (t + 2t + 3t + 4t + t') = s \div 8t$，$s \div t = 480$。由第一个等式可得，$s \div t = 30v$。所以 $30v = 480$，$v = 16$ km/h。

249 | 前半部分，后半部分

数字 x 将区间 [0,1] 分为两部分，比例为 $(x-0) \div (1-0) = x$。在 [0,1] 之中，x 位于前半部分。一分为二后，x 位于 $[0, \frac{1}{2}]$ 的后半部分。

继续一分为二后，x 再次位于前半部分，此时的区间为 $[\frac{1}{4}, \frac{1}{2}]$。由于区间等比例缩小为原区间的四分之一，在新区间中 x 的位置和 $[0,1]$ 中的比例一样，所以 $(x-\frac{1}{4}) \div (\frac{1}{2} - \frac{1}{4}) = x$。所以 $x = \frac{1}{3}$。

250 | 成立的句子

所有可能的解为：

In deze zin staan ... letters ...（在这个句子中有……个字母……）。

◎ twee letters d, l, r, w（2 个字母 d、l、r 或 w）

◎ drie letters a, d, r, s, z（3 个字母 a、d、r、s 或 z）

◎ vier letters i, n, t（4 个字母 i、n 或 t）

◎ vijf letters e（5 个字母 e）

◎ zes letters e（6 个字母 e）

◎ zeven letters e（7 个字母 e）

251 | 注满游泳池

设注水的速度为 v，游泳池的体积为 Z，那么有 $Z=v \times 1$。设第二台水泵在 t 小时后启动，则有：$\frac{7}{6}v - (\frac{7}{6} - t) \times \frac{1}{4}v = Z = v$。因此 $t = \frac{1}{2}$。第二台水泵于上午 8 时 30 分启动。

252 | 几条蛇？

分别用 a、b、c 和 d 表示蜘蛛、兔子、鸡和蛇的数量。那么有 $(8+1)a=(4+1)b=(2+1)c$。最小的解为 $a=5$、$b=9$ 和 $c=15$。由于头和腿的总数相同，所以有 $a+b+c+d=8a+4b+2c$，$d=7a+3b+c=77$，也即最少有 77 条蛇。

253 | 从网格点到网格点

用上、下、左和右表示四个方向的总步数。总

路程的净步数应该为右 =10。共存在三种可能性：右 =12，左 =2，上 =0 和下 =0；右 =11，左 =1，上 =1 和下 =1；右 =10，左 =0，上 = 2 和下 =2。

对于第一种可能性，将 12 个"右"字和 2 个"左"字排成一排。这 14 个字共有 $1 \times 2 \times 3 \times \cdots \times 14 = 14!$（种）排列组合的方式。但其中许多种方式重复了：对于"右"字这个重复的因数为 12!，因为每个"右"都是相同的，而对于"左"字重复的因数为 2!=1×2=2。那么总共存在 $14! \div (12! \times 2!) = 14 \times 13 \div 2 = 91$（种）方式。

对于第二种可能性，将 11 个"右"字、1 个"左"字、1 个"上"字和 1 个"下"字排成一排。总共存在 $14! \div 11! = 14 \times 13 \times 12 = 2184$（种）排列组合的方式。

对于第三种可能性，将 10 个"右"字、0 个"左"字、2 个"上"字和 2 个"下"字排成一排。总共存在 $14! \div (10! \times 2! \times 2!) = 6006$（种）方式。那么将以上结果相加，总共存在 $91+2184+6006=8281$（种）方式。

254 | 最大的正方形

显而易见最优解为下图中的两种情况之一。对于左边 $\frac{b}{a} = \frac{3}{5}$ 和 $\frac{c}{a} = \frac{5}{4}$。此外还有 $b+c = \frac{7}{11}$，由此可得 $\frac{3}{5}a + \frac{5}{4}a = \frac{7}{11}$。因此 $a = \frac{140}{407} \approx 0.344$。对于右边有 $s+t = \frac{7}{11}$ 和 $\frac{t}{s} = \frac{3}{4}$。由此得出 $s + \frac{3}{4}s = \frac{7}{11}$，所以 $s = \frac{4}{11} \approx 0.364$。所以右边的正方形是最大的。

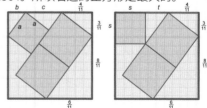

255 | 年龄

我妈妈 73 岁，我 37 岁。

256 | 互换

初始状态下为黑色的三个方格必须至少分别改变两次颜色，才能由红色变为白色。由于这些方格彼此不相邻，至少需要 3×2=6(步)。不需要更多的步骤，正如以下解所表示的。将初始状态从上到下分三对表示为：黑白、白黑、黑白。然后进行以下六个步骤：红黑、白黑、黑白→白黑、黑黑、黑白→白黑、黑红、黑黑→白黑、红红、红红→白黑、黑白、红白→白黑、黑白、白黑。

257 | 快捷支付

在第 1 个袋子里放 1 元，第 2 个袋子里放 2 元，第 3 个袋子里放 4 元，第 4 个袋子里放 8 元，第 5 个袋子里放 16 元，第 6 个袋子里放 32 元，第 7 个袋子里放 37 元。稍加尝试就会发现它们能满足所有的可能性。

258 | 彩色袜子

将 4 种颜色表示为图形中的 4 个点，将每双袜子表示为其所对应的颜色的点之间的连线。颜色相同的一双袜子就表示为一个圆。如果两对袜子的配色相同，则表示为一对点上的两条连线。因此整个图形由 4 个点和 4 条连线组成。

经过一番思索后，可以找到如图所示的所有的

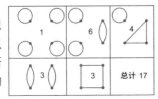

分配方式及其数量。因此总共存在 17 种可能性。

259 | 最多为 0.001

观察数列中所有数的小数点后前三位小数。

◎如果此数列中所有数的前三位小数相同，则存在一对前三位小数相同的，两者之差也为数列中的一个数，其前三位小数因此为 000。该数与某整数仅在小数点后第四位开始不同，因此两者之差小于 0.001。

◎设所有数的前三位小数不同。因为除了 000 和 999 之外只有 998 种三位数的组合，所以 999 个数中至少存在一个数，其前三位小数为 000 或 999。此数与某整数最多相差 0.001。

260 | 五角星

因为面积 $S_{\triangle ABC} = S_{\triangle ABD}$，所以 $f = b + d + \frac{1}{12}$。

由此得出：$a + b + c + d + e = a + c + e + f - \frac{1}{12} = \frac{1}{2} - \frac{2}{12} = \frac{1}{3}$。

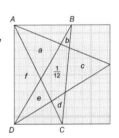

261 | 硬币汉诺塔

在只有 1 枚硬币的情况下，你经手这枚硬币 1 次。在 2 枚硬币的情况下，较小的硬币经手 2 次，较大的硬币经手 1 次。在 3 枚硬币的情况下，最小的硬币经手 4 次，中等的硬币经手 2 次，最大的硬币经手 1 次。以此类推。所以当有 8 枚硬币时，2 元硬币经手 1 次，1 元硬币经手 2 次，50 分硬币经手 4 次，20 分硬币经手 8 次，10 分硬币经手 16 次，5 分硬币经手 32 次，2 分硬币经

手 64 次，1 分硬币经手 128 次。所经手硬币的总金额为 13.36 欧元。

262 | 有没有 0 ？

无法将 10^{10} 写为两个没有 0 的数的乘积。10^{10} 的因式分解包含 10 个因数 2 和 10 个因数 5。其中一个数必须包含所有的 2，另一个必须包含所有的 5，因为若两个数之一包含 2 和 5，这个数将以 0 结尾。对于这两个数唯一剩下的可能性只有 2^{10} 和 5^{10}。但是 $2^{10}=1024$，而 1024 中包含一个 0。

263 | 魔法

取一堆有 10 张牌的牌堆。假设牌堆中有 x 张白面朝上的牌。将整堆牌翻过来，那么牌堆中便有（10–x）张牌白面朝上。另一堆牌里也有（10–x）张牌白面朝上。

264 | 骰子与硬币

只有当同时掷出两个 1 时，才无法组成大于 20 的数。发生的概率为 $\frac{1}{2} \times \frac{1}{6} = \frac{1}{12}$。那么大于 20 的概率就为 $1 - \frac{1}{12} = \frac{11}{12}$。如果你分别掷它们，你需要将骰子掷出 2、3、4、5 或 6，或将硬币掷出 2。所组成之数大于 20 的概率为 $\frac{1}{2} \times \frac{5}{6} + \frac{1}{2} \times \frac{1}{2} = \frac{2}{3}$。

265 | 损蚀的门牌号

带有可见数字的房子位于街道门牌号为偶数一侧。5 个数字 6、8、8、4、6 可以依次出现在门牌号 2、4、6、8、10、12、14、16、18、20、22、24、26、28、30 的顺序中。而反方向则不成立。所以当威廉沿着 6、8、8、4、6 的方向走时，他所找的就是有可见数字的一侧的最后一栋房子。

266 | 六边形

注意到六个着色的三角形为相似三角形。对于这种以 x 为底的三角形，它的面积与 x^2 成正比，周长与 x 成正比。因此存在数字 α 和 β，其中 $\alpha(a^2+c^2+e^2)=\alpha(b^2+d^2+f^2)$，因为这两个三元组露在六边形外面的部分面积之和相等。并且有 $(\beta-1)(a+c+e)+b+d+f=(\beta-1)(b+d+f)+a+c+e$，因为这两个式子都是等边三角形的周长，所以有 $a^2+c^2+e^2=b^2+d^2+f^2$ 和 $a+c+e=b+d+f$，即 $a^2+193=185+b^2$ 和 $a+19=b+17$，因此 $a=1$，$b=3$。

267 | 平方数列

显然，8 和 9 最多只能与一个数相邻。所以它们在数链的两端。从 9 开始很快就可以推出唯一解为以下数列：9，7，2，14，11，5，4，12，13，3，6，10，15，1，8。

268 | 可调节皮带

在一端打三个孔，分别距离最后一个孔 1 cm、2 cm 和 3 cm。在另一端也打三个孔，分别距离最后一个孔 4 cm、8 cm 和 12 cm。有了这些孔，就可以围出从 85 cm 到 100 cm 的任何长度。例如 90=100–8–2。

269 | 六倍

扬纳和凯西加起来至少有 1.19 元。凯西有 12 枚硬币：7 枚 1 分硬币和 5 枚 2 分硬币，或 10 枚 1 分硬币、1 枚 2 分硬币和 1 枚 5 分硬币。扬纳有 2 枚硬币：1 枚 1 元硬币和 1 枚 2 分硬币。

270 | 三角行

对于三角形有：

$\frac{1}{2} AP = \frac{1}{3} PB$，即 $3AP=2BP$

$\frac{1}{4} BQ = \frac{1}{5} QC$，即 $5BQ=4QC$

$\frac{1}{6} CR = \frac{1}{7} RA$，即 $7CR=6RA$

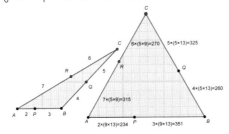

a. 最小解为：$AP=2$，$PB=3$，$BQ=4$，$QC=5$，$CR=6$，$RA=7$，也就是边长分别为 5、9、13 的三角形。

b. 这三条边的最小公倍数为 $5×9×13=585$。所以最小的等边三角形的边长为 585。边上的线段为：

$AP=2×117=234$，$PB=3×117=351$，$AB=585$；

$BQ=4×65=260$，$QC=5×65=325$，$BC=585$；

$CR=6×45=270$，$RA=7×45=315$，$CA=585$。

271 | 5 在最上

对于第一次折叠，存在 4 个选项：使 2、8、4 或 6 位于 5 的正下方。

对于第二次折叠，仍然有 3 个选项可以将不同的数字折进 5 的正下方。

对于第三次折叠，还剩下 2 个选项。

对于第四次也是最后一次折叠，只有一种可能性。

因此总共存在 $4×3×2×1=24$(种)可能性。

272 | 轮流取胜

设甲有 a 元，乙有 b 元。在掷 1 次硬币后，他们分别有 $2a$ 元和 $(b-a)$ 元。掷 2 次硬币后，他们分别有 $(3a-b)$ 元和 $2(b-a)$ 元。掷 3 次硬币后，他们分别有 $2(3a-b)$ 元和 $(3b-5a)$ 元。掷 4 次硬币后，他们分别有 $(11a-5b)$ 元和 $2(3b-5a)$ 元。两者此时都有 16 元，求解后可得 $a=11$，$b=21$。

273 | 平方数列

这是不可能的。由于所有平方数都在同一列中，所以每数到一个平方数时就必须经过这一列。这意味着偶平方数和下一个奇平方数之间的所有数都必须位于此列的一侧。而奇平方数和下一个偶平方数之间的所有数都位于此列的另一侧。但是排列这些数意味着平方数列的一侧有 50 个数，而另一侧有 60 个数。这些数并非 11 的倍数，因此无法排列进整数个列。

274 | 毕业了 ?!

60% 的毕业生是女生。因此，对于及格的男生 b_p 和女生 g_p 有 $g_p \div b_p = 3 \div 2$。对于 (g_p, b_p) 存在以下可能性：(15,10)、(12,8)、(9,6)、(6,4) 和 (3,2)。对于毕业生 $p = g_p + b_p$ 和不及格的 $f = g_f + b_f$ 必须有 $p \div (p+f) \geqslant 0.85$。此外，对于不及格的学生有：$b_f = g_f + 2$ 且 $g_f \geqslant 1$，因此 $f \geqslant 4$。由此得出：$p \div (p+f) \leqslant p \div (p+4)$。当 $p = 5$、10、15 和 20 时，有 $p \div (p+f) \leqslant p \div (p+4) < 0.85$。那么还剩下 $p = 25$ 和 $f = 4$。因此有 $p \div (p+4) = 25 \div 29 \approx 0.86$，毕业班上总共有 29 名学生，其中有 15 名女生和 10 名男生毕业了，1 名女生和 3 名男生不及格。

275 | 会相遇吗？

下图中给出了 6 个可能的相遇点。此时它们都经过了 1.5 根钢筋。如果两只蚂蚁中的一只选择了某条路线，另一只有 $\frac{1}{6}$ 的机会遇到第一只。

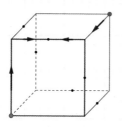

276 | 汽油够吗？

设摩托用每升油行驶 k km。到暂停的地方，比尔用了 $\frac{100}{k}$ L 油，并且必须再用 $\frac{100}{k}$ L 油回家，所以他留下了 $(40 - \frac{200}{k})$ L 油。再

次回到暂停点，油箱里还剩下 $(40 - \frac{100}{k})$ L 油，那么他总共还有 $(80 - \frac{300}{k})$ L 油用来行驶 200 km 来程和 300 km 回程。对于这 500 km，他需要 $\frac{500}{k}$ L 油。所以他骑完全程有 $80 - \frac{300}{k} = \frac{500}{k}$。因此摩托用每升油行驶 10 km。

277 | 9 个多边形

最多存在 $9 \times 8 \div 2 = 36$（个）公共区域。如果每个公共区域的面积都小于 $\frac{1}{9}$ cm^2，则覆盖的总面积将超过 $9 - 36 \div 9 = 5$（cm^2）。所以至少有一个公共面积为 $\frac{1}{9}$ cm^2。

278 | 几杯咖啡？

①将所有咖啡倒入 9 个杯子中。
②将 2 杯 80 ℃ 和 2 杯 40 ℃ 的咖啡在最大的壶中充分混合，然后最终温度为 60 ℃，因为 $2 \times 80 + 2 \times 40 = 4 \times 60$。从这只壶里可以倒出 4 杯 60 ℃ 的咖啡。
③将剩余的 2 杯 80 ℃ 和 1 杯 20 ℃ 的咖啡混合在一只大壶中，然后最终温度依然为 60 ℃，因为 $2 \times 80 + 1 \times 20 = 3 \times 60$。从这只壶里可以倒出 3 杯 60 ℃ 的咖啡。
④总共有 7 杯 60 ℃ 的咖啡。
⑤还剩下 1 杯 40 ℃ 和 1 杯 20 ℃ 的咖啡。如此一来，只能倒出 2 杯 30 ℃ 的咖啡。
⑥所以最多可以倒出 7 杯。

279 | 骑自行车的人

下坡的速度需要是无限的。这是不可能的。设道路长为 l、上山速度为 v 和下山速度为 v'。那么就有 $2v = 2l \div (\frac{l}{v} + \frac{l}{v'})$，即 $\frac{1}{v} + \frac{1}{v'} = \frac{1}{v}$。所以 $\frac{1}{v'} = 0$。

280 | 1+1 等于几?

说是/是的人是真，说否/否的人是假，说是/否或否/是的人是真/假。然后就能立即知道提问者是谁了。

281 | 剪纸

总共有 13 种可能的方法。

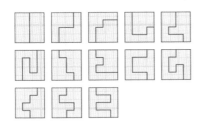

282 | 排序

排序从大到小：c、a、e、d、b。

283 | 珠宝运输

薇拉早上把她的手镯放在她的储物柜里，然后用她的挂锁把柜子锁起来。下午，罗莎也把她自己的挂锁锁在薇拉的储物柜上。隔天早上，薇拉取下自己的挂锁。最后，罗莎在下午打开她自己的挂锁，打开薇拉的储物柜，并取走了手镯。

284 | 不超过 5 cm²

设上方竹签的两端为 P 和 Q，下方竹签的两端为 P' 和 Q'。你可以通过以下方式使竹签经过的面积尽可能小。将上方竹签滑向右边，使其尽可能远离下方竹签。然后围绕 Q 旋转它，使其位于 $P'Q$ 线段上。之后竹签将沿此线段移动且不产生面积，使 P 落在 P' 上。

最后围绕 P 旋转竹签，使 Q 落在 Q' 上。竹签所经过的面积为两个半径为 5 cm 的圆弧。但是你可以尽可能缩小圆弧的角，使两个面积加起来总是小于 5 cm²。

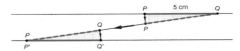

285 | 看时钟

设已经度过的时间为 v 小时。由此得出 $v+2\times\frac{2}{3}v=24$，即 $v=10\frac{2}{7}$。也就是大约 10 点过 17 分钟。

286 | 翻牌

你只需要翻开印有 A 和 9 的牌。要明白这一点，给定的条件也可以表述如下：如果一面印有奇数，则另一面印有辅音。因此，你需要检查 A 背面是否印有偶数以及 9 背面是否印有辅音。你不必把 D 和 12 转过来，因为它们背面是什么都可以。

287 | 立方体棋盘上的棋子

由于共有 64 列（从上到下），所以无论如何不可能放置超过 64 枚棋子。我们可以把数字放在图中。图为立方体的俯视图，数字表示每一列所放置的棋子所在的层数。

1	2	3	4	5	6	7	8
8	1	2	3	4	5	6	7
7	8	1	2	3	4	5	6
6	7	8	1	2	3	4	5
5	6	7	8	1	2	3	4
4	5	6	7	8	1	2	3
3	4	5	6	7	8	1	2
2	3	4	5	6	7	8	1

288 | 平方数?

四个连续自然数的乘积总是平方数减1：$x(x+1)(x+2)(x+3)=(x^2+3x)(x^2+3x+2)=(x^2+3x+1-1)(x^2+3x+1+1)=(x^2+3x+1)^2-1$。所以四个连续自然数的乘积不可能为自然数的平方。

289 | 循环数字

以下成立：$Q=137137=1001\times137$ 和 $P=\overline{abcabc}=1001\times\overline{abc}$。因此 $P+Q=1001\times(\overline{abc}+137)$。由于 $1001=7\times11\times13$，1001 没有因数是平方数，所以 $\overline{abc}+137=1001$，即 $\overline{abc}=864$，$P=864864$。

290 | 质数里程

现在的里程数为 55555。下一次五位不同的数字是 56012，因此再行驶的 457 km，就是一个质数。并不存在其他的可能性，例如，$89012-88888=124=2\times62$。

291 | 沙漏

同时翻转两个沙漏。当 7 分钟的沙漏漏完后，开始测量 15 分钟。首先让 11 分钟的沙漏再继续漏 4 分钟。然后立即将其翻转，让它再漏 11 分钟，加起来就是 15 分钟。

292 | 船

如果你的船是静止的，那么每小时都会遇到一艘 Meltas 的船。如果你自己也在航行，那么每半小时就会遇到这样一艘船。如果不加上你在两个港口看到的船只，你会在海上遇到七艘船。

293 | 没有四面体

是的，这是可以做到的。将 30 个点分为 3 组，每组 10 个点。现在将属于不同组的点相连，而这正好连出了 300 条线段。每个四面体都至少需要两个属于同一组的顶点，但是它们并不相连。

294 | 橡皮筋

将三角形延伸两次，如图所示（A 到 A'，B 到 B'），橡皮筋的长度（APQB=A'PQB'）等于图中 A' 和 B' 之间的（最小）距离。∠A'CB' 的角度为 90°，根据勾股定理得出橡皮筋长度为 $\sqrt{3^2+4^2}=5$。

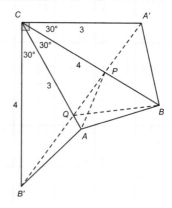

295 | N 张小字条

从安雅那里拿走写着 1 的小字条，并将写着 1 的一面朝下放在桌上，看看上面写着什么。然后从贝亚那里拿走写着这个数的小字条，再次将写着这个数的一面朝下放在桌上，看看上面写着什么，然后从安雅那里拿走相应的字条。由于每个数会出现两次，因此你可以以这种方式继续，直到从贝亚那里拿走写着 1 的字条。现在遇到的所有数你都已经看过两次，并且它们在桌面上出现一次。但是，你可能还没有遇到所有的数字。这没关系：选择一个你还没遇到的数并从该数重新开始，就像刚才从 1 开始一样。在不久之后，你就会在桌上放下所有小字条，并且每个数字恰好在桌面上出现一次。

296 | 优美的大树

下图为一种解。这样就可以为每棵二叉树找到一个"优美标号"。一个著名的未证明猜想 ["优美树猜想"（Graceful tree conjecture）] 提出对于每棵树都存在这样的编号。

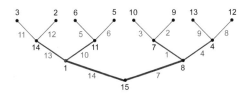

297 | 真或假？

本不能说"约翰说他是约翰"。毕竟，约翰总是说假话。所以是约翰说："本说他是约翰。"

298 | 棋盘上的两位皇后

共有 28 个边缘方格，一个皇后位于其上会威胁 7 个水平方格、7 个垂直方格和 7 个对角方格。因此，未受到皇后威胁的方格数为 64-21-1=42（个）（表达式中的 1 为皇后本人所在的方格）。然后可以将另一个皇后放在这些方格上面，因此不使其互相威

胁的站位共有 28×42=1176（种）。在棋盘上距离边缘 1 个方格的共有 20 个方格，在这些方格中，两位皇后不会互相威胁的站位为 20×(64-7-7-9-1)=800（种）（对于 20 个方格有：7 个水平的、7 个垂直的、9 个对角线的和 1 皇后所在的）。在棋盘上距离边缘 2 个方格的共有 12 个方格，两位皇后不会互相威胁的站位为 12×(64-7-7-11-1)=456（种）。对于棋盘正中的 4 个方格，两位皇后互不威胁的站位为 4×(64-7-7-13-1)=144（种）。所以总共存在 2576 种可能的位置。但是现在每种位置都被计算了两次，因此存在一个因数 $\frac{1}{2}$。但对于任何位置，黑白皇后都可以互换位置，这又给出了一个因数 2。所以总共存在 2576 种可能的位置。

299 | 更重还是更轻？

将砝码称为 a、b、c、d 和 e，以 a>b 或 a<b 表示 a 比 b 更重或更轻，以 a=b 表示 a 和 b 的质量相同；以 I 和 II 表示第一次和第二次称重；a 轻或 a 重表示 a 比其他的砝码更轻或更重。然后进行以下称重：

I. ab=cd.II. a>e → e 轻；a<e → e 重。

I. ab<cd.II. a=b → c 重或 d 重；a<b → a 轻；a>b → b 轻。

I. ab>cd.II. a=b → c 轻或 d 轻；a<b → b 重；a>b → a 重。

你不必指出是哪个特定的砝码更重或更轻。

300 | 彩色弹珠

其中至少有 15 颗蓝色弹珠。毕竟如果只有 14 颗蓝色弹珠，就可能取出 11 颗其他颜色的弹珠，也就是只取出 9 颗蓝色弹珠。如果蓝色弹珠超过 15 颗，其他 4 种颜色的弹珠

就有不到 10 颗，那么至少就有 2 种颜色相同的弹珠数量相同。因此共有 15 颗蓝色弹珠，其他 4 种颜色的弹珠分别有 1 颗、2 颗、3 颗和 4 颗。

301 | 都有 23 个邻居

93 个点中的每一个都需要与 23 条线段相连。所以总共需要 93×23÷2 条线段。表达式中的 2 是必要的，因为每条线段都被计算了两次。但 93×23÷2 并非整数。所以这是做不到的。

302 | 有多少额外的交点？

取一个任意两条边或对角线不平行的 n 边形。对于每条边，都存在 $(n-3)$ 条与其没有交点的其他边，所以它们与这一条边或其延长线有 $(n-3)$ 个额外的交点。因此对于额外交叉点的总数 $S(n)$ 最多有：$S(n)=\frac{1}{2}n(n-3)$。存在因数 $\frac{1}{2}$ 是因为每个交点都计算了两次。由此得出：$S(4)=2$，$S(5)=5$ 和 $S(6)=9$。在下图中，顶点为蓝色，额外的交点为黑色。当 n 较大时，这其中一些点也可能会重叠。因此在计算时取的是最大值。

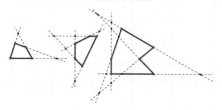

303 | 各颜色的立方体有多重？

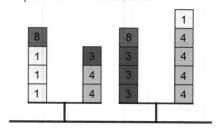

304 | 答案相同的四个表达式

中间不可能为偶数，不然其余方格中就出现奇数个偶数。只有填入 1、3、5 或 9 时才存在解。

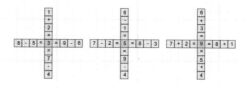

305 | 打进决赛

a. 如果 5 号网球选手想要打进半决赛，他就必须在四分之一决赛中抽签抽到 6 号、7 号或 8 号，这个概率为 $\frac{3}{7}$。

b. 如果 5 号网球选手想要打进决赛，他就必须赢下四分之一决赛，所以需要抽到 6 号、7 号或 8 号（假设是 6 号）。之后需要再次获胜，那么另外两个较弱的（假设是 7 号和 8 号）也必须在四分之一决赛中为对手。否则半决赛将不会留下 5 号能赢下的比他更弱的选手。四分之一决赛抽到 1 号、2 号、3 号、4 号为一组和 5 号、6 号、7 号、8 号为一组的概率为 $1\times\frac{3}{7}\times\frac{2}{6}\times\frac{1}{5}=\frac{1}{35}$。之后，

5 号必须抽到其他较弱的选手为对手。这个概率为 $\frac{1}{3}$。因此 5 号打进决赛的总概率为 $\frac{1}{35} \times \frac{1}{3} = \frac{1}{105}$。

306 | 蚂蚁爬了多远？

蚂蚁先爬到了 60 cm 中的 20 cm 处。拉长松紧带，蚂蚁在 120 cm 中的 40 cm 处。接着，蚂蚁爬到了 120 cm 中的 60 cm 处。之后收回松紧带，蚂蚁在 60 cm 中的 30 cm 处。随后，蚂蚁爬到了 60 cm 中的 50 cm 处。再次拉长，蚂蚁在 120 cm 中的 100 cm 处。最后，蚂蚁爬到了 120 cm 处，即末端。因此蚂蚁共爬了 4×20 cm=80 cm。

307 | $15\frac{3}{4}$ ℃的水

1. 将 1 瓶 12 ℃和 1 瓶 18 ℃的水倒入容器中，搅拌至温度为 $\frac{1}{2}$ (12+18)=15（℃）。再将其倒回空瓶子。

2. 将 1 瓶 12 ℃和 1 瓶 15 ℃的水倒入容器中，搅拌至温度为 $\frac{1}{2}$ (12+15)=13 $\frac{1}{2}$（℃）。再将其倒回空瓶子。

3. 将 1 瓶 18 ℃和 1 瓶 13 $\frac{1}{2}$ ℃的水倒入容器中，搅拌至温度为 $\frac{1}{2}$ (18+13 $\frac{1}{2}$)=15 $\frac{3}{4}$（℃）。

308 | 一篮鸡蛋

如果卡托从第一个篮子里得到 4、3 或 2 枚鸡蛋，她必须停下来。因为她不可能得到更多鸡蛋，但有可能得到更少。如果她得到 0 枚鸡蛋，那么她就要继续选。因为不可能得到更少，但有可能得到更多。如果她得到 1 枚鸡蛋，她也会继续，正如经过以下计算得出的结果，基斯将鸡蛋分配在篮子里的四种可能性为 (4,0,0)、(3,1,0)、(2,2,0) 和 (2,1,1)。

对于基斯的不同选择，预计卡托能得到鸡蛋数量 C 为：

· (4,0,0)：得到 0 时继续，

$C= \frac{1}{3} \times 4+ \frac{2}{3} \times (\frac{1}{2} \times 4+ \frac{1}{2} \times 0)= \frac{8}{3}$。

· (3,1,0)：得到 0 和 1 时继续，

$C= \frac{1}{3} \times 3+ \frac{1}{3} \times (\frac{1}{2} \times 3+ \frac{1}{2} \times 0)+ \frac{1}{3} \times (\frac{1}{2} \times 3+ \frac{1}{2} \times 1)= \frac{13}{6}$；

得到 0 时继续，得到 1 时停止，

$C= \frac{1}{3} \times 3+ \frac{1}{3} \times 1+ \frac{1}{3} \times (\frac{1}{2} \times 3+ \frac{1}{2} \times 1)=2$。

所以卡托会选择得到 1 时继续。

· (2,2,0)：得到 0 时继续，

$C= \frac{2}{3} \times 2+ \frac{1}{3} \times (\frac{1}{2} \times 2+ \frac{1}{2} \times 2)=2$。

· (2,1,1)：得到 1 时停止，

$C= \frac{1}{3} \times 2+ \frac{2}{3} \times 1= \frac{4}{3}$；

得到 1 时继续，

$C= \frac{1}{3} \times 2+ \frac{2}{3} \times (\frac{1}{2} \times 2+ \frac{1}{2} \times 1)= \frac{5}{3}$。

所以卡托会选择得到 1 时继续。

卡托的最低预期为 $\frac{5}{3}$。所以基斯选择的分配方法为 (2,1,1)，这样，每 3 场比赛基斯预计得到鸡蛋的数量为 12-5=7（枚）。因此，基斯预计在 6 场比赛后得到 14 枚鸡蛋，而卡托得到 10 枚鸡蛋。

309 | 颜色

以 $N(F)$ 表示形状 F 的着色方法的数量。假设 K 为 F 中的一个节点。将 K 涂为黑色的方法的数量等于删除节点 K 的 F 的着色方法的数量。K 为白色的着色方法的数量可以通过删除节点 K 及其"邻居"节点找到。如图所示。如图中存在额外分支时的着色方法的数量（分支如原图中左侧的 15 个节点）为 $41^2+5^4=2306$。现在所求的着色方法的数量为 $2306^2+41^4=8143397$。

$$N(\circ) = 2 \qquad N(\circ\!-\!\circ) = 5$$

$$N\left(\begin{array}{c}\text{grid}\end{array}\right) = N\left(\begin{array}{c}\text{figure}\end{array}\right) + N\left(\begin{array}{c}\text{figure}\end{array}\right) =$$

$$N\left(\begin{array}{c}\text{figure}\end{array}\right)^2 + N(\circ)^4 = 41$$

310 | 组成 10 和 100

一组解为:

$(1+2) \times 3 - 4 + 5 - 6 + 7 + 8 - 9 = 10$,

$(1 \times 2 + 3 \times 4) \times 5 - 6 \times 7 + 8 \times 9 = 100$。

311 | 第六个数

可以通过三种方式将六个两两之和分为三对,对于其和有: $(a+b)+(c+d)=(a+c)+(b+d)=(a+d)+(b+c)$。 在 5、6、8、9 和 13 这五个数中,只有一种方法可以组成相等的两两之和,即 $5+9=14=6+8$。因此,13 与第六个数 x 成为一对,由 $13+x=14$ 可以得出 $x=1$。假设 $a<b<c<d$。由此得出: $a+b<a+c<a+d<b+d<c+d$ 和 $a+c<b+c<b+d$。因此 $a+b$ 和 $a+c$ 为最小的两个和,而 $b+d$ 和 $c+d$ 为最大的两个和。所以 $a+b=1$、$a+c=5$、$b+d=9$、$c+d=13$。 此外,$a+d$ 和 $b+c$ 分别等于 6 和 8 或 8 和 6。如果 $a+d=6$ 且 $b+c=8$,就可以得到第一组解: $a=-1$、$b=2$、$c=6$、$d=7$。 在 $a+d=8$ 且 $b+c=6$ 的情况下,就可以得到第二组解: $a=0$、$b=1$、$c=5$、$d=8$。

312 | 滑块游戏

有 $8+x_3+x_4=15$ 和 $x_3+x_4+x_5=16$ 成立,因此 $x_5=9$。

此外还有 $x_8+x_9+4=21$ 和 $x_7+x_8+x_9=20$ 成立,所以 $x_7=3$。

然后可得 $x_5+x_6+x_7=18$,所以 $x_6=6$。其他未知数可以轻易通过列出表达式求解找到,因为三个未知数中的两个总是已知的。

x_1	8	x_3	x_4	x_5	x_6	x_7	x_8	x_9	4
1	8	5	2	9	6	3	10	7	4

313 | 数列

可以按不同的顺序折叠,折叠的后面是数列: $abc \rightarrow 123654$、$acb \rightarrow 125463$、$b_1ac \rightarrow 123654$、$b_1ca \rightarrow 146523$、$b_2ac \rightarrow 132564$、$b_2ca \rightarrow 145632$、$cb_1a \rightarrow 145236$、$cb_2a \rightarrow 143652$、$cab \rightarrow 145236$。沿线 b 折叠时,存在两种选择,但这也会造成重复。因此总共可以折叠出 7 种不同的数列。

314 | 齿轮

由于 127 是素数,因此当两个点第一次相对时,任何更小的齿轮都需要转 127 圈。

315 | 四张牌

以缩写桃、心、方、花表示黑桃、红心、方块和梅花。红心不能在最左侧,不然它就无法在 5 的右边。红心在黑桃的左侧和 5 的右侧,因此我们有以下选项: (5—心—桃—x)、

(5—心—x—桃)、(5—x—心—桃)、(x—5—心—桃），其中 x 表示一张未知的牌。由梅花在方块右侧可得：（方 5—心—桃—花）、（方 5—心—花—桃）、（方 5—花—心—桃）、（方花 5—心—桃）。由于红 10 不在梅花旁边，我们只剩下第一个选项：（方 5—心 10—桃—花）。所以牌里还有黑桃 J 和梅花 J：（方 5—心 10—桃 J—花 J）。

316 | 硬币周年纪念

解 为：(1+2)×20=60，100−200÷5=60 和 10+50=60。

317 | 两方一圆

绿色正方形的边 BC 是圆的半径的两倍。此外，AB 等于圆的半径。在直角三角形 ABC 中，$\frac{AB}{BC}=\frac{1}{2}$。这是一个角分别为 30°、60°（$\angle ABC$）和 90° 的直角三角形（或 $\cos\angle ABC=\frac{1}{2}$，所以 $\angle ABC=60°$）。

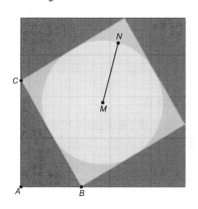

318 | 剪三刀

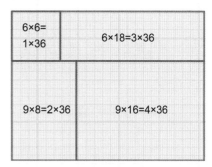

319 | 翻转

需要满足的条件为 $4\times(10^3a+10^2b+10c+d)=10^3d+10^2c+10b+a$，由此可知 a 为偶数。当 a=4、6 或 8 时，等式左边大于等式右边，因此 a=2。然后由等式可以得出 $7998+390b=60c+996d$。等式左边是以 8 结尾的数，因此等式右边也必须以 8 结尾，所以 d=3 或 d=8。当 d=3 时，等式右边小于等式左边，因此 d=8。代入 d 得到 $30+390b=60c$。由此得出 b=1 和 c=7。所以这个数是 2178。

320 | （正）多边形?

n 边形内角之和为 $(n-2)\times180°$。对于正八

边形，每个角都等于 (8–2)×180°÷8=135°。
图中左侧的折线由 4 条相等的线段和 3
个 360°–135°–60°=165° 的角组成。如果
(n–2)×180°=n×165°，它就可以组成（正）
多边形。由此得出 n=24。图中左侧由 4 条
相等的线段组成的折线，反复后可以组成一
个正 24 边形。

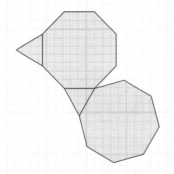

321 | 最大的三角形

假设图中三角形的三边长分别为 a、b、c，
且 c>10、a≤10、b≤10。三角形的面积
$O=\frac{1}{2}ab\frac{h}{b}$。当 a=10，b=10 和 $\frac{h}{b}$=1 时达到
最大值。因此 h=b，所以 ∠C=90° 且 O=50。

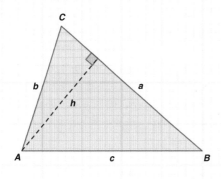

322 | 歪棋

下图中绘制了一条覆盖所有方格的闭合曲线。
棋子车需要做出两次经过两个方格的移动。

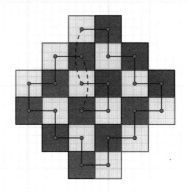

323 | 分数

改写等式得到 $a=2b^2\div(b^2-2b-1)$。分母没
有 b 的质因数，因此 $b^2-2b-1=2$，所以
b=3（b=–1 舍去）。因此 b=3 和 a=9，而
$G=\frac{9}{3}$ =3。

324 | 差

选择数 0、1、2、3、7、11 和 15。

325 | 挖池塘

池塘占据了整个花园面积的十分之一。因此，
如果米沙挖 1 m 深，花园就会升高 $\frac{1}{9}$ m。
米沙挖了 x m 深，他将花园升高了 $\frac{1}{9}$ x m。
所以 $x+\frac{1}{9}x=2$，那么 x=1.8。

326 | 10 个相等的和

一种解为：

9	1	4	6
2	8	7	3
6	4	1	9
3	7	8	2

327 | 网络

10 台计算机以圆圈表示在图中。

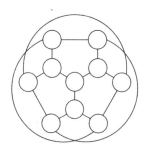

328 | 谁赢了？

通常附加的规则不会对结果产生影响。假设他们都掷了 10 次，只有当结果相等时，附加的规则才会生效。毕竟如果蒂尼领先，埃尔维最多可以在第 11 次掷硬币中扳平，但这样蒂尼仍然会获胜。如果埃尔维掷 10 次后领先，那么在她第 11 次掷硬币后仍会保持领先。所以假设他们在 10 次掷硬币后平手。如果埃尔维掷出反面，他们则保持平手，那么蒂尼获胜。如果埃尔维掷出正面，她可

以将其与一次掷出的反面交换结果并获胜。这仅在她已经掷出 10 个正面时（即两人都掷出 10 个正面）时才无法成立，然后蒂尼获胜。所以蒂尼获胜的概率更大。这个概率是多少？总共存在 $2^{10} \times 2^{11} = 2^{21}$（种）可能性。蒂尼在一半加一种情况下获胜，所以她获胜的概率为 $(2^{20}+1) \times 2^{-21} \approx 0.50000047684$。

329 | 车牌号

如果取这个国家任意两个车牌号，其中一个车牌的前五位数字不会与另一个车牌的前五位相同，否则就只有第六位数字可以不同。因此，每辆车的前五位车牌号都是不同的。那么对于前五位数字，最多即所有由五位数字组成的五位数：从 00000 到 99999。所以最多为 100000 个。现在对于前五位车牌中的每个五位数字，都可以与第六位数字组成一个车牌号。取任意两个车牌号，如果它们前五位数字中的两位、三位、四位或五位不同，则无论第六位数字为何，它们都可以作为车牌号。假设这两个五位数仅有一位不同。对于 100000 个可能的五位数中的每个数，选择前五位数字之和的末位数字作为第六位数字。如果两个五位数仅有一位不同，则五个数字之和的差至少为 1，最多为 9。这两个和的末位数字不同，否则它们将相差 10。所以这两个数的第六位数字不同，这样一来这两个六位数便有两位数字不同。我们得出的结论是，此国家总共有 100000 个车牌号。

330 | 在线测验

设答案选项为 A、B、C 和 D。如果蒂姆第一次选择 AAAAA（对于每个问题都选择答

案A），之后每次将一个A替换为B或C（即BAAAA、CAAAA、ABAAA、ACAAA等），他就需要做11次测验。我们接下来证明他能知道所有的正确答案。第一次测验后就能知道正确答案的数量。如果选择BAAAA或CAAAA时的正确答案比选择AAAAAA时减少了，则第一道题的正确答案为A，因为这是唯一的变量。如果选择BAAAA或CAAAA时增加了，那么B或C即是第一道题的正确答案，因为那是唯一的变量。如果正确答案的数量保持不变，则D是第一道题的正确答案，因为这是在选过A、B和C后使正确答案的数量不会改变的唯一可能。以此类推，蒂姆可以对第二到第五道题重复同样的方法，使他知道所有的正确答案。

331 | 占多少?

最小的正方形的面积是蓝色小三角形的4倍。第三大的正方形的边长是最小的正方形的2倍，因此面积是它的4倍。最大的正方形的边长是第三大的正方形的2倍，因此面积是它的4倍。所以最大的正方形的面积是小三角形面积的4×4×4=64倍。

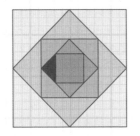

332 | 从四边形到四边形

将四个区域展开。为什么∠KAL=180°？如图所示，可以看到△ADK和△ADP是全等的。对于△ABP和△ABL同样如此。那么

∠KAL就由A处的两个蓝角和两个绿角组成。一个绿角和一个蓝角相加为90°，因此∠KAL=180°。对于B、C和D处的其他角同样如此。所以展开后的纸张是四边形。

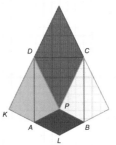

333 | 从 A 到 B

对于左侧点子图，至少需要8步。对于右侧点子图则不成立，因为一步画2格的方向都为水平方向。这样就无法在此方向经过奇数格到达另一边。

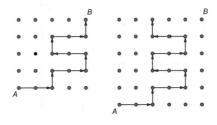

334 | 正方形中的三角形

假设红色小三角形的直角边长为1，大三角形的直角边长为x，那么大三角形的面积就为$\frac{1}{2}x^2$，长方形的边长则为$\sqrt{2}$和$\sqrt{2}x$，那么长方形的面积就为$2x$。因此$\frac{1}{2}x^2=2x$，即$x=4$。那么大正方形的面积就为25，可以用50个小三角形填满。

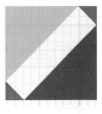

335 | 各种三角形

边长为 a、b 和 c 的三角形服从三角不等式：$a+b>c$、$b+c>a$ 和 $c+a>b$。对于三条边 12、$12+x$ 和 $12+2x$ 成立：$x<12$、$x>-12$ 和 $x>-4$。由此得出 $-4<x<12$。对于此区间中的每个 x 得到三条边：12、$8<12+x<24$ 和 $4<12+2x<36$。所以 x 的取值范围在 $(a,b,c)=(12,8,4)$ 到 $(a,b,c)=(12,24,36)$ 之间，而不包括这两者。

336 | 和 = 积？

另外两种可能性为：

◎ 0.5 欧元、3 欧元和 7 欧元
（0.5×3×7=10.5 和 0.5+3+7=10.5）

◎ 1 欧元、1.5 欧元和 5 欧元
（1×1.5×5=7.5 和 1+1.5+5=7.5）

337 | 哪个数字是正确的？

有 4 组乘法算式改变 2 位数字后可以得到 4×11=48：

· 3×16=48 第 1 位和第 3 位数字改变。
· 8×11=88 第 1 位和第 4 位数字改变。
· 4×17=68 第 3 位和第 4 位数字改变。
· 4×10=40 第 3 位和第 5 位数字改变。

所以第二位数字 1 一定是正确的。

338 | 4 个盒子

共存在 15 种可能性（盒子从小到大依次编号为 1、2、3、4）：

1 个盒子：(1234)。
2 个盒子：(1)(234)、(2)(134)、(3)(124)、(4)(123)、(12)(34)、(13)(24)、(14)(23)。
3 个盒子：(12)(3)(4)、(13)(2)(4)、(14)(2)(3)、(23)(1)(4)、(24)(1)(3)、(34)(1)(2)。

4 个盒子：(1)(2)(3)(4)。

339 | 吹蜡烛

平均而言，你将在两局游戏的其中一局吹一次蜡烛，另一局吹两次蜡烛。所以平均在每两局游戏中掷三次硬币。所以在 10 局游戏后共掷了 5×3=15（次）硬币。

340 | 快多少倍？

设弗里茨的速度为 f km/h，威廉的速度为 w km/h。1 小时后他们相遇，所以这段距离 $AB=(f+w)$ km。$\frac{3}{2}$ 小时后，弗里茨超过威廉，此时威廉总共步行了 $\frac{3}{2}w$ km。那么弗里茨已经骑了 $(f+w+\frac{3}{2}w)$ km，同时也是 $\frac{3}{2}f$ km。由 $f+w+\frac{3}{2}w=\frac{3}{2}f$ 可得 $f=5w$。因此弗里茨骑车的速度是威廉步行速度的 5 倍。

341 | 谁先围出第一个正方形？

将方格从左到右依次编号为最上排的 1、2 和 3，中间排的 4、5 和 6，以及最下排的 7、8 和 9。如果贝亚从中间的 5 号方格开始，则贝亚获胜。那么可能的获胜步骤为：B5、A1、B9、A3、B7（贝亚在安东的下一步之后获胜）和 B5、A2、B8（贝亚在安东的下一步之后获胜）。贝亚从边上的中间方格开始也可以获胜。只有贝亚从角落开始时，安东才有机会获胜。例如：B1、A3、B2、A7、B8、A9，安东在贝亚的下一步之后获胜。如果贝亚避免在一条边上放硬币，则会发生：B1、A3、B5、A8，安东在贝亚的下一步之后获胜。

342 | 车对车

a. 黑车吃掉红车的概率为 $\frac{1}{2} \times \frac{1}{4} = \frac{1}{8}$。（红车移动到黑车左侧或下方的空方格，然后黑车吃掉红车。）

b. 红车吃掉黑车的概率为 $\frac{1}{2} \times \frac{1}{4} \times \frac{1}{4} + \frac{1}{2} \times \frac{1}{2} \times \frac{1}{3} = \frac{11}{96}$。（①红车移动到黑车左侧或下方的空方格，然后黑车停留在同一条线上，之后红车吃掉黑车。②红车移动到两个空角落之一，然后黑车移动到红车左侧或上方、右侧或下方的空方格，然后红车吃掉黑车。）

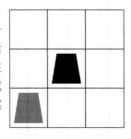

你知道吗? 这是元胞自动机（又称细胞自动机）的一个例子，在这个概念中，网格结构中的细胞在有限数量的状态下与它们的邻居相互作用。这个概念由斯塔尼斯拉夫·乌拉姆（Stanislaw Ulam，1909—1984）和约翰·冯·诺伊曼（Johnvon Neumann，1903—1984，"计算机之父"）在 20 世纪提出。其中最著名的实现即生命游戏（Game of Life），由已去世的约翰·霍顿·康威（John Horton Conway，1937—2020）提出。首先从一个方形网格开始，其中的每个"细胞"处于 0（即死亡）或 1（即存活）的状态。每个细胞仅与其八个邻居相互作用。如果活细胞周围有两个或三个相邻的活细胞，它们就可以存活，否则它们会因生命数量不足或过多而死亡。如果死细胞周围恰好有三个活的邻居，它就

可以复活。如果用灰色方块表示活细胞，那么根据以上规则演化，从初始情况开始，分为以下四个步骤：

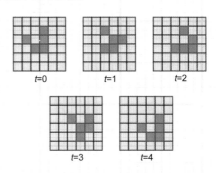

这种零玩家游戏也有实际应用。例如，在 2020 年初，它被用来模拟封锁和社交距离对新型冠状病毒肺炎（COVID-19）演化的影响。

343 | 灯亮，灯灭

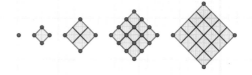

图中从左到右分别表示了状态 0、1、2、3 和 4（例如 3 表示 3 秒后的状态）。圆点表示亮的灯。状态 1 和 3 是"满的"斜正方形。在出现这样正方形的一秒钟之后，正好有 4 盏灯亮，因为除了顶角上的灯之外，所有灯都有 0、2 或 4 盏亮的相邻灯，所以它们保持关闭或熄灭。顶角旁边的灯有 1 盏亮的相邻灯，因此它会亮。再过 3 秒，即在状态 7 下，状态 4 的四盏亮的灯的每盏周围都形成了一个完整的正方形：8×8=64 盏灯的完整

的正方形，如图所示。所以在状态 8、16、32 和 64 下再次是 4 盏亮的灯。我们无法一步快进到 128 秒。再过 32 秒，即第 96 秒后，4

盏亮的灯中的每一盏会形成 4 盏亮的灯，因此总共有 4×4=16 盏。这 16 盏灯中的每盏灯在最后 4 秒后各形成 4 盏亮的灯。在 100 秒时，共有 4×4×4=64 盏亮的灯。我们可以以更优美的方式描述它，如果用二进制或在二进制系统中写 100，100_2=1100100。其中共有 3 个 1，点亮的灯数为 4^3=64。通过将每个数字 n 转换为二进制表达，我们可以计算出最终点亮的灯数为 4^e，其中 e 是二进制数 n 中 1 的个数。

344 | 平方和

两个最小的数字是 50 和 65：
$50=1^2+7^2=5^2+5^2$ 和 $65=1^2+8^2=4^2+7^2$。

345 | 有多少分数?

答案为 G=8。拆分这个数字的方式有 $1\frac{1}{6}$、$1\frac{2}{5}$、$1\frac{3}{4}$、$2\frac{1}{5}$、$3\frac{1}{4}$、$3\frac{2}{3}$、$4\frac{1}{3}$ 和 $5\frac{1}{2}$。

346 | 红配绿

首先将所有以 1 个、2 个或 3 个零结尾的球留在红色的桶里，共有 202 颗。所有其他球都放入绿色的桶。因为所有编号为 100 的倍数（即 10 倍的 10 倍）的球都在红色的桶里，因此你也可以把编号为 100 的倍数的球放入绿色的桶里，共 20 颗。但是现在你放进去的太多了，因为 1000

和 2000 是 100 和 200 的 10 倍，所以将编号 1000 和 2000 的球放回红色的桶。那么红色的桶里至少还剩 202−20+2=184（颗）球。

347 | 领带

你有三条领带：一条红色、一条蓝色和一条绿色。

348 | 拼图

拼图共有 $n×m$ 块。已知 nm=300 和 $2n+2m-4$=66。因此 $n+m$=35。经过几番尝试得出 n=20 和 m=15。或者一步步计算：$n^2+m^2+2nm=(n+m)^2=1225$，所以 n^2+m^2=1225−600=625；$(n-m)^2=n^2+m^2-2nm=625-600=25$，因此 $n-m$=5。由 $n+m$=35 可得 n=20 和 m=15。

349 | 咖啡馆

三个朋友中的两个喝了啤酒以及葡萄酒和水，第三个什么都没喝。

350 | 三角形中的线段

当 p>20 时，陈述成立。当 p 略大于 20 时，三角形是钝角三角形，并且非常扁。

351 | 额外的交点

对于一个 n 边形的每条边有 $\frac{1}{2}(n-2)(n-3)$ 对与其他 $(n-2)$ 个顶点产生的额外的交点，所以该 n 边形有 $\frac{1}{2}n(n-2)(n-3)$ 对这样的交点。但是其中有重复的。对于每一条边，可以产生交点的除了其他 $(n-2)$ 个顶点还有其他 $(n-3)$ 条边，所以共有 $\frac{1}{2}n(n-3)$ 个重复的交点。总的来说，对于额外的交点 $K(n)$ 的最大值 $K(n)= \frac{1}{2}n(n-2)(n-3)- \frac{1}{2}n(n-3)= \frac{1}{2}n(n-3)^2$。对于简单的几种情况有：$K(3)=0$、$K(4)=2$、$K(5)=10$ 和 $K(6)=27$。

352 | 三分法

延长 AE 并画出 CG 与其垂直。画出 DF 垂直于 AE。由于 △AGC 和 △ABD 相似，因此 $5x \div (6z+y)=x \div y$，所以 $2y=3z$。又由于 △DFE 和 △ABE 相似，因此 $x \div 5=y \div (y+z)= \frac{3}{5}$，所以 $x=3$。由此得出 $z=4$ 和 $y=6$。

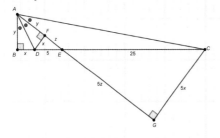

你知道吗？ 三等分角，即把给定的角分为三等份，是自古代就存在的问题。古希腊人想知道是否可以仅使用圆规和没有刻度的直尺将任意角分为三个相等的部分。此问题在这种前提下是不存在解的。这一点直到 1837 年才被证实。

353 | 贴贴纸

假设机器给 $4N$ 个盒子贴了贴纸，其中 N 很大，那么每组的四个盒子中的第一个盒子都被贴了贴纸，即 N 个盒子。每组中的第二个盒子被贴上贴纸的概率为 $\frac{1}{2}$，即 $\frac{1}{2}N$ 个盒子。以此类推，所有第三个和第四个盒子中分别有 $\frac{1}{3}N$ 和 $\frac{1}{4}N$ 的盒子被贴了贴纸。机器总共贴了 $(1+ \frac{1}{2}+ \frac{1}{3}+ \frac{1}{4})N= \frac{25}{12}N$（个）盒子。所以取出一个被贴了贴纸的盒子的概率为 $\frac{\frac{25}{12}N}{4N}= \frac{25}{48}$。

354 | 填满正方形

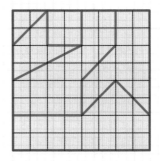

355 | 从 25 到 6

以罗马数字使等式保持成立：I+V=VI。

356 | 可以成立吗？

左边的 N 必须为 1，右边的 N 必须为偶数，所以不存在解。

357 | 阶乘

所有 k、n 和 m 都为正整数。我们可以假设 $k \leqslant n < m$。首先，由 $n < m$，可以得出 $n+1 \leqslant m$。那么就有 $(n+1)! \leqslant m!=k!+n! \leqslant 2n! \leqslant (n+1)n!=(n+1)!$。由于第一部分的表达式和最后一部分相等，所以所有小于等于号都必须是等号。因此 $n+1=m$，$k=n$，$2=n+1$。由此得出 $n=1$，$m=2$ 和 $k=1$。所以唯一解为 $1!+1!=2!$。

358 | 福尔摩斯的生日

夏洛克·福尔摩斯的生日是 12 月 31 日。他在新年前夜年满 33 岁。对话发生在 1 月 1 日。前天，即 12 月 30 日，福尔摩斯还是 32 岁。这一年年底，福尔摩斯 34 岁，第二年年底他 35 岁。

359 | 瓢虫与蜡烛

如果在脑海中将蜡烛的表面展开，我们会得到六分之一圆 TSS'。因为瓢虫在圆锥上爬了两圈，所以我们在它旁边放了第二个圆锥表面 $TS'S''$。瓢虫第一圈从 S 爬到 $S'T$ 上的 P 处，第二圈它从 P 爬到 S''，因此最短路径是直线段 SS''，路程为 $2\sqrt{6^2-3^2}=6\sqrt{3}\approx$ 10.39（cm）。沿底部爬两圈的路程明显更长：$2\times 2\pi \approx 12.57$（cm）。

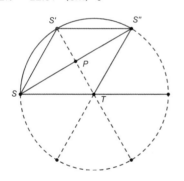

360 | 拼图

设拼图长边上的拼图块数为 l，宽边上的拼图块数为 b，则 $(l-2)(b-2)=2[lb-(l-2)(b-2)]$。从中求出 l 的解并在几次重写后得出 $l=6+\dfrac{24}{b-6}$。

24 的因数有 1、2、3、4、6、8、12 和 24。

$b \leqslant l$ 的四个解 (b,l) 分别是：$(7,30)$、$(8,18)$、$(9,14)$ 和 $(10,12)$。将 l 和 b 互换后的解为剩余的四个因数。因此，总块数可能为 210、144、126 或 120。

361 | 火车错车

如果短火车从左侧驶来，则司机可以在距双轨左端 25 m 至 50 m 之间的任意段擦肩而过。

362 | 电子钟

上午 11:11，电子钟发光线段最少。此时共有 8 条线段发光。

上午 08:08，电子钟发光线段最多。此时共有 26 条线段发光。

363 | 两座教堂的时钟

设两座教堂为 A 和 B，两者之间的距离为 a，骑车速度为 $v=15$ km/h。假设威廉在上学路上看到教堂 A 的时间为 t，那时教堂 B 的时钟显示为 $t-\dfrac{a}{v}$，只有这样，威廉到那里时才能看到该教堂的时钟显示时间 t，而教堂 A 的时钟那时应显示 $t+\dfrac{a}{v}$。在放学回来的路上，假设威廉看到教堂 B 的时钟显示时间 $t+d$（d 是从 B 到学校来回的时间加上上学的时间）。在那一刻，教堂 A 的时钟当然显示 $t+\dfrac{a}{v}+d$。在骑自行车到教堂 A 时，威廉再次用时 $\dfrac{a}{v}$，因此在教堂 A 他看到 $t+\dfrac{a}{v}+d+\dfrac{a}{v}=t+2\dfrac{a}{v}+d$。相差 $2\dfrac{a}{v}$ 即 5 分钟，也即 $\dfrac{1}{12}$ 小时。所以 $2\dfrac{a}{v}=\dfrac{1}{12}$ h，$a=\dfrac{5}{8}$ km=625 m。

364 | 最大最小数

设 A 为集合 $\{1,2,\cdots,24,25\}$，B 为集合 $\{26,27,\cdots,49,50\}$。如果在分组中使每组都包

含一个来自 A 的数和一个来自 B 的数，那么在第二步之后，我们只剩下集合 B，结果为 26。对于其他分组，总是至少有一组有两个来自 A 的数。在第二步中，该组将取到一个小于 26 的数，因此结果将小于 26。因此最大结果为 26。

365 | 圆规技巧

画一个以 B 为圆心，以 AB 为半径的圆。然后再分别画三个以 A、C 和 D 为圆心，以 AB 为半径的圆弧。以 D 为圆心的圆弧与以 B 为圆心的圆上交于点 P，

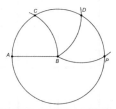

此时 AB=BP，因为 A、B、C、D 均是正六边形的顶点。

366 | 猫，猫，猫

你可以通过绘制维恩图来找到解。然后可以算出姬蒂的家里一共有 10 只猫。

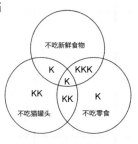

367 | 菲舍尔任意制象棋

a. 对于象：8×4÷2=16（种）可能性。对于马：6×5÷2=15（种）可能性。对于皇后：4 种可能。然后还剩下 3 个格子，在这里需要布置车王车，因此只有 1 种可能性。所以总共有 16×15×4×1=960（种）可能性。

b.(8×7÷2)×(6×5÷2)×4×1=1680（种）可能性。

c.(8×4÷2)×(6×5÷2)×(4×3÷2)×2×1=2880（种）可能性。

d.(8×7÷2)×(6×5÷2)×(4×3÷2)×2×1=5040（种）可能性。

368 | 面积比

如果纸是正方形，那么折线正好是对角线，因此 $r=\frac{1}{2}$。如果不是，则设 $CD=a$，$AD=b$，其中 $a<b$，那么 $O=ab$。设折线为 VW，使 $c=AV=CV$，从对称性可以得出 $CW=c$。在 $\triangle CDV$ 中，由勾股定理得 $a^2+(b-c)^2=c^2$，解得 $c=\frac{a^2+b^2}{2b}$。此外，$CD=a$ 是 $\triangle VWC$ 的高，底边为 $CW=c$，因此 $S_{\triangle VWC}=\frac{1}{2}ac=\frac{a(a^2+b^2)}{4b}$。图中部分减少的面积就是纸张重叠的面积，所以 $O'=O-S_{\triangle VWC}=ab-\frac{a(a^2+b^2)}{4b}=\frac{3}{4}ab-\frac{a^3}{4b}$。所以我们发现 $r=\frac{3}{4}-\frac{a^2}{4b^2}$。现在如果使 b 非常大，那么 r 会无限接近 $\frac{3}{4}$；如果 $b\approx a$，那么 r 会接近 $\frac{1}{2}$。所以 $\frac{1}{2}\leqslant r<\frac{3}{4}$。

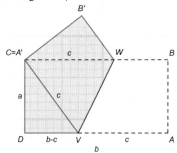

369 | 奇 / 偶数 ↔ 奇 / 偶数

如果在现有图形中添加单个三角形，则三角形的数量会加 1，因此总数从奇数变为偶数或由偶数变为奇数。周长分别增加 3、3-2、

3-4 或 3-6（取决于有 0、1、2 或 3 个公共边）。然后周长以奇数增减，因此会由奇数变为偶数或由偶数变为奇数。如果现在从 1 个单个三角形开始（数量为 1，周长为 3，都是奇数），那么在绘制 2 个三角形之后两个数字都变为偶数，在 3 个三角形之后都再次变为奇数，在 4 个三角形之后都变为偶数，以此类推。所以我们的推测是正确的。

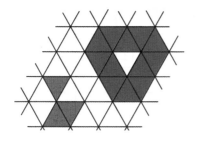

370 | 结果总是 6

将所选数字 g 乘 9，得到 $9g$。从 $9g$ 中减去 3，得到 $9g-3=9(g-1)+6$，结果为一个 9 的倍数加 6 的数。设此数为 n 位数：$9g-3=a_1 a_2 a_3 \cdots a_{n-1} a_n$。

◎ 如果 $a_n=0,1,2,\cdots,5$ 或 6，则 $9g = a_1 a_2 \cdots a_{n-1}(a_n+3)$，最后一位数字 (a_n+3) 是数字 3，4，5，…，8 或 9 中的一个。$9g$ 的数字之和是 9 的倍数，因此可以写为 $9k$，其中 $9k=a_1+a_2+\cdots+a_{n-1}+a_n+3$。$9g-3$ 的数字之和是 $a_1+a_2+\cdots+a_{n-1}+a_n=9k-3=9(k-1)+6$，所以还是 9 的倍数加 6。

◎ 如果 $a_n=7$、8 或 9，情况会稍微复杂一些，但依然以相同的方法证明。

371 | 没有公因数

将 10 个数中的 5 个偶数划掉。划掉表示每一个数都与另一个数有公因数。在 3 的倍数中，至多有两个是奇数，我们可以将其划掉。此外，还有一个奇数为 5 的倍数（偶数中的 5 的倍数已经被划掉），我们可以将其划掉。如果有两个 7 的倍数，将其中剩下的奇数划掉。如果该数列中只有一个（奇数）7 的倍数，则它与该数列中的其他数没有公因数。4 的倍数、6 的倍数、8 的倍数和 9 的倍数也已经被划掉了。在数列的 10 个连续的数中，永远不可能存在两个 10、11 或更大的数的倍数。所以最多有 9 个数被划掉，因此 10 个数中至少有一个与该数列中的其他数没有公因数。

372 | 四个三角形

将一个小三角形放大到整个三角形，需要将一条边延长为原长度的 4 倍，另一条边延长为原长度的 $\frac{4}{3}$ 倍。所以整个三角形的面积是小三角形面积的 $4 \times \frac{4}{3} = \frac{16}{3}$ 倍。由 $\frac{16}{3} = 3 + \frac{7}{3}$ 可以得出，中间三角形是小三角形的 $\frac{7}{3}$ 倍。所以 $\frac{b}{a} = \frac{7}{3}$。

373 | 不交叉

如果不在图中第三排最中间的三个方格上放置棋子，而在另外 22 个方格上放满棋子，那么就不会形成五子交叉图案。最多可以放 22 颗。如图所示。

374 | 取出哪个砝码?

乔从袋子中取出的两个砝码可能是: 10 g+20 g=30 g、10 g+30 g=40 g、10 g+40 g=50 g、20 g+30 g=50 g、20 g+40 g=60 g、30 g+40 g=70 g。这会让两个袋子里砝码的总克数如下: 170、160、150、150、140 和 130。只有当质量是 150 g 时, 米斯说她不知道, 因为有两种可能性 :10+40 和 20+30, 秤都会显示 150 g。

375 | 一起为多少?

所有 7 和 9 的牌必须加起来是 10 的倍数。只有一种组合可以使两个数的牌数相等: 5 张 7、5 张 9 和 1 张 10, 加起来为 90。

376 | 两列火车过隧道

设两个车头在隧道开口处的时间为 $t=0$。两个车头在 $t=\frac{T_2}{v_1}=\frac{T_1}{v_2}$ 时从隧道两侧驶出。所以 $\frac{v_1}{v_2}=\frac{T_2}{T_1}=\frac{1}{2}$。两个车尾在 $t'=\frac{T_2+L_1}{v_1}=\frac{T_1+L_2}{v_2}$ 时从隧道驶出。由此得出 $\frac{L_2}{v_2}=\frac{L_1}{v_1}$, 即 $\frac{L_1}{L_2}=\frac{v_1}{v_2}=\frac{1}{2}$。

377 | 7 张牌

设 1 或 2 张牌为白色的概率为 $P(w=1,2)$, 没有白色牌的概率为 $P(w=0)$, 2 张牌都为红色的概率为 $P(r=2)$。那么, $P(w=1,2)=1-P(w=0)=1-P(r=2)=1-\frac{5}{7}\times\frac{4}{6}=1-\frac{10}{21}=\frac{11}{21}>\frac{1}{2}$。

378 | 池塘里的砖块

砖块的体积是水的体积的 $\frac{1}{4}$。所以砖块占据了池塘底部面积的 $\frac{1}{5}$。

379 | 红或蓝?

设红帽子的数量为 p。由 A、B、C 和 D 的陈述可知:

A: $p=1$、2、3 或 4。
B: $p=0$、1 或 2。
C: $p=2$、3 或 4。
D: $p=2$ 或 3。

所以有 2 顶红帽子。由此得出: C 和 D 戴蓝帽子, A 和 B 戴红帽子。

380 | 划分梯形

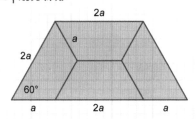

381 | 数字总和

只考虑所有数位上的数都不等于 0 的数字。设其中各数位上的数字之和等于 1 的数的数量为 $S(1)$。设其中各数位上的数字之和等于 2 的数的数量为 $S(2)$, 以此类推。在各数位上的数字之和为 9 的数中, 有 $S(8)$ 个以 1 开头, $S(7)$ 个以 2 开头……$S(1)$ 个以 8 开头, 只有 1 个以 9 开头, 所以 $S(9)=1+S(1)+S(2)+\cdots+S(8)$。同样, $S(8)=1+S(1)+S(2)+\cdots+S(6)+S(7)$。以此类推, 写出 $S(7)$ 直到 $S(2)=1+S(1)$ 的表达式。由于 $S(1)=1$, 可以得出 $S(2)=1+1=2$、$S(3)=1+1+2=4=2^2$、$S(4)=1+1+2+4=8=2^3$……$S(9)=2^8=256$。我们只需要注意 $S(10)$, 由于 10 不是一位数, 所以省略第一个加 1。因此 $S(10)=S(1)+\cdots+S(9)=1+2+\cdots+256=2^9-1=511$。

382 | 不透明

最少需要 9 个，否则就能从没有不透明立方体的位置看穿立方体。正好 9 个也可以成立。图中绘制了大立方体的三层，每一层都有三个蓝色的不透明立方体。

383 | 倒水

设 H 为初始时大容器中的水位高度，h 为最后小容器中的水位高度。

那么，$H \times 14 \times 14 = (14 \times 14 - 7 \times 7) \times 7 + h \times 7 \times 7$，则 $4H = 21 + h$。

如果两个容器中水位的百分比相同，则有 $H \div 14 = h \div 7$，即 $H = 2h$。

将 $H = 2h$ 代入上式后得到 $8h = 21 + h$。所以 $h = 3$，$H = 6$。

384 | 5 个十字

将竹签从左到右编号为 1 到 10。移动顺序为：4 跳过 2 和 3 到 1 上、6 跳过 7 和 8 到 9 上、8 跳过 5 和 7 到 3 上、10 跳过 6 和 9 到 7 上、2 跳过 3 和 8 到 5 上。

385 | 鸡块数量

无法准确点出来的最多数量的鸡块为 43。你可以点之后的 6 个数量：$44 = 4 \times 6 + 20$、$45 = 5 \times 9$、$46 = 6 + 2 \times 20$、$47 = 3 \times 9 + 20$、$48 = 8 \times 6$、$49 = 9 + 2 \times 20$。对于之后的 6 个数可以将前面的各加上 6 块。以此类推。

386 | 睡觉

你睡了六小时。

387 | 12 根木棍

13 个边长为 3 cm、4 cm、5 cm 的三角形的总周长为 $13 \times (3 + 4 + 5) = 156 (cm)$。12 根长 13 cm 的木棍的总长度为 $12 \times 13 = 156 (cm)$，所以原则上完全可以做到。可以用三种方法锯断长 13 cm 的木棍：5+5+3、5+4+4、4+3+3+3。假设用方法一锯 a 根，用方法二锯 b 根，用方法三锯 c 根。由于需要长度 3 cm、4 cm 和 5 cm 各 13 次，因此可以列出以下等式：$2a + b = 13$、$2b + c = 13$、$a + 3c = 13$。取第二个等式，从其中将第一个等式减 2 次并将第三个等式加 4 次，然后 a 和 b 都抵消掉了，只剩下 $13c = 39$，则 $c = 3$。因此 $b = 5$ 且 $a = 4$。

388 | 袋鼠

设袋鼠的总数为 n，那么就有 $n \div 90 \approx 70 \div 20$。因此 $n \approx 315$。

389 | 谁吃到了樱桃？

阿斯特丽德切完蛋糕后，它就不再是正方形的了。艾琳可以通过沿正确的线切割使蛋糕再次呈正方形。在下一轮中，同样的事情又发生了，所以艾琳不断地切下一个更小的正方形蛋糕。最后艾琳可以把正方形蛋糕和樱桃一起切下，然后吃掉。因为艾琳仔细观察过了，所以她总能赢。

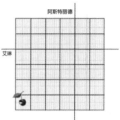

390 | 九死一生

可以列出以下等式：$t_L=0.3\div10$（时）、$t_R=0.5\div10$（时）、$a=vt_L$、$a+0.8=vt_R$。在这里，t_L 是 W 到达桥左端的时间，t_R 是 W 到达桥右端的时间。解得 $a=1.2$，$v=40$。

391 | 乐透球

设取出的球的编号为 $a_1,a_2,\cdots,a_n,a_{n+1}$。我们可以假设 $a_1<a_2<\cdots<a_n<a_{n+1}$。现在考虑以下 $(2n+1)$ 个数：取出的 $(n+1)$ 个编号和 n 个编号的两两之差 $a_{n+1}-a_1,a_n-a_1,\cdots\cdots,a_3-a_1,a_2-a_1$。这 $(2n+1)$ 个数的值在 1 到 $2n$ 的范围内，所以其中至少有两个数相等，其中一个是取出的编号，另一个是编号之差（两组内不包含相同的数）。所以有 $a_i-a_1=a_j$ 或 $a_i=a_1+a_j$。这便是我们想要证明的，在 $a_j=a_1$ 的情况下，有 $a_i=2a_1$。

392 | 自动扶梯

设自动扶梯的长度为 h m。走在静止的自动扶梯上，速度为每秒 $\frac{h}{90}$ m，站在运行的自动扶梯上，速度为每秒 $\frac{h}{60}$ m，因此，在运行的自动扶梯上行走的速度为每秒 $(\frac{h}{90}+\frac{h}{60})$m。所需时间 t 就为：

$$t=\frac{h}{\frac{h}{60}+\frac{h}{90}}=\frac{1}{\frac{1}{60}+\frac{1}{90}}=\frac{1}{\frac{5}{180}}=\frac{180}{5}=36（秒）。$$

393 | 密码锁

在你之前有人按下了几个数字，导致锁不在初始位置。现在输入 012340123401234，你确定门会在某次按下 4 之后打开。

394 | 100 位客人

如果你从一个人开始围着桌子绕一圈，每当你经过一束白色花束，客人的性别都会转换一次。绕完一圈后，你又回到第一个人的位置，所以性别转换的次数为偶数。因此，白色花束的数量也应为偶数。但是，从计算中可以得出，需要有 55 束白色花束和 45 束红色花束。所以这是不可能的。

395 | 2001 盏灯

假设可以同时点亮所有灯。设第 i 盏灯下的开关被按下的总次数为 k_i（$i=1,2,\cdots,2000,2001$），那么 k_2 为奇数，因为顶端的灯 1 需要被点亮。此外，k_2+k_4 为奇数，因为灯 3 最后需要被点亮，因此 k_4 为偶数。此外，k_4+k_6 也为奇数，所以 k_6 为奇数。以此类推，当 j 为 4 的倍数时，所有的 k_j 都为偶数，因此 k_{2000} 为偶数。但这样一来灯 2001 最终是熄灭的。现在得出了一个悖论，所以一开始的假设是错误的，无法成立。

396 | 奇怪的时钟

如图所示为时间范围 0 到 23 分钟，其中标记了分针、时针和秒针位于四分之一圆中的时间段。20 分钟后，三根指针首次同时位于四分之一圆中。

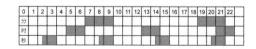

397 | 魔方

如果将一面的总和相加 6 次，则所有 8 个数字都在该总和中出现 3 次。 所 以 $6s=3\times(1+2+\cdots+8)$，其中 $s=18$。解为：

398 | 全等面

三角形的 3 个角之和等于 180°，因此，4 个顶点的 12 个角之和等于 $4\times180°=720°$。其中 3 个顶点的 9 个角之和等于 $3\times180°=540°$，所以第四个顶点的 3 个角之和也等于 180°。将四面体展开，位于正中的是 △ ABC。对于点 A、B 或 C，3 个内角之和都等于 180°。然后得到一个 △ $D_1D_2D_3$（其中 D_1、C 和 D_2 三点一线，对于 D_1、B 和 D_3，以及 D_2、A 和 D_3 也是如此）。由于点 A、B、C 将各自所在的边分为二，D_2ABC 是平行四边形，因此 $AB=CD_2$ 且 $BC=D_2A$，所以 △ ABC 与 △ CD_2A 全等。以同样方式亦可证明 △ ABC 与其他两个三角形全等。

399 | 棋盘上的跳棋

只有当黑子不在边缘上时，即在内部的 8×8 方格上时，白子才能一回合吃掉黑子，其中包含 32 个黑子可以落子的方格。白子可以位于黑子周围的四个可能的方格，但如果白子在最后一排，它就变成了国王。先不把这 8 种可能性（倒数第二行的四个黑色棋子可以从两个方向被吃掉）计算进去，所以共有 32×4–8=120（种）可能性用白子吃掉黑子。然后考虑白子是国王的可能性。角落里的一个国王可以吃掉 8 个不同位置的黑子。对于剩余的 4 个方格，国王可以吃掉 7 个不同位置的黑子。所以总共有 120+8+4×7=156（种）可能的布置。

400 | 骰子

其中有 3 颗骰子只被看到一面，所以最大为 3 个 6。有 3 颗骰子被看到两面，所以最大为 3 个 6 和 3 个 5。有一颗骰子被看到 3 个面，所以是 6、5 和 4。所以总共最大为 66 点，最小为 18 点。

401 | 特殊梯形

图中所有直角三角形的三边比例都是 5：12：13，这是一组 $5^2+12^2=13^2$ 的勾股数。如图所示，这些线段很容易就能通过信息推导出来。由此得出 $AB=6+6.5+2.5=15$ 和 $CD=15–5=10$。

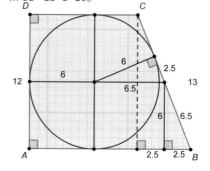

402 | 1 和 0 的数列

设 $a(n)$ 为满足要求的长度为 n 的数组的数量，$a(n,0)$ 为以 0 结尾的长度为 n 的数组的数量，$a(n,1)$ 为以 1 结尾的长度为 n 的数组的数量，因此 $a(n)=a(n,0)+a(n,1)$。现在可以在 $a(n)$ 组数组的每组后面加一个 0，所以 $a(n+1,0)=a(n)$。此外，在以 1 结尾的数组之后紧接着必须要加一个 0，所以 $a(n+1,1)=a(n,0)=a(n-1)$。那么就有 $a(n+1)=a(n+1,0)+a(n+1,1)=a(n)+a(n-1)$。这个公式就是所谓的斐波那契数列。现在只需要判断前两个值 $a(2)$ 和 $a(3)$。对于 $a(2)$ 存在 3 种可能性：(0,0)、(1,0) 和 (0,1)。对于 $a(3)$ 存在 5 种可能性：(0,0,0)、(1,0,0)、(0,1,0)、(0,0,1) 和 (1,0,1)。由此得出数列 3、5、8、13、21、34、55、89、144，……。因此 $a(10)=144$。

403 | 拼出正方形

设拼图的组数为 a，那么正方形的面积就为 $a×30×36=a×2×2×2×3×3×3×5$。这必须是一个平方数，所以对于 a 的最小值有：$a=2×3×5=30$。这也是可行的。将五组拼图拼成一排，使长度为 $5×36=180$。将六排这样的拼图拼成六列，使宽度也为 $6×30=180$。

404 | 最短路线

如图所示为一条最短路线，该路线的距离为 10 条正方形边。

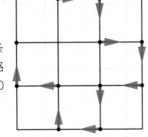

405 | 偶与奇

只有在 1 个偶数和 3 个奇数，或 1 个奇数和 3 个偶数的情况下，才能组成 3 个偶数和 3 个奇数的和。使用 3 个奇数 3、5 和 7，可以得出 8、10 和 12 的和。取偶数 14 作为第四个数，然后便可以与其他 3 个数组成 17、19 和 21。取 3 个偶数和 1 个奇数的情况下不成立。

406 | 母亲与双胞胎

设母亲生产时的年龄为 m 岁。当双胞胎 t 岁时，年龄之和为 $2t$ 岁，母亲此时为 $(m+t)$ 岁。如果年龄满足 $2t=2(m+t)$，那么 $m=0$，这是不成立的。

407 | 概率称重

一共有 $2^4=16$ 种顺序将弹珠放在左边（L）或右边（R），其中有 6 种包含两个字母 L 和两个字母 R：RRLL、RLRL、RLLR、LRRL、LRLR、LLRR。所以天平保持平衡的概率为 $\frac{6}{16}=\frac{3}{8}$。

408 | 三个全等三角形

一种解为：

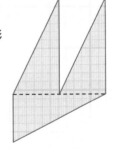

409 | 说真话的人

所有说真话的人都给出了相同的答案，所以假设有 n 个说真话的人，那么这个答案至少

出现了 n 次。唯一符合条件的数是 3。因此，有 3 个学生总是说真话，并且有 4 名学生如实回答了这个问题。

410 | 成立的乘法

$54 \times 297 = 16038$ 是唯一解。

411 | 寻找两个数

$IJ = 0+1+2+4+5+7+8+9 = 36$
$KL = 9-0+7-2+6-3+5-4 = 18$

412 | 狐狸能抓到兔子吗？

兔子沿逆时针方向，向右边走，围绕池塘两个整圈，总共 $8 \times 2 = 16$(格)。然后它回到起点 K。狐狸朝同一个方向追逐，然后走了 $8 \times 7 = 56$(格)，最终位于左上角。然后兔子径直向下走 3 格到达边缘。在这段时间里，狐狸可以移动 $\frac{7}{2} \times 3 = 10\frac{1}{2}$(格)。这不够让它追到兔子所需的 11 格。这样兔子就可以逃脱了。

413 | 利润守恒

由以下公式得出解（设第二天卖出 n 瓶）：$45(v-i) = n(0.9v-0.9i)$。由此得出 $n=50$。

414 | 1 到 9 的五个等式结果

415 | 九棵树

掷出 666 你便可以绕两圈后回到第一棵树。除此之外，就仅当掷出 3 个点数之和为 9 时可以在绕一圈后回到第一棵树。可以掷出以下点数实现：612（共有 6 种排列方式，后简写）、513（6 种）、522（3 种）、414（3 种）、423（6 种）和 333（1 种）。总共有 26 种可能性。掷出其中一种的概率为 $26 \times \frac{1}{6} \times \frac{1}{6} \times \frac{1}{6} = \frac{26}{216} = \frac{13}{108}$。

416 | 谁会当选？

在第二轮中，A 不能以 34 票或更少票数获胜，不然当时另外两名候选人会获得 67 票或更多票数，其中一人会获得至少 34 票。因此 A 在第二轮中获得了 35 票或更多票数。在第一轮中她获得了 15 票或更少票数。因为，如果三位获胜者获得 14 票或更少票数，则无法通过第一轮。毕竟，那样的话其他四人会获得 $101-3 \times 14 = 59$ 票或更多票数，其中至少有一人会获得至少 15 票。在第一轮中，获胜者每人获得 15 票，落选者每人获得 14 票。而 A 在第二轮中获得了 35 票，两个落选者加起来共获得了 66 票，所以每人 33 票，或一个 34 票另一个 32 票。

417 | 顺风和逆风

马利斯用了两段时间 t 从 A 骑到 B：$AB = (v+3)t + (v+6)t = (2v+9)t$。罗布用了三段时间 t 从 B 骑到 A：$AB = (v-3)t + (v-6)t + (v-6)t = (3v-15)t$。解得 $v = 24$ km/h。

418 | 弹珠

甲一开始有 8 颗、乙有 5 颗、丙有 6 颗，一共 19 颗。对于游戏进行时弹珠的数量变化见下。

甲：8、8−1=7、7+0=7、7+3=10、10−4=6、6+0=**6**、6+**6**=12。在第 5 局游戏结束时，甲有 6 颗弹珠，她将它们全部扔出去。如加粗的数字所示。所以她不能以更少的弹珠开始游戏。

乙：5、5+1=6、6−2=4、4+0=**4**、4+**4**=8、8−5=3、3+0=3。

丙 :6、6+0=6、6+2=8、8−3=5、5+0=**5**、5+**5**=10、10−6=4。

最终甲有 12 颗弹珠、乙有 3 颗、丙有 4 颗。

419 | 三根指针重叠

在 0 点设 t=0。以 k 表示时针在 0 点之后 t 秒内旋转的角度（以度为单位），由此得出: $k=\frac{1}{120}t$。以 g 表示分针在 0 点之后 t 秒内旋转的角度，由此得出: $g=\frac{1}{10}t$。以 s 表示秒针在 t 秒内旋转的角度，因此 $s=6t$。如果想让它们在 0 点之后某时间旋转相同的角度，那么需要以下等式成立（p 和 q 为整数）: $s-360p=g-360q=k$。每当分针和时针再次旋转 360° 并经过 0 时，p 和 q 的值分别增大 1。由此得出: $6t-360p=\frac{1}{10}t-360q=\frac{1}{120}t$。因此 $719t=120\times360p$ 且 $11t=120\times360q$。由此得出（719 和 11 为素数）: $p=719p^{\cdot}$ 和 $q=11q^{\cdot}$（$p^{\cdot}$ 和 $q^{\cdot}$ 为整数）。由此得出 $t=120\times360p^{\cdot}=120\times360q^{\cdot}$，其中 $p^{\cdot}=q^{\cdot}$。由于 120 秒 ×360=12 小时，所以三根指针重叠的时间还是 0 点或 12 点，不存在其他的时间。

420 | 四个圆

将等边三角形分为四个边长为 2 的等边三角形。在 30°-60°-90°三角形上应用勾股定理得出：$4r^2-r^2=1$，因此 $r=\frac{\sqrt{3}}{3}$。

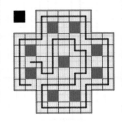

421 | 网格贪吃蛇

如果用棋盘图案覆盖图中的 9×9 网格，使左上角为黑色方格，则蓝色网格中（不含蓝色方块）包含 24 个黑色方格。因此，蛇的最大长度为 24+24+1=49，在黑色和白色方块之间交替。如图所示为一条用黑线画出的此长度的蛇。

422 | 多少钱?

莉莎有 1 枚 1 分、2 枚 2 分、1 枚 5 分、2 枚 10 分、1 枚 20 分和 1 枚 50 分，以及 1 枚 1 元和 7 枚 2 元硬币，总共 16 枚硬币价值 16 元。取其倍数也是成立的。

423 | 根号五盘

存在 2^5=32 种可能性来组合这五道菜（记为五个连续的"是或否"），其中之一是什么都不点。将此情况排除在外，还剩下 31 种可能性。使用金额 1、2、3……30、31 将其"编号"。但是，是否可以从五道菜品中准确点出满足这些金额的菜品？这可以通过将五道菜品的价格设为 1、2、4、8 和 16 来满足。如果将价格写为二进制，可以立即看出点了哪些菜品。例如：金额为 21 元，$21_{10}=10101_2$，即点了 1 道 16 元的菜品、1 道 4 元的菜品和 1 道 1 元的菜品。所有菜品的价格加起来为 31 元（$31_{10}=11111_2$）。

424 | 10000

如果将 10000 分解，就能得到 $2×2×2×2×5×5×5×5$。这两个数字都不能同时包含 2 和 5，不然它们将以数字 0 结尾。所以两个数为 $2×2×2×2=16$ 和 $5×5×5×5=625$。

425 | 从 A 到 B 多长时间？

设 x 为 A 到 B 之间的距离，设 v_1 和 v_2 为两艘游船相对于河流的速度，设 r 为河流的速度。已知 $x=1×(v_1+r)=2×(v_1-r)$，由此得出 $v_1=3r$ 和 $x=4r$。对于快船有 $\frac{3}{4}$ $(v_2+r)=x=4r$，因此 $v_2=\frac{13}{3}r$。在回程路上，快船用时 $x÷(v_2-r)=4r÷\frac{10}{3}r=\frac{6}{5}$（小时）。

426 | 爱尔兰朋友

假设有 n 个爱尔兰人，那么每人最多有 $(n-1)$ 个爱尔兰朋友，最少有 0 个。

数列 $0,1,2,\cdots,n-1$ 正好包含 n 个数，这表示所有人朋友的数量可能都不同。但是，只有 0 个朋友和有 $(n-1)$ 个朋友是互斥的，因为如果有一个爱尔兰人是所有其他爱尔兰人的朋友，那么就不可能有一个没有朋友的爱尔兰人。

427 | 红弹珠和蓝弹珠

在有 4 颗蓝弹珠和 16 颗红弹珠的情况下，出现蓝色弹珠的概率为 $\frac{4}{20}=\frac{1}{5}$。在有 1 颗蓝弹珠和 19 颗红弹珠的情况下，这个概率为 $\frac{1}{20}$。在有 16 颗蓝弹珠和 4 颗红弹珠的情况下，这个概率为 $\frac{16}{20}=\frac{4}{5}$。

428 | 全等

如果存在某种策略可以使某一格的数相对于其他格减少 1，那么就可以不断将该策略应用于大于最小值的数，最后可以使所有数相等。这种策略如下所示。取一个圆圈，分为 25 格，其中包含 25 个位置随机的随机数。之后取一条由 11 个方格组成的长条。现在找出一个大于最小值的数 g，然后将长条按顺时针方向移到 g 之后的 11 个方格上。因此，数 g 紧挨着长条边缘。将长条内的数字加 1。现在将长条作为一个整体顺时针移动 11 格，然后将长条内的数字再次加 1。再重复七次，我们总共 9 次将 11 个数加了 1，所以总共加了 $9×11=99$。现在 25 个数中有 24 个加了 4 次 1，只有数字 g 加了 3 次 1。在整组中，g 相对于最小值减了 1。以此类推，g 最终将达到最小值。然后取下一个大于最小值的数，并使其也成为最小值。以此类推，直到所有数都具有相同的值。

429 | 魔法课

如果在第一天，有魔法学徒看不到任何人戴着红色蝴蝶结，他就会知道他自己的帽子上有蝴蝶结（因为至少有一个蝴蝶结），所以他必须走上前。如果第一天无事发生，那么至少有两个学徒戴着蝴蝶结，而只在圈里一个学徒头上看到蝴蝶结的学徒，就知道他头上也有蝴蝶结，第二天需要走上前。（与另一个只看到一个蝴蝶结的学徒一起。）以此类推。如果第 a 天没有人走上前，那么至少就有 (a+1) 名学徒戴着蝴蝶结。每个学徒计算他看到的同学中蝴蝶结的数量。如果他只看到 a 个学徒戴着蝴蝶结，他就知道他戴着蝴蝶结，第二天需要走上前。

430 | 裁剪正方形

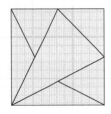

431 | 正方形中的长方形

设三角形的直角边为 x 和大正方形的边为 1。由 此 得 出：$x^2+(1-x)^2+ \frac{3}{8} =1$。这 个 等式的解为 $x= \frac{1}{4}$。所以共需要 32 个小三角形。

432 | 汽油够吗?

假设你从任何一罐油开始都无法驶完全程，那么用 10 L 汽油就行驶不到 100 km，但这明明是可以做到的。首先选择足够你驶到下一罐汽油的一罐汽油开始，然后用这些汽油驶到下一罐汽油，将第二罐汽油加空并驶向第三罐汽油。如果可以驶到第三罐汽油，将油加空，并驶回起点。如果无法驶到第三罐汽油，那么那里肯定有很多汽油，足够你用它驶到第一罐汽油，否则在使用所有汽油的情况下也行驶不到 100 km。所以你可以从第三罐汽油开始，用这些汽油驶到第一罐汽油，然后加油后驶到第二罐汽油，最后驶回第三罐汽油。

433 | 棋盘上的皇后

总共需要三位皇后。

434 | 一排十个

是的，这是存在的。例如可以取数列：9,9,–20,9,9,–20,9,9,–20,9。

435 | 白雪公主

白雪公主用两种颜色（红或蓝）给小矮人们作代号：红红红、红红蓝、红蓝红、蓝红红、红蓝蓝、蓝红蓝和蓝蓝红。然后她分给每个小矮人帽子的颜色等于他们的代号三位中的第一位。如果不正确，她就分给他们第二位的颜色，不然就第三位。由于糊涂蛋和爱生气的代号至少相差一位，因此三次分帽中至少有一次是正确的。无法以更少的次数完成，毕竟通过两次分帽，只能区分四个小矮人。但是有不止四个小矮人，所以其中有两个小矮人在两次分帽中得到了相同的颜色。

436 | 最大和最小

最大的和为 $\frac{9}{2} + \frac{8}{3} + \frac{7}{4} + \frac{6}{5} = \frac{607}{60} = 10\frac{7}{60}$。

最小的和为 $\frac{2}{6} + \frac{3}{7} + \frac{4}{8} + \frac{5}{9} = \frac{229}{126} = 1\frac{103}{126}$。

437 | 水煮蛋

你可以用 16 分钟煮好鸡蛋。同时翻转两个沙漏。每隔 4 分钟翻转一次小沙漏。7 分钟后，大沙漏漏完了，你将鸡蛋放进锅里。16 分钟后，小沙漏漏了 4 次，而鸡蛋也煮了整整 9 分钟。

438 | 彩球

在最坏的情况下，前 15 次取球中，你取到了 1 颗白球、2 颗红球和 3 颗蓝球、3 颗黄球、3 颗黑球和 3 颗绿球。因此，在第 16 次取球时，你可以确保得到 4 个相同颜色的球。

439 | 停车

过程中的三个步骤为：

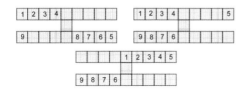

440 | 9 间场馆

昆滕和马克西姆只可能在两步后相遇，在左下角到右上角对角线上的三间场馆之一。昆滕分两步以 $\frac{1}{4}$ 的概率进入角落里的场馆，以 $\frac{1}{2}$ 的概率进入中间的场馆。这同样适用于马

克西姆。他们相遇的概率为 $(\frac{1}{4})^2 + (\frac{1}{2})^2 + (\frac{1}{4})^2 = \frac{6}{16} = \frac{3}{8}$。

441 | 在哪儿开会?

来自海牙的 6 名成员，以及来自阿纳姆的 6 名成员，他们一起至少需要行驶从海牙到阿纳姆的这段距离。而来自豪达的 1 名成员与剩下的来自阿纳姆的成员一起至少需要行驶从豪达到阿纳姆的这段距离。因此，如果剩余的来自豪达的成员不需要行驶的话，则总路费最低。如果委员会在豪达开会，就可以达成这种情况。

以同样的推理表明，如果阿纳姆新增两名成员，委员会就应该在阿纳姆开会。

442 | 牌堆

假设牌数不再发生变化时你有 n 堆牌。那么在下一步之后你有一堆 n 张牌的牌堆。因此，在之后一步中，有 n 张牌的牌堆只剩下 $(n-1)$ 张牌。那么你就有一堆 n 张牌和一堆 $(n-1)$ 张牌的牌堆。再下一步之后，这两堆分别有 $(n-2)$ 张和 $(n-1)$ 张，自然又新增加了一个 n 张牌的牌堆。然后你就有三堆: n 张、$(n-1)$ 张和 $(n-2)$ 张。重复以上步骤直到你有 1 张、2 张……$(n-1)$ 张和 n 张牌的牌堆各一堆。总共有 $\frac{1}{2}n(n+1)=45$ 张。所以你最终得到 $n=9$ 堆牌。

443 | 对角线

长方形的边长分别为 $\sqrt{2}\,a$ 和 $\sqrt{2}\,b$，因此其对角线的长度为 $\sqrt{2a^2 + 2b^2} = \sqrt{2(a^2+b^2)} = \sqrt{2 \times 8} = 4$。

444 | 金条

这些金条分别重 1 kg、1 kg、2 kg、2 kg、3 kg、3 kg 和 3 kg。分组为 1+1+3、2+3、2+3，或 1+2、1+2、3、3、3。

445 | 小巷里的梯子

在图中应用勾股定理：$a^2=2.5^2-2^2$，因此 $a=1.5$，$b^2=2.9^2-2^2$，所以 $b=2.1$。其中有两组相似三角形。由此得出：$\frac{x}{a}=\frac{2-y}{2}$，因此 $x=\frac{3}{2}-\frac{3}{4}y$。并且 $\frac{x}{b}=\frac{y}{2}$，所以 $x=\frac{21}{20}y$。由此得出：$x=\frac{3}{2}-\frac{3}{4}\times\frac{20}{21}x$，即 $(1+\frac{5}{7})x=\frac{3}{2}$，解得 $x=\frac{7}{8}$，即交叉点距离地面 $\frac{7}{8}$ m。

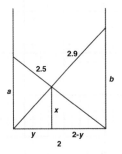

446 | 马

如图所示为 6 匹马的解。使用更少的马是不可能的。在这种情况下，假设白色方格上有两匹马，黑色方格上有三匹马（反之亦然），那么白色方格上的两匹马必须分别威胁 4 个黑色方格。这只有在两匹马位于正中的两个白格时才能满足。但这样一来就有方格受到双重威胁。

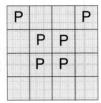

447 | 填空练习

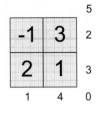

448 | 可以被 17 整除

设此数为 x，r 为 x 的最后一位数字，k 为去掉 r 后的数，因此 $x=10k+r$。从 k 中减去 $5r$ 得出 y：$y=k-5r$。那么 $y=(10k-50r)\div10=(x-51r)\div10$，所以 $10y$ 可以被 17 整除，因为 x 和 51 都可以被 17 整除。由于 17 和 10 没有公因数，y 可以被 17 整除。

449 | 绝非素数

设 x_n 为此类数的第 n 位数字（即 $x_1=133$，$x_2=13333$，等等）。那么 $3x_n+1=4\times10^{2n}$，因此 $x_n=\frac{1}{3}(4\times10^{2n}-1)=\frac{1}{3}(2\times10^n+1)(2\times10^n-1)=A_nB_n$，其中 $A_n=\frac{1}{3}(2\times10^n+1)$，$B_n=(2\times10^n-1)$。$2\times10^n+1$ 的各数位上的数字之和为 3，所以 A_n 为整数。此外 B_n 也为整数，因此 x_n 不是素数。

450 | 存衣牌

所有可能的号码的数量为 $10^3=1000$（个）。显然，如果一个号码包含数字 2、3、4、5 或 7 之一，则号码是可用的。任何导致混乱的号码都只包含 0、1、6、8 和 9 中的数字，总共有 $5^3=125$（个）。但是这 125 个号码中的一部分包含颠倒后相等的号码，那么数字 0、1 或 8 之一必须在第二位上。当第二位数字为 0 时，对于号码牌上的另外两位数字存在 5 种可能性：000、101、808、609 和 906。对于第二位数字为 1 和 8 时，也各存在 5 种。因此，可用号码的总数为 $1000-125+3\times5=890$。

451 | 正方形和圆形

圆形和正方形的面积相等（内部一块加上四块）。所以 $a^2=\pi$，即 $a=\sqrt{\pi}$。

452 | （没）有红色三角形

a. 将 10 个点分为两组，每组 5 个点，并将连接一组点与另一组点的所有线段都涂为红色。这给出了 $5^2=25$（条）没有形成红色三角形的红色线段。

b. 取任意一组不包含红色三角形的涂色线段，我们接下来证明其中最多存在 25 条红色线段。设有一个点 A，从此点出发的红色线段的最大数量为 n。点 A 由 n 条红色线段与点 B_1 到 B_n 相连接。红色线段从点 B_i（在连接点 A 的 n 条红线以外）只能连接到其他剩余的点 C_1 到 C_{9-n}（$10-1-n=9-n$）。所以总共有 $n(9-n)$ 条红色线段。所以红色线段的数量等于 n（连接 A 和 B_i）加 $n(9-n)$（连接 B_i 和 C_j）。所以相加后的总数为 $n(10-n)=25-(n-5)^2 \leqslant 25$。因此不包含红色三角形的线段总是小于或等于 25。

453 | 24 条街

在边缘的 4 条边上有 8 个路口是三岔口。这导致街道的重复：到达→离开→到达→重复。通过将每条边的三岔口重复走一遍，可以将这 8 个复杂的路口通过两次走遍。这会导致艾丽斯和卡里都需要走 24+4=28（条）街。贝阿特丽策从三岔口开始，所以如果她在相邻的路口结束，她将会"赢得"一条街，也就是以走 27 条街走遍所有街道。如右图所示。

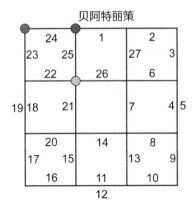

贝阿特丽策

454 | 质量总和

ONS=875、POND=1873、KILO=6248。

455 | 飞镖靶

需要得 2 个 16 分和 4 个 17 分，总共 6 次射击。

456 | 都是分

金额为 25 分（美国：1，欧洲：2）、26 分（美国：2，欧洲：3）、35 分（美国：2，欧洲：3）和 36 分（美国：3，欧洲：4）时。

457 | 从 A 到 B

一旦你决定了要穿过 9 条垂直线中的哪几条，从 A 到 B 的路线就固定了。因此，路线的数量等于从 9 中选择奇数条线的方式（只有在奇数次过街后才能到达另一边）。但这同时等于从 9 中选择偶数条线的方式（对于每个奇数条线都剩余一个相对的偶数条线）。因此，数量为从 9 中做出所有选择的可能性的一半：$\frac{1}{2} \times 2^9=256$。

458 | 火车路段

设从 A 与 B 发车的火车速度分别为 v_A 和 v_B（其中 $v_A > v_B$，速度以 km/min 为单位）。它们在时间 t 后相遇。由此得出：$\frac{CB}{AB} = \frac{v_B t}{(v_A + v_B)t}$ 和 $CB = \frac{ABv_B}{v_A + v_B}$。如果从 B 发车的火车晚点 5 分钟，则对于新的相遇点 C' 有：$C'B = \frac{(AB - 5v_A)v_B}{v_A + v_B}$。其差 $CC' = CB - C'B = \frac{5v_A v_B}{v_A + v_B} = 2$ km。C' 在 C 的右边。由此公式的对称性得出从 A 发车的火车如果晚点 5 分钟，其差也为 2 km，但这次在 C 的左边。

459 | 罗马数字二乘六

I/I/I/I/I=I、VI−III=III、VIII=VIII、II/I/I=I+I、II/I+I=III。

460 | 17 个直角三角形

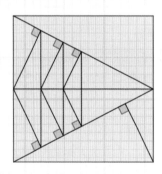

461 | 不被卡住

从 B 到 E 只有两条路线可以走（不算第一步向上走的与图中所示路线对称的路线），如右侧左右两图所示。字母 a、b 和 c 表示需要掷硬币的点。所以从 B 走到 E 的概率为 $\left(\frac{1}{2}\right)^3 + \left(\frac{1}{2}\right)^2 = \frac{3}{8}$。

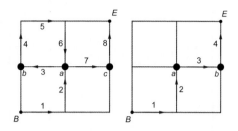

462 | 12 根竹签

之前的面积为 $\frac{1}{2} \times 3 \times 4 = 6$。新形状的面积减少了 3。

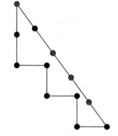

463 | 递增数

将数字 1 到 9 排为一排。现在可以选择取或不取某个数字，然后就会得到所有递增数，一共存在 $2^9 = 512$（种）可能性。只有不取任何数字的选择不计在内，所以答案为 $2^9 - 1 = 511$（个）数。

464 | 恶魔盒子

下面将解以有向树的形式给出。以点表示盒子，如果 A 装在 B 中且其间没有其他盒子，则画一根从盒子 A 到盒子 B 的箭头。如图示例，记法如下：

$1 \rightarrow 2 \rightarrow_1 \nearrow 5 \rightarrow_1 \nearrow 12 \swarrow^1$

恶魔数 666 的解为：

$666 \leftarrow 333_{\nwarrow 1} \leftarrow 166 \leftarrow 83_{\nwarrow 1} \leftarrow 41_{\nwarrow 1} \leftarrow 20 \leftarrow 10 \leftarrow 5_{\nwarrow 1} \leftarrow 2 \leftarrow 1$

465 | 九枚砝码

解为：12、10、9、8、7、5、4、3、2。

466 | 蚂蚁

如果在每次碰撞时，两只蚂蚁都擦肩而过而不是都掉头，那么您只需要计算它们擦肩而过的次数来得出所求的数。这样每只蚂蚁只经过其他蚂蚁一次。所以答案为 $\frac{1}{2} \times 10 \times 9=45$。

467 | 所有的红心？

一组没有红心的概率与另一组发到所有红心的相同，所以这两个概率是相等的。

468 | 撕日历

星期一。

469 | 正多边形

将正 n 边形分为 n 个三角形，每个三角形的顶点为 P 和 n 边形的两个相邻顶点。设 n 边形的边长为 a 以及从点 P 到边的距离分别为 d_1、d_2、…、d_n。n 边形的总面积 O 为所有三角形的面积之和，即 $O= \frac{1}{2} a(d_1+\cdots+d_n)$。由于 a 和 O 是固定的，所以 $d_1+\cdots+d_n$ 与 P 的位置无关。

470 | 平面着色

观察平面中七个点的结构。线段连接彼此之间距离为 1 的点。如果用三种颜色为这七个点着色，则总会有两个连接的点颜色相同。

471 | 山脉

找出对于任意 $n\times n$ 网格的解。从点 A 到点 B（图中上行为蓝色，下行为红色）共有 3 段总长度为 n 的蓝色线段和 3 段总长度为 n 的红色线段。对于每种选择，都存在一座不同的山脉。我们可以用多少种方式分配蓝色和红色线段？如果第一段的长度为 $n-2$，则其他两段的长度为 1。如果第一段的长度为 $n-3$，则对于剩余的 2 段存在 2 种可能性：1+2 和 2+1。对于 $n-4$，存在 3 种可能性：1+3、2+2 和 3+1。第一条线段的长度至少为 1。然后对于其他 2 条线段存在 $(n-2)$ 种可能性。那么对于所有可能性有：

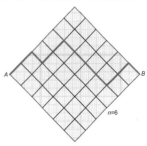

$1+2+3+\cdots+(n-2)= \frac{1}{2}(n-2)(n-1)$。对于蓝色线段的可能性与对于红色线段的可能性数量相同。那么总共就有 $\frac{1}{4}(n-2)^2(n-1)^2$ 种可能性，对于 $n=3$、4、5、6 和 7 时的山脉，分别有 1、9、36、100 或 225 种可能性。

472 | 最大的盒子

体积最大的盒子的尺寸为3、4和5。它的体积为60，它的表面积为2×(3×4+4×5+3×5)=94。

473 | 整除

唯一解是3816547290。

474 | 识字卡

一种解为：553+8664=9217 和 762+183=945。

475 | 生日蛋糕

将其中三条边延长，使其成为一个边长为3的等边三角形，它由9个小等边三角形组成。蓝色梯形的面积等于蛋糕中6个小等边三角形中的2个的面积，所以需要从大三角形中切掉蓝色三角形：9个小等边三角形中的3个，正好为大三角形的 $\frac{1}{3}$。由于面积与边长的平方成正比，因此切口的长度为 $\sqrt{3}$。

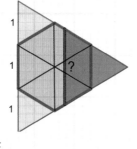

476 | 瓶瓶罐罐

设水壶为1和2，酒壶为3和4，然后按以下步骤混合：2→1、4→3、1→4（第四只壶各混合了一半）、3→2（第二只壶各混合了一半），1→3（第三只壶各混合了一半）。最后第一只壶是空的。

477 | 骰子

如果点数之和为 s，掷的次数为 w，那么 $s÷w=4.2$，即 $s=4w+0.2w$。由于 s 必须为整数，所以 w 为5的倍数。由此可知吉姆至少掷了5次。例如：4、4、4、3、6。

478 | 邮差

由于A写信给D，D写信给E，然后E又写信给A，因此这些人中至少有一个需要被拜访两次。因此所需要的访问次数至少为6。6次也足够了：D→E→A→B→C→D。

479 | 有多少黑球?

设盒子里总共有 t 颗球，白球有 w 颗。已知 $\frac{w}{t}=\frac{2}{5}$，所以 $w=\frac{2}{5}t$ (1)。除此之外，我们还知道加入108颗白球后，$(w+108)÷(t+108)=\frac{2}{3}$，即 $3w+3×108=2t+2×108$ (2)。将(1)代入(2)后得出 $\frac{6}{5}t+108=2t$，即 $t=135$。由于在初始情况下，盒子里有 $\frac{3}{5}$ 为黑球，因此应该有 $\frac{3}{5}×135=81$(颗) 黑球在盒子里。

480 | 纸牌游戏

游戏进行时，十张牌扑克牌分别正面朝上或朝下。我们可以用"正"或"反"来表示游戏过程。随着游戏推进，每回合的"正"会越来越少，直到有限回合之后，游戏以"反反反反反反反反反反"的情况结束。最右边的牌一开始是正面朝上的，每过一回合都会被翻转一次。因此，到先手玩家的回合时，这张牌总是正面朝上。因此，先手玩家总是可以翻转扑克牌，也就无法获胜。

所以无论他或他的对手翻转哪张牌，后手玩家都是赢家。

481 | 一排小矮人

给小矮人们的建议为：站到最右边的棕眼睛小矮人和最左边的蓝眼睛小矮人之间。第一个去排队的小矮人只是站着。如果一个小矮人只能看到蓝眼睛，他会站到最左边。如果他只看到棕眼睛，他会站到最右边。一旦排成了一排，除了最后一个，其他每个小矮人都会知道自己眼睛的颜色。排在最后的小矮人（不是最后一个排进去的）同样遵循意见在一排中找自己的位置。如此一来每个小矮人都知道自己眼睛的颜色了。

482 | 憨豆先生的派对

只有憨豆先生本人出席了他的派对。假设总共有 $k \geq 2$ 人出席，一个人在出席者之中的朋友的数量可能为 1 到 $k-1$ 之间的一个数。零个朋友不成立，因为每个人都是憨豆先生的朋友。由于 $k > k-1$，所以根据鸽巢原理，在场有两个人的朋友数量相同，这与提出的假设相矛盾。（有关鸽巢原理，请参阅第 175 页的"你知道吗？"）

483 | 在正方形内移动

原始正方形的对角线长度为 $\sqrt{2}$，因此图中直角三角形的边长为 $\frac{1}{2}\sqrt{2}$。由此

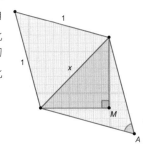

得出 $x = \sqrt{(\frac{1}{2}\sqrt{2})^2 + (\frac{1}{2}\sqrt{2})^2} = 1$。所以大三角形是等边三角形，$\angle A = 60°$。

484 | 不平行

每个顶点连接 7 条对角线，所以总共有 $\frac{1}{2} \times 10 \times 7 = 35$（条）对角线。设顶点为 P_1 到 P_{10}。每条边最多可以与 3 条对角线平行，因为平行的对角线连接其他顶点。以边 $P_1 P_2$ 为例，平行的对角线可以为 $P_{10} P_3$，$P_9 P_4$ 和 $P_8 P_5$。$P_7 P_6$ 不是对角线，而是一条边。所以最多存在 30 条平行于一条边的对角线，也就至少存在 5 条与所有边都不平行的对角线。

485 | 六边形中的点

用 3 条对角线将六边形分为 6 个等边三角形，每个三角形的边长为 a。那么其中至少有一个三角形包含 7 个点中的 2 个点，这 2 个点之间的距离最大为 a。

486 | 平方

由于 1089 是一个平方数，可以取：$89+1000=90+999=91+998=\cdots=544+545$。现在将从 1 到 88 的数分为四组：$33+88=34+87=\cdots=60+61$；$17+32=18+31=\cdots=24+25$；$9+16=\cdots=12+13$；$1+8=\cdots=4+5$。

487 | 长数列

从 666 反方向开始，可以得出前一个数必须为 663 或 658。如果取奇数则无法倒推回去，所以它是 658。以此类推，逐渐得出整组数列直到起始数 614。因此数列前 11 个数依次为 614、618、626、632、634、638、646、652、654、658、666。

488 | 三只酒桶

以 (a,b,c) 表示：7 L 桶里有 a L，9 L 桶里有 b L，20 L 桶里有 c L。那么酒商可以进行如下操作：$(0,0,20) \rightarrow (7,0,13) \rightarrow (0,7,13) \rightarrow (7,7,6) \rightarrow (5,9,6) \rightarrow (5,0,15) \rightarrow (0,5,15) \rightarrow (7,5,8) \rightarrow (3,9,8) \rightarrow (3,0,17) \rightarrow (0,3,17) \rightarrow (7,3,10) \rightarrow (1,9,10)$。现在最小的酒桶中正好装了 1 L 酒。

489 | 拼图

在 $m \times n$ 的拼图中，有 $m(n-1)+n(m-1)=2mn-m-n$ 块边上的凸块，可以与另一块凹块拼在一起，因此 $2mn-m-n=67$。由此得出 m 为偶数，n 为奇数（反之亦然）。解为 $m=5$ 和 $n=8$。

490 | 一篮鸡蛋

2、3、4、5 和 6 的最小公倍数是 60，60 的倍数加 1 需要为 7 的倍数。满足条件的最小数为 301。之后一个解为 721，但篮子装不下该数量的鸡蛋。

491 | 蓝色弹珠

设红色、白色和蓝色弹珠的数量分别为 r、w 和 b。2 颗弹珠共有 $15 \times 14 \div 2 = 105$ 种组合。红色和白色弹珠的组合数量为 rw，由此得出 $rw \div 105 = \frac{1}{3}$，因此 $rw=35$，所以有 $r=5$ 和 $w=7$ 或 $r=7$ 和 $w=5$。由此可得蓝色弹珠共有 3 颗。

492 | 摆餐具

彼得先取出餐刀再取出餐叉的概率为 $\frac{6}{12} \times \frac{6}{11} = \frac{3}{11}$，他先取出餐叉再取出餐刀的概率也为 $\frac{3}{11}$，两者相加为 $\frac{6}{11}$。他正确摆放它们的概率为 $\frac{1}{2} \times \frac{6}{11} = \frac{3}{11}$。

493 | 总为偶数

我们将 13 位数的号码写为 $abcdefghijklm$。每个字母代表一个数字。现在将其按规则相加：

$$
\begin{array}{ccccccccccccc}
a & b & c & d & e & f & g & h & i & j & k & l & m \\
+\,m & l & k & j & i & h & g & f & e & d & c & b & a
\end{array}
$$

假设结果中所有的数字都为奇数，看看我们能走到哪一步。中间为 $g+g=2g$。由于 $h+f$ 需要向前进 1 位，因此 $h+f>9$（不能为 $h+f=9$，不然就需要之前的数进 1 位，但这样就会出现 0）。但是如果 $h+f>9$，那么在左边的 $e+i$ 也会得到一个额外的进位的 1，显然 $e+i$ 需要为偶数。为了避免右边的 $e+i$ 得出偶数，需要 $j+d>9$。再次看向左边，发现 $c+k$ 为偶数。因此，$l+b>9$，那么 $a+m$ 就为偶数，如此一来表达式中最右边的数字是偶数，我们无法再避免它。所以总和中至少有一个数字为偶数。

494 | 数字游戏

将数字交替涂为红色和蓝色。如果红色数字的总和大于蓝色数字的总和，先手玩家可以使用以下策略：总是抹掉红色数字。那么后手玩家总是被迫抹掉一个蓝色数字，因此最后先手玩家得到红色数字，后手玩家得到蓝色数字，先手玩家获胜。如果蓝色数字的总和更大，则先手玩家总是可以选择抹掉蓝色数字。

495 | 偶数日期和奇数日期

2000 年 02 月 02 日之后的第一个奇数日期是 3111 年 11 月 11 日，1999 年 11 月 19 日之前的最后一个偶数日期是 888 年 08 月 28 日。

496 | 竹签

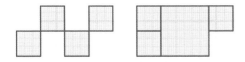

497 | 里面还是外面？

可以用三条直线来完成。只有当你碰巧将两条线都画在点上时才可以用两条直线完成。首先画出正方形的两条对角线（延长到正方形的外面）。你现在已将平面划分为四个无限大的区域，由苏珊的回答可以确定点所在的区域。现在延长位于此区域中的正方形的边，然后你就能知道该点是在正方形里面还是外面（或在一条边上）。

498 | 不同的差

选择 1、3、8、11、22 和 23。

499 | 切分长方形

设 x 为最下排中间正方形的边长，其他边长很容易就能推断出来。对于长方形的一组对边有 $3x+9=5x-7$，即 $x=8$。长方形的边长为 32 和 33。

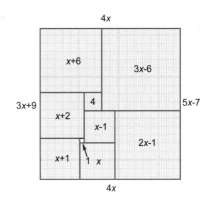

500 | 存钱罐

安赫利奎的存钱罐里一开始有 s 元，两周后她剩下 r 元，$r=(1-\frac{1}{3})(1-\frac{1}{4})(1-\frac{1}{5})s=\frac{2}{5}s$。想要拿出存钱罐里的 $\frac{1}{3}$，s 必须能被 3 整除；要拿出剩余中的 $\frac{1}{4}$，$\frac{2}{3}s$ 也必须能被 4 整除，即 s 必须能被 2 整除。那么新的剩余 $\frac{3}{4}\times\frac{2}{3}s=\frac{1}{2}s$ 也必须能被 5 整除，对于 s 也是如此。s 的最低金额为 30 元，剩余的钱数为 12 元。

501 | 一家餐馆

对于 t 张桌子，最多可坐的人数为 $n=5t$，这样每张桌子就都有一个空位。如果只有 $(t-1)$ 张桌子就坐不下，由此得出 $6(t-1)<5t$，即 $t<6$。因此这拨顾客最多有 $(6-1)\times5=25$（人）。

502 | 两种桶

共可以用 $(8\times7\times6\times5)\div(1\times2\times3\times4)=70$（种）可能的方式从 8 只桶中选出 4 只桶，其他 4 只自动为另一个品牌。尝试过程中

可能会发生两种情况：顶部的桶装不进底部的桶（然后它们被区分，顶部的桶是 DELTA 牌的，底部的桶是 HAMÉ 牌的），或者桶可以装进去（然后这两个桶未被区分。它们可以来自同一品牌，或者顶部的桶是 HAMÉ 牌的，底部的桶是 DELTA 牌的）。每次尝试有两种结果（装得下或装不下），所以在 6 次之后，总共有 2^6=64(种) 可能的结果。由于 64<70，所以无法通过 6 步全部区分开，但 7 步就可以。从一只桶开始，然后在上面放第二只桶。如果装得下，就让它摞在上面，如果装不下，就把第二只桶放在一边。这样一来，如果装得下的话，就把之后的桶摞上去，向上摞成一摞"装得下"的小塔，否则就将桶放在一边。最后，我们得到了一个装得下的塔，和旁边的几只桶，由于它们装不下，所以是 DELTA 牌的桶。因为所有塔里的桶都装得下，所以最上面是 4 只 HAMÉ 牌的桶，摞在几只（也可能没有）DELTA 牌的桶上。这就是通过 7 步尝试区分出它们的方式。

503 | 抽奖

设 C 获奖的概率为 p，设硬币结果为正或反。C 只在结果为奇数系列正反反、正反正反反、正反正反正反反……或反正、反正反正正、反正反正反正正……时获奖，所以在第一个正或反之后，C 有 $\frac{1}{4}$ 的机会以反反或正正获奖，并且在反正（或正反，概率为 $\frac{1}{4}$）之后再次以概率 p 获奖。由此得出 $p=\frac{1}{4}+\frac{1}{4}\,p$，即 $p=\frac{1}{3}$。A 获奖或 B 获奖的概率当然是相等的，因此三人获奖的概率各为 $\frac{1}{3}$，所以抽奖是公平的。

504 | 斗蚱蜢

大蚱蜢在 15 次跳跃后从 S 到达 K，第 16 跳跃时到达 M，超出了 15 cm。小蚱蜢在第 31 次跳跃中准确落在 L，在第 32（=2×16）次时位于 K。在返回的途中，小蚱蜢一直领先一段 KM 的长度，所以它赢得了比赛。

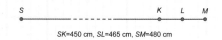

SK=450 cm, SL=465 cm, SM=480 cm

505 | 黑帽子，白帽子

如果前面的 99 个人都戴着黑帽子，那么排在最后的人就知道黑帽子都已经发完了，自己只能戴着白帽子。由于他不知道，所以他前面有人戴着白帽子。倒数第二个人知道了这一点后，如果他没有看到他前面的任何人戴着白帽子，他就会推出他自己戴着那顶白帽子。然而他推不出，所以他前面有人戴着白帽子。在他之前的人知道了这一点后，如果他看到他前面的人只戴了黑帽子，就会推出他自己戴着白帽子。他无法得出这个结论，所以他肯定在前面看到了白帽子。以此类推。而最前面的第二个人也不知道，因为他看到前面有一顶白帽子。所以这排第一个人知道了他戴着一顶白帽子。

506 | 多面体

取边数最多的面，并设边数为 n。这 n 条边中的每一条都与多面体的不同面相邻，因此多面体至少有 (n+1) 个面。所有面的边数都在 3、4、……、n 之中，总共有 (n–2) 种可能性。这不足以给所有面提供不同数量的边，所以至少有两个面的边数相等。

507 | 神圣数

1 是神圣的，所以 2 是邪恶的。现在如果将 1 与一个神圣数相加，结果就是邪恶数。如果再加 2，就会得到另一个神圣数。所以一个神圣数加 3 也是神圣的。以此类推，一个邪恶数加 3 又是邪恶的。现在你知道所有 3 的倍数加 1 都是神圣的，所有 3 的倍数加 2 都是邪恶的。3 的倍数既不是神圣的，也不是邪恶的。

508 | 长方形

7 个小长方形中每一个小长方形的面积都为偶数，所以大长方形的面积为偶数，所以它必须有一条边长为偶数。

509 | 1010……0101- 素数

以 0 结尾的数都不是素数。取一个满足条件的数 S。我们可以将 S 写为：
$S=1+100+100^2+100^3+\cdots+100^k$（其中 $k=1,2,3,\cdots$）。

我们通过写出 $100S=100+100^2+100^3+\cdots+100^k+100^{k+1}=S-1+100^{k+1}$ 来简单地判断这个总和。由此得出：
$$S=\frac{100^{k+1}-1}{99}=\frac{(10^{k+1})^2-1}{99}=\frac{(10^{k+1}+1)(10^{k+1}-1)}{99}。$$
对于 $k \geqslant 2$，分子中的两个因子都大于 99，因此 S 不是素数。对于 $k=1$，我们得到 $S=101$，这是一个素数。所以满足条件的唯一素数是 101。

510 | 一枚硬币有多重?

装有硬币的盒子分别重 64.5 g、40.5 g 和 24.0 g，因此它们的质量差 24.0 g、16.5 g 和 40.5 g 为整数枚硬币的质量。这些差之间的差也为整数枚硬币的质量。由此得出 7.5（=24–16.5）、9（=16.5–7.5）和 1.5（=9–7.5）。所以一枚硬币的质量是 1.5 g。（对于更小的质量，例如 0.5 g，所有数量之间存在公因数 3。）如果设三个盒子中分别装了 k 枚、l 枚和 m 枚硬币，那么就有 $k-l=24\div1.5=16$、$l-m=16.5\div1.5=11$ 和 $k-m=40.5\div1.5=27$。可以取的最小值为 $k=29$，因此 $m=2$ 和 $l=13$，而它们也确实没有公因数。对于每个盒子的质量，可以得出 $64.5-29\times1.5=21(g)$。

511 | 一分为四

如图所示为两种解：

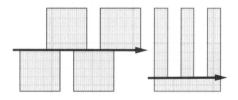

512 | 行军排

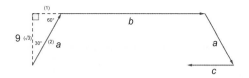

图中的路线长度总共为 $(2a+b+c)$ m。第一段 a 的长度等于边长比为 $1:2:\sqrt{3}$ 的 30°—60°—90° 的直角三角形的较短直角边（即方阵行过的距离）的两倍。因此 $a=2\times9\div\sqrt{3}=6\sqrt{3}$。$b$ 的长度为方阵边长的两倍，因为小狗以两倍的速度跑过方阵，所以 $b=2\times9=18$。最后一段 c 为方阵边长的三分之二，因为小狗和方阵行军的方向相反，因此 $c=\frac{2}{3}\times9=6$。所以总路线长 $(24+12\sqrt{3})$。

513 | 赢还是输?

押对时，他的本金乘 $\frac{3}{2}$，押错时乘 $\frac{1}{2}$。所以在 8 次下注之后，他还有初始本金的 $(\frac{3}{2})^4\times(\frac{1}{2})^4=(\frac{3}{4})^4=\frac{81}{256}$。所以他损失了超过 $\frac{2}{3}$ 的钱。

514 | 洗牌

首先以 $0,1,2,3\cdots,50,51$ 的顺序开始。洗牌一次后，牌的顺序为 $0,26,1,27,2,28,\cdots,24,50,25,51$。这意味着编号新的位置等于该编号的数值乘 2 后所对应编号的原位置，如果所得数超过 51，则为减去 51 后对应编号的原位置。然后重复这个步骤。我们观察编号 x 的移动。1 步后它处于 $2x$ 的位置（如若必要减去 51），2 步后处于 $4x$ 的位置（如若必要多次减去 51）……8 次后处于位置 $256x=x+51\times5x$，减去 $51\times5x$ 后变为 x。因此每张编号为 x 的牌在 8 次洗牌后都会回到初始的位置。

515 | 掷骰子

三个人都没有掷出 6 的概率为 $\frac{5}{6}\times\frac{5}{6}\times\frac{5}{6}=\frac{125}{216}$。三个人都掷出不同的点的概率为 $\frac{6}{6}\times\frac{5}{6}\times\frac{4}{6}=\frac{120}{216}$。因此三个人都没有掷出 6 的概率更大。

516 | 两个正方形

应用勾股定理：$AB^2=(a-b)^2+(a+b)^2=\frac{1}{2}\times(4a^2+4b^2)=\frac{1}{2}\times$ 总面积 $=\frac{1}{2}\times18=9$。因此 $AB=3$。

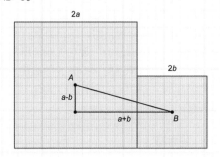

517 | 十二面体

无法将 20 个数根据游戏规则填入十二面体的顶角上。假设可以做到，那么每个面顶点上的数字之和就是常数 n。如果将 12 个面相加，则得到 $12n$。你现在将每个顶点计算了整整 3 次，因为在每个顶点处都有 3 个面相交。所以 $3\times(1+2+3+\cdots+19+20)=12n$，$630=12n$，即 $n=52\frac{1}{2}$。这是不成立的，因为 n 为整数。所以按规则无法做到。

518 | 覆盖

取一张由黑白方格交替组成的 10×10 棋盘，黑白方格的数量相等。小拼图覆盖相同数量的黑白方格。一块大拼图覆盖 7 个黑色方格和 2 个白色方格（反之亦然）。根据摆放的位置，你还需要覆盖 15 个黑色方格（3 块大拼图各留出 5 个黑格）或 5 个黑色方格 [2 块各留出 5 个黑色方格，1 块留出 5 个白色方格，净剩 10-5=5（个）黑格］。一块中等大小的拼图可以覆盖 3 个剩下的黑色方格。你最多可以用 3 块中等拼图覆盖 9 个黑色方格，而不是 15 个，并且你也无法用它们覆盖 5 个黑色方格，因为 3 不是 5 的因数。所以无法用这些拼图覆盖棋盘。

519 | 5 个 3

唯一解为 123×163=20049。

520 | 不是素数

已知 $ab=cd$，所以 $(a+c)(a+d)=a^2+ac+ad+cd=a^2+ac+ad+ab=a(a+b+c+d)$。如果 $a+b+c+d$ 是素数，它也应该是 $a+c$ 或 $a+d$ 的因数。但是这两个数都小于 $a+b+c+d$，这里产生了一个矛盾。所以 $a+b+c+d$ 不是素数。

521 | 凹数

由数字 0、1 和 2 组成的最大的凹数是 2120212，共有 7 位数字。由数字 0、1、2 和 3 组成的凹数中，3 被数字 0、1 和 2 隔开，它们本身也构成一个凹数。由此得出 323132303231323，共有 15 位数字。由数字 0、1、2、3 和 4 组成的最大的凹数有 2×15+1=31(位) 数字。最大的凹数（由所有数字组成）有 $2^{10}-1=1023$(位) 数字。

522 | 三个相等的货柜

如果 k 为偶数，那么让一辆卡车装载所有 k 个半满货柜，另外两辆卡车各装一半满货柜和一半空货柜。如果 k 为奇数，一辆卡车需要装载 1 个满货柜，1 个空货柜，以及除了 $(k-2)$ 个半满货柜，其余的将由另外两辆卡车装载。

523 | 正与反

掷一次后，你肯定已经抛出了正面或反面，所以问题是掷出硬币另一面朝上平均需要多少次。设这个数为 x。再掷一次之后，会以 $\frac{1}{2}$ 的概率掷出另一面朝上，这样就完成了，那么也就是多掷了 1 次。但同时也有 $\frac{1}{2}$ 的概率，掷出了同一面，那么我们需要平均再掷 x 次，所以平均多掷了 $(1+x)$ 次。由此得出 $x=\frac{1}{2}\times 1+\frac{1}{2}(1+x)$，即 $x=2$。因为一开始已经掷过一次了，所以答案为 3。

524 | 预约

正方形中的每个点都表示一组艾琳和阿夫可进入咖啡馆的时间，x 轴表示阿夫可的到达时间，y 轴表示艾琳的到达时间：$y-x\leqslant\frac{1}{2}$（$t=0$ 为 7:00，由上方的斜线表示）或 $x-y\leqslant\frac{1}{2}$（由下方的斜线表示）。正方形中六边形中的点是她们相遇的情况，而六边形之外的点是她们彼此错过的情况（$y-x>\frac{1}{2}$ 或 $x-y>\frac{1}{2}$）。她们相遇的概率等于中间六边形面积占正方形面积的百分比，由此得出 $1-\frac{1}{4}=\frac{3}{4}$，所以概率为 75%。

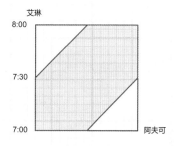

525 | 每个顶点都是 3 的倍数?

以 ABCDEFGH 指代立方体的 8 个顶点。在 8 个顶点上有数字 a、b、……、g 和 h。现在观察下面的表达式:$T=a-b+c-d-e+f-g+h$。以 a=1 开始,并设 T=1。根据表达式,12 条棱中的每条棱都有一端计数为正的顶点和一端计数为负的顶点,所以在每一步之后仍然保持 T=1。现在假设所有顶点都可以被 3 整除,那么由 T 的表达式可以得出 T 可以被 3 整除。但是 T=1,所以这是不可能的。

526 | 翻转号码

共存在 3 种解:$126=6\times21$、$153=3\times51$ 和 $688=8\times86$。

527 | 立方体拼图

在有 6 个面的立方体中,将 27 个 $2\times2\times2$ 的小立方体按照如图所示的棋盘格图案着色,其中有 14×8 个浅色立方体和 13×8 个深色立方体。如果在立方体中放入一块尺寸为 $1\times1\times4$ 的拼图,那么这样一块拼图中的两个立方体是浅色的,两个是深色的。由于大立方体所包含的深色和浅色立方体的数量不同,所以它无法由给定的拼图组成。

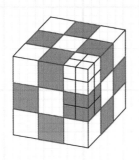

528 | 忘记乘号

设两个数为 a 和 b,那么 $7ab=1000a+b$。因此 b 可以被 a 整除,设 $b=ka$,然后有 $7ka^2=(1000+k)a$,所以 $7ka=1000+k$,因此 1000 可以被 k 整除。1000 的因数有 1、2、4、5、8、10、20、25、40、50、100、125、200、250、500、1000。此外,$1000+k$ 可以被 7 整除,并且 k+6 也可以被 7 整除,所以 $k=1(\mathrm{mod}\,7)$(模 7:除以 7 时,余数为 1)。只有因数 1、8 和 50 是 $1(\mathrm{mod}\,7)$。当 k=1 时,$7a=1001$,a=143,则 b=143,所以这个数是 143143。当 k=8 时,$56a=1008$,a=18,这个解是不成立的,因为 a 是两位数。当 k=50 时,$350a=1050$,a=3,这个解也不成立。所以唯一解为 143143。

529 | 对或错?

将 7 张纸中的 a 张分别剪为 8 块,然后就有 (8a+7-a) 张。将其中 b 张也分别剪为 8 块,然后就有 $8b+8a+7-a-b=7(a+b+1)$(张)。这是一个 7 的倍数,因此不可能为 83。

530 | 单圈时间

每一分钟变成一小时,每一秒变成一分钟。所以答案是 2 时 13 分。

531 | 实心块

这是不可能的,因为石头每面的表面积都是 5 的倍数。而想要搭出的表面积为 72×96,这不是一个 5 的倍数。

532 | 红球和黑球

设两个盒子中红球和黑球的数量分别为红$_1$、黑$_1$、红$_2$和黑$_2$。那么有红$_1$=黑$_1$、黑$_2$=2红$_2$和（红$_1$+红$_2$）÷（红$_1$+黑$_1$+红$_2$+黑$_2$）=$\frac{5}{12}$（或2红$_1$=3红$_2$）。因此红$_1$可以被3除：红$_1$=黑$_1$=3p和红$_2$=$\frac{2}{3}$红$_1$=2p。那么总共就有12p颗球。所以p=8，由此可得，红$_1$=黑$_1$=24、红$_2$=16和黑$_2$=32，总共有96颗球。

533 | 五个连续数

五个数中至少有两个数为偶数，其中一个肯定能被4整除。五个数中至少有一个数可以被3整除和一个数可以被5整除。由于2、3和5不存在公因数，所以这五个连续的数的乘积可以被2×4×3×5=120整除。

534 | 第四条线段的长度

设第四条线段的长度为x。根据勾股定理，$1^2+8^2=a^2+c^2+b^2+d^2$。但同时还有$x^2+4^2=b^2+c^2+a^2+d^2$。所以1+64=x^2+16，x=7。

535 | 甲币和乙币

设你持有的甲币数量为甲，乙币数量为乙。假设在某时间点有：甲=p和乙=q。现在用1甲币兑换10乙币，那么甲=p-1且乙=q+10。两者之差为甲－乙=p-1-(q+10)=p-q-11。两者之差减少了11。你也可以将1乙币兑换成10甲币，那么甲=p+10且乙=q-1。那么两者之差为甲－乙=p+10-(q-1)=p-q+11。两者之差增加了11。你一开始从p=1甲币和q=0乙币开始，相差p-q=1。这是11的倍数加1。每次兑换后，差值仍然是11的倍数加1。你想使你持有的甲币和乙币一样多，那么就要使差值p-q=0，而这不是11的倍数加1。所以这是做不到的。

536 | 三堆竹签

这是可以做到的。对于2^1=2根竹签：分配为0、2时，无须做任何移动；分配为1、1时，将一根竹签放在另一根旁边，得到0、2。现在假设这对2^k根竹签也是成立的，我们将证明它也同样对2^{k+1}根竹签成立。现在取a根、b根、c根三堆竹签并使a+b+c=2^{k+1}，当a、b和c中一个或三个为奇数时，该式不成立。如果其中两个为奇数，则从这两堆中较大的那个数中取较小的那个数，将较小的数翻倍。如此一来三堆都为偶数（甚至可能为0），假设$2a'$+$2b'$+$2c'$=2^{k+1}。但是由此可以得出a'+b'+c'=2^k。而对于2^k，根据假设，经过几次移动后，最终可以将所有竹签移动到一堆。将所有这些移动翻倍后，我们得到了$2a'$+$2b'$+$2c'$=2^{k+1}的解。对于三个偶数a、b和c，我们直接就可以得出解。现在已知k=1时成立，但我们刚才也证明了它对于k=2成立，然后对于k=3也成立，以此类推。所以它当然对于k=5即总共有32根竹签成立。这种证明方法被称为数学归纳法。

537 | 总是 1

数列中的偶数之和为偶数（与符号无关），偶数个奇数加起来也为偶数。因此，在这些情况下，无法得出 1。这对于 1 2 3、1 2 3 4、1 2 3 4 5 6 7、1 2 3 4 5 6 7 8、1 2 3 4 5 6 7 8 9 10 11 等都是如此。

以上这些值对于 n 为：$n=3+4k$ 和 $4+4k$（$k=0,1,2,\cdots$）。其余值为 $n=1+4k$ 和 $n=2+4k$。对于 $n=1+4k$，我们以 $k=3$ 为例：$[1+2-3]+[4-5-6+7]+[8-9-10+11]-12+13=1$。前三个数之和为 0，之后的每四个数之和也为 0，只有最后两个数之和为 1。这样一来，对于更大的 k，只需要添加新的四个数，使其和为 0。对于 $n=2+4k$，我们以 $k=3$ 为例：$[1-2-3+4]+[5-6-7+8]+[9-10-11+12]-13+14=1$，最后两个数之和为 1，它们之前的数被分为总和为 0 的四个一组。

538 | 水果

设 1 个苹果、1 根香蕉和 1 个橙子的价格分别为 a、b 和 s。已知 $3a+2b+s=3.90$ 和 $a+4b+2s=4.80$。由此得出 $12a+8b+4s=4\times3.90=15.60$ 和 $3a+12b+6s=3\times4.80=14.40$。将两式相加得 $15a+20b+10s=30$，则 $3a+4b+2s=6$。所以莉萨需要支付 6.00 元。

539 | 交换数字

假设皮特找到数 G 并且 $G'=G+2021$，G' 与 G 的数字顺序不同，那么 G 的各位数之和等于 G' 的各位数之和。由于 10、100、1000 等都是 9 的倍数加 1，因此 G 和 G' 都是 9 的倍数加 s。则两者之差 $G'-G$ 为 9 的倍数。而现在要使以下表达式成立：$G'-G=2021$。那么 2021 也应该是 9 的倍数，但事实并非如此。因此皮特找不出这样的数。

540 | 100 个

将立方体分为 $2^3=8$（个）立方体，然后将 8 个中的 1 个再次分为 8 个，之后再重复一次，最后得到 1+7+7+7=22（个）。再将这 22 个中的 1 个分为 $3^3=27$（个）立方体，然后重复以上步骤两次。最终会得到 22+26+26+26=100（个）立方体。

541 | 素数正方形

9	4	1
8	6	3
3	1	7

542 | 满的还是空的？

设灌满的浴缸里的水为 V L。热水水龙头每分钟向浴缸注 $\frac{V}{12}$ L 水，冷水水龙头每分钟向浴缸注 $\frac{V}{9}$ L 水。同时，每分钟有 $\frac{V}{6}$ L 水排出浴缸。因此，每分钟有 $V\left(\frac{1}{12}+\frac{1}{9}-\frac{1}{6}\right)=\frac{1}{36}V$（L）水灌入浴缸。所以浴缸用 36 分钟就灌满了。

543 | 奶酪宴

在脑海中将奶酪块想象成浅色和深色交替，让最中间的奶酪块为浅色，那么则有 13 块浅色奶酪和 14 块深色奶酪。用餐时，老鼠会交替吃浅色和深色块。如果它能吃掉所有奶酪，它就必须以一块浅色奶酪收尾（第 1

块、第 3 块、第 5 块……第 25 块、第 27 块），但如此一来它就需要吃 14 块浅色奶酪。因此无法成立。

544 | 盈利还是亏损？

如果凯特和莱昂纳多玩 16 局游戏，预期结果为：1 次 4× 正面 [凯特赢 40–10=30（分）]，4 次 3× 正面 [赢 4×20=80（分）]，6 次 2× 正面（赢 60 分）、4 次 1× 正面（赢 0）和 1 次 0× 正面（输 10 分）。最后，凯特平均每 16 局游戏赢得 30+80+60–10=160（分）。所以平均每局游戏凯特会赢 10 分。

545 | 火车交通

火车的线路数量由 t 变为 t'，所以 $t'=0.95t$。乘客的数量由 r 变为 r'，所以 $r'=0.85r$。那么每趟火车所搭载的平均乘客人数比为 $\frac{r'}{t'} = \frac{0.85r}{0.95t} \approx 0.89 \times \frac{r}{t}$。因此，每趟火车所搭载的乘客人数平均减少了大约 11%。

546 | 回文数

存在 9 个两位数的回文数：11、22、……、99。将数字 0 到 9 放入两位数之间，则得出 90 个三位数的回文数。将 00 到 99 的组合放入两位数之间，那么就得出 90 个四位数的回文数。将 0、1、……、9 或 00、11、……、99 放入上一组回文数的中间，那么就得出 900 个五位数的回文数和 900 个六位数的回文数。以此类推，最终得出 90000 个十位数的回文数。

547 | 破败的城堡

通过计算小三角形的数量，得出此人看到 n 堵墙的概

率 $p(n)$ 为：$p(1)= \frac{6}{36} = \frac{1}{6}$，$p(2)= \frac{18}{36} = \frac{1}{2}$，$p(3)= \frac{6}{36} = \frac{1}{6}$，$p(4)=p(5)=0$，$p(6)= \frac{6}{36} = \frac{1}{6}$。

548 | 所有颜色相同

将平面划分为 1×1 的正方形。在每个正方形中，画一个直径为 1 的圆，其中包含一个正五边形。将其 5 个顶点中的每一个都涂一种颜色，所以这其中肯定有 3 个点的颜色相同。在整个平面的每个正方形中，都可以找到一个顶点颜色相同的三角形。正五边形中存在 2 种类型的三角形，可以被涂为两种颜色，所以总共有 4 种可能的涂色不同的三角形。但是由于存在无限多的正方形，因此 4 种涂色三角形中的一种肯定会出现无限次。

549 | 1 相加

662+662+662=1986（仅存在唯一解）、118+118+118+118+118=590（仅存在唯一解）。

550 | 覆盖三角形

a. 如果一个小三角形覆盖了大三角形的其中一个顶点，它就永远无法覆盖到任何其他两个顶点，因为一个小三角形的两个顶点之间的距离不为 1。所以至少需要 3 个小三角形。

b. 用 3 个边长为 $\frac{2}{3}$ 的三角形可以刚好覆盖住。如图所示。

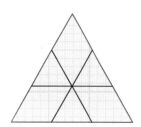

551 | 所有砝码

只选 3 枚砝码是不行的，这样产生的组合太少了：3 次将一枚砝码放上天平（3 种可能性）；将 3 组两两一对的砝码，一起或分开放在天平上［3×2=6（种）可能性］；将所有 3 枚砝码都放在天平同一侧（1 种可能性）或一侧放 1 枚另一侧放 2 枚（3 种可能性），总共有 13 种可能性。这些组合数量太少而无法与 40 枚不同的砝码配合。选择 4 枚砝码就足够了。解为：额外选择 1 g、3 g、9 g 和 27 g 的砝码。那么对于每枚砝码 G 都存在正好一种可能性。例如，对于 G 是 34 g，取 $G+3=1+9+27$。

552 | 覆盖两个点

在一块 8×7 方格板上至少要安排 8 个点，才能使 3×3 正方形框无论被放在哪里都能至少覆盖 2 个点。如图所示为解。首先，在 3×3 正方形内总是正好有 1 列点，因为长方形方格板上总是只有 2 列连续的空格列。其次，您会看到在这些列中，每三行中都恰好有 2 个点，因为在方格板的每三行中总是只有一行为空格。

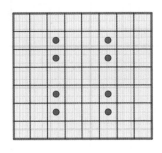

553 | 两个五边形

a. 取大五边形上的数字和小五边形外侧的数字。

b. 取大五边形上的数字和小五边形内侧的数字。

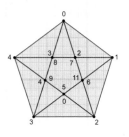

554 | 昼蜗牛和夜蜗牛

夜蜗牛爬行速度为 v 米 / 晚，昼蜗牛爬行速度为 $5v$ 米 / 天。然后对于它们俩之间的距离，在白昼和黑夜的交替的时间点为：

1. $100-5v$、$100-4v$、
2. $100-9v$、$100-8v$、
3. $100-13v$、$100-12v$、
4. $100-17v$、$100-16v$、
5. $100-21v$、$100-20v$、
6. $100-25v$。

由此得出 $100-25v=0$，$v=4$，因此，对于夜蜗牛，其爬行速度为 4 米 / 晚，而对于昼蜗牛，其爬行速度为 20 米 / 天。

555 | 奇怪的骰子

可以掷出 $6×8×12×20=11520$（种）可能性。

a. 掷出 46 只有一种方法：$6+8+12+20=46$。所以概率为 $\frac{1}{11520}$。

b. 要想掷出 5，需要 3 个 1 和 1 个 2。四个"骰子"中的每一个都可以掷出 2，所以共有 4 种掷骰子的方法，概率为 $\frac{4}{11520}=\frac{1}{2880}$。

c. 6 可以由 1 个 3 和 3 个 1（4 种可能性）或 2 个 2 和 2 个 1（6 种可能性）组成。所以概率为 $\frac{10}{11520}=\frac{1}{1152}$。

556 | 燃烧 1 分钟

点燃引线 1 的两端的同时点燃引线 2 的一端。当引线 2 熄灭时，引线 1 还剩 4 cm。将其一端熄灭，同时点燃引线 3 的一端。当引线 1 熄灭后，引线 3 会燃烧整整 1 分钟。

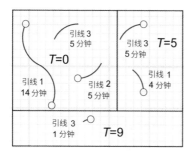

557 | 斜边

$\triangle BCP$ 的面积是 $\triangle ABC$ 面积的三分之一，由此得出 $\frac{1}{2} BC \times x = \frac{1}{3} \times \frac{1}{2} BC \times AB$，所以 $x = \frac{1}{3} AB$。同理，$y = \frac{1}{3} BC$。由于 BP 长度为 5，因此 $x^2 + y^2 = 25$。AC 长度则为 $\sqrt{AB^2 + BC^2} = 3\sqrt{x^2 + y^2} = 15$。

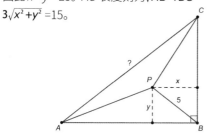

558 | 12=34 ?

由 $(12)_m = (34)_n$ 得出 $m > 2$ 和 $n > 4$。同样成立：$m + 2 = 3n + 4$，即 $m - 3n = 2$。如果 $3n$ 至少为 15，那么 $m = 17$。所以 $(12)_{17} = (34)_5 = 17 + 2 = 15 + 4 = (19)_{10}$。

559 | 中间数

有 10 个以 a 开头的数、11 个以 d 开头的数、10 个以 e 开头的数和 11 个以 n 开头的数，总共有 42 个。然后是 13 个以 t 开头的数，按字母表顺序：80、10、12、2、32、92、82、22、42、52、62、72、20。所以第 50 个数是 22。

560 | BMI

塞斯的妈妈说：$G = (L-1) \times 100$。而勉强健康的 BMI 是 25，所以 $G \div L^2 = (L-1) \times 100 \div L^2 = 25$。由此得出：$25L^2 - 100L + 100 = 0$，即 $(5L-10)^2 = 0$。所以 $5L = 10$，$L = 2$ m，$G = 100$ kg。

561 | 破解密码

保险箱的密码为 1997。

562 | 艰难的选择

如果你选择选项 1，预计全年收入 $12 \times 1500 + \frac{1}{2} \times (0 + 1200) = 18600$（欧元）。如果你选择选项 2，预计全年收入 $12 \times 1500 + \frac{1}{4} \times (0 + 6 \times 50 + 12 \times 50 + 6 \times 50 + 6 \times 100) = 18450$（欧元）。如果你追求利益最大化，就选择选项 1。如果你想最大化加薪的概率，就选择选项 2（$\frac{1}{4}$ 的概率不加薪和 $\frac{3}{4}$ 的概率加薪）。

563 | 混合

设壶中的冷水温度为 t_k。在装有热水的碗中，最初有 v L 的温度为 t_w 的水。混合后，1 L 冷水吸收的热量与热水释放的热量一样多，这些热量与体积和温度差的乘积成正比。因此，在倒进第一升水之后，我们得到：$1×(t_w-24-t_k)=v×24$，即 $t_w-t_k-24=24v$。对于倒的第二升水，我们得到：$1×(t_w-24-15-t_k)=(v+1)×15$，即 $t_w-t_k-54=15v$。将两个等式相减，得出 $30=9v$，所以 $v=\frac{10}{3}$。所以最终碗里有 $5\frac{1}{3}$ L 水。

564 | 特殊日期

21 世纪的第一个满足条件的日期是 2021 年 1 月 1 日（$1×1+20=21$）。

本世纪的最后一个满足条件的日期是 2098 年 6 月 13 日（$13×6+20=98$）。

2044 年有 7 个日期满足条件：1 月 24 日、12 月 2 日、2 月 12 日、8 月 3 日、3 月 8 日、6 月 4 日和 4 月 6 日。$44-20=24$ 的因数可以有最多的日期组合。

对于 2096 年，找出因数 $96-20=76=2×2×19$。只有日期 4 月 19 日满足条件。

565 | 分割土地

让最小的儿子得到面积 a，然后下一个儿子得到 $2a$，之后的儿子得到 $3a$，以此类推。大儿子得到 $7a$，总共分配出了 $28a$。父亲可以按如图所示分割他的土地。

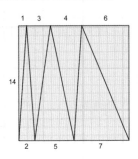

566 | 埃希特纳赫的舞蹈游行

将维姆和阿西亚之间的位置编号为 0 到 10（从维姆到阿西亚以半米为单位）来表示他们落脚的地方。他们的步伐落下的顺序为：

步伐：00、01、02、03、04、05、06、07、08、09、10、11、12、13、14、15、16。

维姆：00、01、02、03、02、03、04、05、04、05、06、07、06、07、08、09、08。

阿西亚：10、09、08、07、08、09、08、07、06、07、08、07、06、05、06、07、06。

经过 11 步后，两人都来到位置 07，从那里他们一起迈步到 06。

567 | 奇怪的分数

$1\frac{22}{11} = 3$ 和 $777\frac{777}{777} = 778$。

568 | 数三角形

三角形的边长：$(1,1,\sqrt{2})$、$(1,2,\sqrt{5})$、$(1,3,\sqrt{10})$、$(1,4,\sqrt{17})$、$(2,2,2\sqrt{2})$、$(2,3,\sqrt{13})$、$(\sqrt{2},\sqrt{2},2)$、$(\sqrt{2},2\sqrt{2},\sqrt{10})$、$(2\sqrt{2},2\sqrt{2},4)$

数量：22、21、9、4、3、1、12、4、1

总计：77

569 | 隐藏的角

是的，这是可以做到的。可以用 6 根相同的 $1×1×3$ 木梁围成 1 个 $1×1×1$ 的立方空间。如图所示，6 根木梁从下到上分为三层。在第 1 层有 1 根浅色水平木梁，在第 3 层也有 1 根浅色水平木梁，在第 2 层有 2 根浅色竖直木梁。最后，2 根深色木梁（将其看作各由 3 个相互重叠的立方体组成）垂直于绘图平面"插进"浅色木梁围成的"框"中。中间的立方体 A 包含所有从中看不到任何顶角的点。

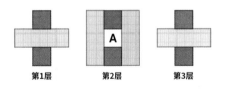

第1层　　　第2层　　　第3层

570 | 更大？

假设 $a_1 < a_2 < a_3 < \cdots < a_{10}$。那么就有：$A = a_1 + a_2 + a_3 + \cdots + a_{10}$ 和 $B = \frac{1}{a_1} + \frac{1}{a_2} + \frac{1}{a_3} + \cdots + \frac{1}{a_{10}}$。那么乘积 AB 就有 100 项，所有项的形式都为 $\frac{a_i}{a_j}$。如果 $i < j$，则商小于 1。我们忽略所有此类项的总和。如果 $i \geq j$，则商大于或等于 1。乘积中 $i \geq j$ 的项为 $10 + 9 + 8 + 7 + \cdots + 1 = 55$ 个。所以 AB 总是大于 55。

571 | 金手链

打开一条金链子的所有接口，通过这 4 个接口，可以连接所有其他链子。

572 | 五根竹签

设顶角为 a，底部两个相等的角为 b，我们可以轻易得出其余角的度数。然后大三角形中有 $3a + 2b = 180°$，在小三角形中有 $2a + 3b = 180°$，将两者相减得出 $a - b = 0$，即 $a = b$。最后在大三角形中有：$5a = 180°$，所以 $a = 36°$。

573 | 喝可乐

假设胡贝特和皮特在某时间点拥有同量的可乐，例如 x mL。那么在 2 分钟后，胡贝特有 $(x-20)$ mL，皮特有 $(x-10)$ mL。由于胡贝特的更少，他会偷偷交换杯子。然后胡贝特有 $(x-10)$ mL，皮特有 $(x-20)$ mL。再过 2 分钟后，可乐再次同量，均为 $(x-30)$ mL。这意味着可乐在每 4 分钟后同量，并且每杯已经被喝掉了 30 mL。$6 \times 4 = 24$(分钟)后，他们每人还剩 $200 - 6 \times 30 = 20$(mL)可乐。2 分钟后，胡贝特第一个喝光了他杯子里的可乐。共用时 26 分钟。

574 | 糖果

设马德隆在星期一、星期二和星期三吃的糖果量为 m、d 和 w。那么就有：$\frac{1}{2}(m+d) = \frac{3}{2} \times \frac{1}{2}(d+w)$ 和 $\frac{1}{3}(m+d+w) = m$。由此得出：$2m - d - 3w = 0$ 和 $-2m + d + w = 0$。将其相加得出：$w = 0$。所以马德隆星期三没有吃糖果。她星期二吃的糖果的量是星期一的 2 倍。如果她星期二吃了 6 颗，她星期一就吃了 3 颗。所以她肯定还剩下 1 颗糖果。

575 | 分蛋糕

将图形用三条线分为八块。斜线与垂直线成 45° 角。四个三角形的面积分别为大圆的 $\frac{1}{8}$，小半圆的半径是大圆半径的一半，因此它们的面积也是大圆的 $\frac{1}{2} \times \frac{1}{4} = \frac{1}{8}$。所以剩下的两部分中的每一部分的面积都为大圆的 $\frac{1}{8}$。埃里克和苏珊沿着斜切线切蛋糕可以使每人各得到的香蕉和覆盆子的部分大小相同。

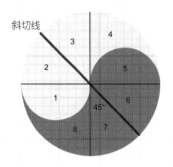

576 | 多少钱?

假设你取了 n 次 5 枚硬币，则 $30+2n=20+3n$，因此 $n=10$。总金额为 $(30+10×2)×1+(20+10×3)×2=150$(元)。

577 | 所有正方形

如图所示。我们只观察每次多出来的长方形的部分。每个长方形的长：宽 $=3:1$，且所有长方形右上角的点都落在一条直线上。大正方形右边三角形的面积为 $\frac{1}{2} × \frac{1}{3} ×1= \frac{1}{6}$。在每个长方形的上方，有一块大小为其一半的小三角形尚未被减去，所以大三角形还剩下 $\frac{2}{3} × \frac{1}{6} = \frac{1}{9}$。所以总面积 $O=1+ \frac{1}{9} = \frac{10}{9}$。

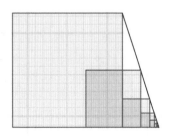

578 | 两个六边形

如图所示大六边形包含 12 个全等等边三角形。6 个等腰三角形的面积与等边三角形的面积相同（一个的底是另一个高的两倍，一个的高是另一个底的一半）。因此大六边形的面积等于等边三角形的 18 倍。蓝色的六边形包含 6 等边个三角形。所以它的面积为 $\frac{6}{18} = \frac{1}{3}$。

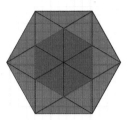

579 | 一分为三

最小的解为 $n=5$，此时 $a=1$、$b=3$ 和 $c=1$。
$n=99$ 时的两个解为：$a=22$、$b=75$、$c=2$，
$3×22+ \frac{1}{3} ×75+2^3=66+25+8=99$；
$a=15$、$b=81$、$c=3$，$3×15+ \frac{1}{3} ×81+3^3=45+27+27=99$。

580 | 结构工程

设 n 个正方形组成的结构数量为 a_n。你很快就会发现：$a_1=1$、$a_2=2$、$a_3=4$、$a_4=8$ 和 $a_5=16$。所以你提出假设：$a_n=2^{n-1}$。假设除了前 5 个之外，它对于直到 $n=k$ 的 n 都成立。现在取 $(k+1)$ 个正方形。将 $(k+1)$ 个正方形水平排在底层只有 1 种可能性；将 k 个正方形排在底层，对于上层的一个正方形存在 a_1 种可能性；将 $(k-1)$ 个正方形排在底层，对于上层 2 个正方形存在 a_2 种可能性。以此类推，直到底层为 1 个正方形，对于上面 k 个正方形存在 a_k 种可能性。由此可得：
$a_{k+1}=1+a_1+a_2+a_3+\cdots+a_k=1+1+2+2^2+\cdots+2^{k-1}=$

$2+2+4+8+\cdots+2^{k-1}=4+4+8+\cdots+2^{k-1}=8+8+16+\cdots+2^{k-1}=\cdots=2^{(k+1)-1}$。

所以它对于任意 n 总是成立。这个证明的原理为数学归纳法。

581 | 骰子变体

你总是可以将点数 1 朝上。对于点数 2，存在 2 种选项。选项 1：在 1 的对面。然后可以将 3 放置在任意的位置上。对于点数 4、5 和 6，在其他 3 面上的不同摆放位置会产生不同的骰子。总共有 6 个不同的骰子。选项 2：在 1 的侧面。对于 3，还存在 4 个选项，每种都会产生不同的骰子。对于这 4 种情况中的每一种，点数 4、5 和 6 又存在 6 种可能性。因此，总共有 1×6+4×6=30(种) 不同的骰子。

582 | 三只酒桶

假设一开始桶 A 里装有 r L 红葡萄酒，倒给 B 之后，桶 B 里有 $\frac{1}{2}$ r 红葡萄酒，再倒给 C 之后，桶 C 里有 $\frac{1}{3} \times \frac{1}{2} r = \frac{1}{6} r$(L) 红葡萄酒。最后倒给 A 之后，桶 C 里还剩 $\frac{2}{3} \times \frac{1}{6} r = \frac{1}{9} r$(L) 红葡萄酒。所以 $\frac{1}{9} r=1$，$r=9$。

583 | 优美的数列

满足题目中属性的数列不能包含两个相同的数 [例如在 (a,a,b,c) 中第一个 a 和 b 与第二个 a 和 b 的和相同]。因此，a、b、c 和 d 都彼此不同，所以 a–$d \geq 3$。如果 a–$d=3$，则四元组等于 a、$a+1$、$a+2$ 和 $a+3$。但是 $a+(a+3)=(a+1)+(a+2)$，该四元组不满足题目中的属性，所以 a–$d \geq 4$。假设 4 是

a–d 的最小可能值，这种数列的形式为 a、$a+1$、$a+2$、$a+4$，　或 a、$a+1$、$a+3$、$a+4$，或 a、$a+2$、$a+3$、$a+4$。在第二种情况下，总是有 $(a+1)+(a+3)=a+(a+4)$，所以这种情况不成立。其他两种情况确实可以给出满足所需属性的数列。对于第一种情况，数列 4、5、6、8（总和为 23）是最小的数列，在后一种情况下，数列 3、5、6、7（总和为 21）是最小的数列。所以 3、5、6、7 是总和最小的数列。

584 | 每人几枚硬币

在第一次阿曼达和鲍里斯互相给钱后，阿曼达多了 1 分，第四次后多 2 分，以此类推。所以在第十二次之后，她多了 6 分，那么她就有 13 分，因此她以 7 分开始。对于鲍里斯同样如此。两人加起来所需最少的硬币数量为 7 枚：阿曼达有 1 分、2 分、2 分、2 分共 4 枚硬币，鲍里斯有 1 分、1 分、5 分共 3 枚硬币。我们用以下记法来表示：(1222,115)。然后继续下去：(222,1115)、(11222,15)、(122,1125)、(111222,5)、(22,11125)、(1225,112)、(12,11225)、(11225,12)、(11,12225)、(111225,2)、(1,112225)、(112225,1)、(0,1112225)。 无法用更少的硬币做到，例如 (115,115) 就会出 错：(15,1115)、(1115,15)、(5,11115)、(11115,5)、(1111,55)，那么鲍里斯无法给出 6 分。

585 | 加法

以下等式成立：

$a+2b=2a$，其中 $a=2b$；

$a+2b+3c=3a$，其中 $c=\frac{2}{3}b$；

$a+2b+3c+4d=4a$，其中 $d=\frac{1}{2}b$；

$a+2b+3c+4d+5e=pa$，其中 $e=\frac{2}{5}(p-4)b$；

仅当 $p=9$ 时，有 $e=2b=a$。

586 | 镰刀面积

设半圆的半径分别为 r、s 和 t，因此 $r=s+t$。此外还有：$x=2s-r=2s-s-t=s-t$。在直角三角形中，由勾股定理得出：$r^2=64+(s-t)^2=64+(s+t)^2-4st=64+r^2-4st$，所以 $4st=64$。镰刀面积 $O=\frac{1}{2}\pi(r^2-s^2-t^2)=\frac{1}{2}\pi\times2st=16\pi$。

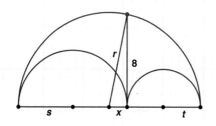

587 | 拉拉、利斯、勒斯和洛特各几岁？

设拉拉、利斯、勒斯和洛特的年龄分别为 a、b、c 和 d。然后已知：$a=2b$、$a-5=3c$ 和 $b-5=2d$。勒斯和洛特的年龄可能为 0 岁、1 岁、2 岁、3 岁或 4 岁。只有 $c=3$ 时存在解：$a=14$，$b=7$，$d=1$。

588 | 病毒和疫苗

如果使用 125 盒培养皿，实验室技术人员自然能在 24 小时后找到混有病毒的疫苗，但这也可以用更少的培养皿完成。技术人员将试剂瓶从 1 到 125 编号，并将这些编号转换为二进制（1=1、2=10、3=11、4=100、

5=101、6=110、7=111、8=1000……），这样就可以给每瓶疫苗一个由 0 和 1 组成的七位数编号（转换后不足七位的，在前边加 0 补齐），因为 $2^7=128>125$。现在制作七盒不同的培养皿。在第一盒培养皿上接种所有其编号第一位为 1 的疫苗，在第二盒上接种所有其编号第二位为 1 的疫苗，以此类推，直到第七盒培养皿。24 小时后，一些培养皿会显示病毒的迹象。这些培养皿刚好给出了混有病毒的疫苗的二进制编号中的 1 的位置。没有显示病毒迹象的培养皿则给出混有病毒疫苗的二进制编号中 0 的位置。这样一来实验室技术人员就能从七盒培养皿给出的信息中找出混有病毒的疫苗的编号。不能以更少的培养皿来完成，因为培养皿只会给出两种结果：有或没有病毒。在 $n<7$ 的情况下，这仅能给出 $2^n\leqslant2^6=64<125$ 种可能的结论用来识别混有病毒的疫苗。

589 | 运输集装箱

将岛屿（港口）从 1 到 64 编号，其中 1 号港口为出发港口，64 号港口为掉头的港口，到达之后开始返程。对于每个集装箱都有从港口 K 运输到 L，其中 $K\neq L$。如果 $K<L$，则必须在去程中完成运输；如果 $K>L$，原则上在去程和回程途中都可以将其装船，当然回程途中再装这个集装箱更方便。在 1 号港口，装船 63 个集装箱，卸船 0 个集装箱；在 2 号港口，装船 62 个，卸船 1 个。然后是 61 和 2，以此类推。船上的集装箱总数不断增加，直至 32 号港口：装船 32 个，卸船 31 个。之后，船上的集装箱数量开始减少。所以最大值为 $(63+62+61+\cdots+34+33+32)-$

(0+1+2+…+29+30+31)=32×32=1024。之后船从 32 号港口航行到 33 号港口，直到 64 号港口。在回程的途中，它以相同的路线，途经 33 号港口和 32 号港口时，装着 1024 个集装箱。

590 | 奇怪的时钟

这时已经是下午 4 点了。

591 | 两个相等的数

请参考图中的解。左边移动了四个数字，右边移动了三个数字。

$$2\frac{1}{3} = 2\frac{1}{3} \qquad \frac{23}{1} = \frac{23}{1}$$

592 | 六个和

取连续数 6 到 14，如图所示。通过交换行和列，可以组成更多种解。

6	+	10	+	14	=	30
+		+		+		
11	+	12	+	7	=	30
+		+		+		
13	+	8	+	9	=	30
=		=		=		
30		30		30		

593 | 国王巡回

第一步怎么走无所谓。对于第二步，只存在 2 种正确选择，概率为 $\frac{2}{3}$。对于第三步，只有 1 种正确选择，概率为 $\frac{1}{3}$。所以 3 步移动后返回的概率为 $\frac{2}{3} \times \frac{1}{3} = \frac{2}{9}$。

594 | 一直到 10

可以通过 9 次倒水中完成。

2 7 11
0 0 11 给出 0 L 和 11 L
0 7 4 给出 4 L 和 7 L
2 5 4 给出 2 L 和 5 L
0 5 6 给出 6 L
2 3 6 给出 3 L
0 3 8 给出 8 L
2 1 8 给出 1 L
0 1 10 给出 10 L
1 0 10 给出 10 L
2 0 9 给出 9 L

595 | 交换柱子

a. 可分 5 步进行：5324 向右，324 向左，4 向右，32 向右，1 向右。

b. 总是可以分 8 步完成：5 及以上的向右，5 以上的向左，4 及以上的向右，4 以上的向左，3 及以上的向右，3 以上的向左，2 向右，1 向右。例如从上到下的初始顺序为 21435。

596 | 立方体有多大？

设中间从左到右的立方体的边长分别为 x cm 和 y cm，然后得出以下比例：$(x-125)\div 125 = (y-x)\div x = (216-y)\div y$。解得 $x=150$ 和 $y=180$。

597 | 正八面体

设每个顶点处的和为 s，所有的和加起来就是 $6s$。但是每个面的数字都被算进了 3 个顶点，因此 $6s=3×(1+2+3+4+5+6+7+8)$，所以 $s=18$。有了这些信息后，数字 1 到 8 的位置就不难找了。每个面上的数字写在底边上，数字之和写在顶点处。每个顶点的和都为 18。

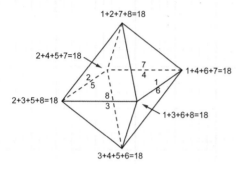

598 | 河上的船

设桥与掉头点之间的距离为 a，码头与桥之间的距离为 b。相对于河岸去程时上游的速度为 $2v-v=v$，回程时下行的速度为 $2v+v=3v$。由此得出：$\frac{1}{2}v=a$、$\frac{1}{2}×3v=a+b$ 和 $a+b=3$。因此 $v=2$ km/h、$a=1$ km 和 $b=2$ km。标记上写的是 3.0 km 和 4.0 km。你航行了上行的 $\frac{3}{2}$ 小时和下行的 $\frac{1}{2}$ 小时，所以总共为 2 小时。

599 | 44 根竹签

T W E E + T W E E = V I E R (2+2=4)
2＋4＋4＋4＋2＋2＋4＋4＋4＋2＋2＋1＋4＋5＝44
T W E E × D R I E = Z E S (2×3=6)

2＋4＋4＋4＋2＋4＋5＋1＋4＋2＋3＋4＋5＝44

600 | 算数列车

2021，1249，772，477，295，182，113，69，44，25，19，6，13，下一项将为负数（–7）。

601 | 谁赢了？

将过程表示为以下符号：A_2 是 A 的第二步，以此类推。上、下、左和右分别表示向上、向下、向左和向右画线。例如 B_3 右表示 B 向右画第三步。B 总能赢。请参考以下过程。

a. A_1 上、B_1 上、A_2 上、B_2 右、A_3 右（如果 A_3 下，则 B_3 左，A 输）、B_3 右、A_4 下、B_4 下，其余步骤见 c 和 d。

b. A_1 上、B_1 上、A_2 右、B_2 上、A_3 右（如果 A_3 左，则 B_3 下，A 输）、B_3 右、A_4 下、B_4 下，其余步骤见 c 和 d。

c. A_5 下、B_5 左、A_6 左（如果 A_6 上，则 B_6 右，A 输）、B_6 左（A 输）。

d. A_5 左、B_5 下、A_6 右（如果 A_6 右，则 B_6 上，A 输）、B_6 左（A 输）。